广东省科技计划项目
"水资源大数据综合应用平台研发及产业化"
（2016B010127005）

国家自然科学基金青年项目
"工业绿色水资源效率的时空异质性演变机理与政策调控研究"
（71904108）

国家自然科学基金重点项目
"面向智慧城市的水资源多元数据融合与建模方法研究"
（U1501253）

山东理工大学博士科研启动经费资助项目
"基于系统论与数据挖掘的水资源数据质量及其决策支持效用提升研究"
（4033/718022）

数据系统工程

系统优化的决策支持技术

张　峰　薛惠锋　王　晗　宋晓娜　占　敏　著

Data System Engineering

A Decision Support Technology of System Optimization

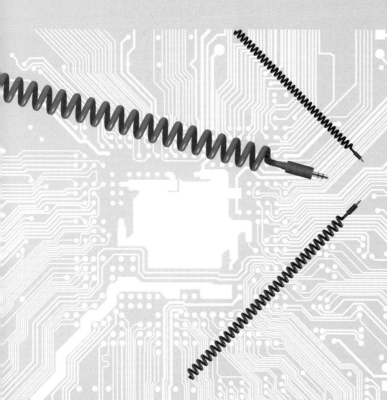

中国社会科学出版社

图书在版编目（CIP）数据

数据系统工程：系统优化的决策支持技术 / 张峰等著 . —北京：
中国社会科学出版社，2019.11
ISBN 978-7-5203-5822-4

Ⅰ.①数… Ⅱ.①张… Ⅲ.①数据管理—研究 Ⅳ.①TP274

中国版本图书馆 CIP 数据核字（2019）第 290483 号

出 版 人	赵剑英	
责任编辑	车文娇	
责任校对	周晓东	
责任印制	王 超	

出　　版	中国社会科学出版社	
社　　址	北京鼓楼西大街甲 158 号	
邮　　编	100720	
网　　址	http：//www.csspw.cn	
发 行 部	010-84083685	
门 市 部	010-84029450	
经　　销	新华书店及其他书店	

印　　刷	北京明恒达印务有限公司	
装　　订	廊坊市广阳区广增装订厂	
版　　次	2019 年 11 月第 1 版	
印　　次	2019 年 11 月第 1 次印刷	

开　　本	710×1000　1/16	
印　　张	18.25	
插　　页	2	
字　　数	309 千字	
定　　价	86.00 元	

凡购买中国社会科学出版社图书，如有质量问题请与本社营销中心联系调换
电话：010-84083683

前　　言

随着云时代的来临，数据伴随互联网和信息行业的发展而呈现出爆炸式增长，面对这些具有海量、多元、异构等特征的复杂多样数据，人们开始意识到数据不再是传统意义上的简单表征符号，而是一种重要的战略性资源，甚至还有学者提出"数据将是未来的新石油"论的观点。不管其片面与否，不可否认的是数据正在对国家产业发展、企业运营状态、居民生活质量等产生深远影响。

海量数据之所以能够引起社会各界的高度关注是由于其具有不可估量的潜在价值。实质上对于数据的研究已经有了非常漫长的时期，但是受限于当时的主观认识、知识储备和技术手段等因素，其研究始终停留在以传统统计学处理数据的"小样本"阶段，由此提炼出的数据信息相对有限，尤其是帮助决策者实现科学决策的支持力度不足。而"数据爆炸"是一把"双刃剑"，在产生数据安全隐患的同时也为数据"全样本"阶段找出提高决策水平的途径提供了宝贵的"原材料"，关键在于如何掌控与应用这些海量数据。对此，政府、企业、学术界等也纷纷加入探索的队伍，"云存储""云计算""人工智能""数据挖掘""数据融合"等词汇与海量数据也紧密关联起来。

目前关于海量数据的研究实践已开展并取得了一定的研究成果，但是不同领域的研究者对于其论述的观点通常存在差异，多呈现零散化、碎片化，而且其中还有很多亟须解决的关键问题点，包括：数据的本质是什么？现有的数据管理方式是否能够与爆炸式增长的海量数据相匹配，其"锁态"又是怎样的？是否应该建立一套相对完整的数据研究体系用于全面支撑科学决策？这些问题之间并不是孤立存在的，而是相互之间具有复杂性、系统性。因此，对其研究需要站在系统论的角度进行问题分析，既要考虑海量数据本身的问题，也要涵盖影响数据质量与安全的复杂多要素，同时还要综合当前海量数据研究与其应用中的现实问题以及系统科学体系发展中的实际需求，这样才可认为"数据系统工程"的提出是应运而生的，将其作为指导与分析数据系统优化的决策支持技术有其重要的理论意义与实践价值。

本书获得广东省科技计划项目"水资源大数据综合应用平台研发及产业化"、国家自然科学基金青年项目"工业绿色水资源效率的时空异质性演变机理与政策调控研究"、国家自然科学基金重点项目"面向智慧城市的水资源多元数据融合与建模方法研究"、山东理工大学博士科研启动经费资助项目"基于系统论与数据挖掘的水资源数据质量及其决策支持效用提升研究"的支持，重点运用系统科学与系统工程理论与方法对数据系统工程的相关内容进行了论述与分析。首先，在对数据概念、内涵与外延特征分别进行界定说明的基础上，辨识数据与信息、决策的关联性，并提出数据爆炸论的观点。其次，通过梳理数据管理的关键发展脉络、数据管理体系的构成和数据管理前沿技术，分析现阶段主要存在的数据锁态。再次，运用系统工程的相关典型应用案例阐释其功效性，由此论述数据系统工程相关理论与方法，包括概念解析、研究内容、隶属定位、建模方法等。在此基础上，将数据系统工程分别应用于数据质量测度、监测类异常数据识别、统计类异常数据重构、数据预测有效性分析、数据决策支持系统优化等多个方面，并进行相关实证分析，尝试论析数据系统工程的实际应用途径与价值。最后，结合社会相关领域对海量数据分析与研究的需求，提出了数据系统工程后期可进一步拓展应用的方向。

本书在完成的过程中，得到了国家自然科学基金委员会、国家水利部水资源管理中心、中国航天系统科学与工程研究院、中国航天社会系统工程实验室、西北工业大学资源与环境信息化工程研究所、山东理工大学管理学院、山东省低碳经济技术研究院等单位领导和老师的支持与帮助，在此表示诚挚感谢！由于笔者水平有限，疏漏和谬误难免，敬请读者和同行赐教指正。

笔　者

2018 年 10 月

目 录

理 论 篇

实 证 篇

展望篇

理 论 篇

第一章　数据的爆炸

　　互联网技术的发展与应用使人类行为的网络交互性日趋显著，数据由此也如雨后春笋般，在数量、种类和形态上均呈爆炸式增长，数据就像石油、钢铁一样日益成为重要原材料，以数据为重要驱动力的数据革命随之而来。特别是现阶段愈演愈烈的"大数据"（Big Data），促使人们的思维方式、行为方式、决策方式、商业模式、产业模式和管理模式等都面临一场颠覆性变革。对此，美国政府于 2012 年宣布实施"大数据的研究和发展计划"（Big Data Research and Development Initiative），并将高达两亿美元的投资应用于数据的采集、存储、分析、应用等领域研究，同时首次与历史上的超级计算、互联网投资相并论，旨在快速提升大型复杂数据的知识提取与应用能力，强化对科学、工程、国家安全等方面的支撑力度。其后，英国、日本、澳大利亚、中国等纷纷提出本国大数据发展战略。由此可见，加强对数据的顶层设计，推动数据产业的发展已成为现阶段的焦点。

第一节　数据基础理论

一　数据的概念

　　通常情况下，对于数据的提及与使用均是笼统性的概述，甚至有很多时候将其与信息相混淆使用。数据（Data）在拉丁语中是指"得到的东西"，而按照《辞海》中对数据的解释，其是指"电子计算机加工处理的对象，早期的计算机主要用于科学计算，故加工的对象主要是表示数值的数字，现代计算机的应用越来越广，能加工处理的对象包括数字、文字、字母、符号、文件、图像等"。这里的数据主要还是以计算机是否能够加工处理为衡量标准，但随着学者对其研究的深入，其概念范畴逐渐被拓展，代表性观点主要集中于[①]：①数据是存储在计算机内的各种信息的总和，是计算机加工的原料；②数据是"事实"的集合；③数据是测量或观察的结果，是对客观事物的逻辑归纳，是用于表示客观事物的素材。尽管以计算机存储与加工为标准的观点与《辞海》中的解释较为相近，而且是一种相对较为经典的概括形式，但该观点并未对数据的存在形式进行全面的描述，尤其是疏忽了计算机不能直接处理的数据；采用"事实"进行概括也具有片面性，即"事实"意味着真实，但实际中往往存在诸多虚假的数据，这与"事实"的概念相违背，而且如何对"事实"进行量化表示也未能有效说明；而对于"测量与观察的结果"的观点，难以表征诸多事物本身所具有的属性，例如商品名称等。

综上可见，现有相关论述与研究中对数据的定义仍未形成统一的标准。鉴于其概念的模糊特性，可尝试选用概念集合的方式对其进行语义描述：

$$Data：[N^{-mer}，Q^{-ture}，R^{-tion}，V^{-alue}]$$

其中，N^{-mer} 表示数据的名称；Q^{-ture} 表示数据的属性；R^{-tion} 表示属性关系；V^{-alue} 表示属性的实际值。将这种定义方式转换成文字描述即为"数据是指描述客观事物的具体属性，涵盖名称、属性类别、属性关系和属性值等"。

二 数据的本质与内涵

根据对数据的基本定义，可以认为数据实质上是事物的一种属性，这种属性均有属于其自身的阈值范围，即

$$Data = \begin{cases} T，& Q^{-ture} \in R \\ \phi，& Q^{-ture} \notin R \end{cases}$$

其中，当数据属性 Q^{-ture} 属于可度量范畴 R 时，其具有相应的属性单位；而当数据属性 Q^{-ture} 属于非可度量范畴时，表明事物不具有属性，对其可采取赋值"空集"的方式，用符号 ϕ 表示。另外，数据属性之间的相关关系包含了其内在约束条件。

---

① 温浩宇、任志纯、靳亚静：《数据的概念及其质量要素》，《情报科学》2001年第7期。

基于对数据概念和本质的分析，可进一步认为其内涵应至少包括：①数据是对事物状态的描述，即它可对事物变化过程中的稳定性进行直观性体现，挖掘数据规律的最终目的是为涉及事物主体在内的相关决策提供支持；②数据必须依附于客观载体而存在，脱离了以事物为载体的任何数据通常是不存在的，即使有也不具有任何实际意义；③对数据的合理分析是决策的基本前提，是辨识客观世界的基础；④数据能否被正确采集与应用是评判其价值的根本标准，具体表现于帮助人们对相关事物的客观认识及决策支持水平。

三　数据的特点

按照数据的构成要素，考虑现阶段对数据的采集、传输、存储和应用情况，对其基本特征进行概括，包括以下几个方面。

（1）产生较易，难以保障完全准确。对于数据本身而言，在社会、经济、资源、环境等各领域无时无刻不在产生数据，而且数据产生的方式多种多样，甚至人的任何行为均可用具体的数据进行记录描述，由此也直接导致数据规模庞大，但这些数据是否准确，长期以来是诸多行业与学术界探讨的焦点。这里的准确性是指数据测量属性值 R^{-tion} 与反映事物状态的真实值之间的误差程度，误差度越小，数据越准确。

（2）需求为先，有目的性地采集与应用。如果将数据产生之前的状态定为数据的"潜伏"状态，则这种状态是否被改变取决于人们的现实需求，即事物的某一属性是否需要被挖掘是根据人们对事物的态度而定的。日常生活中很多时刻、环节、动作等均未产生数据，是因为现阶段人们对其没有相关辨识需求。

（3）动静相交，难以实现全面监测。按照数据是否具有实时性，可将其进一步划分为静态数据和动态数据。其中，静态数据是指随着时间变化而不发生改变的数据，这类数据的属性值 R^{-tion} 恒定，例如人的姓名（改名情况除外）、出生日期等；动态数据主要是指数据的属性值 R^{-tion} 是非恒定的，并随时间的变化而发生属性值的改变，例如对水资源使用量、水质指标的监测等。尤其是对于动态数据，由于属性值测量的方式、手段有限性，以及事物环境的复杂性与规模性，在数据测量过程中采取局部抽样、间隔抽样等方式，通常是难以达到对事物属性的全面动态监测的标准。

（4）增速较快，数据管理难度不断提升。根据 2012 年互联网络数据中心发布的《数字宇宙 2020》报告，2011 年全球数据总量已达到 1.87ZB（1ZB＝10 万亿亿字节），如果把这些数据刻成 DVD，排起来的长度相当于从地球到月亮之间一个来回的距离，并且数据以每两年翻一番的速度飞快增长。面对快速增长的数据量，需要不断提高对数据存储与分析的性能，然而通常情况下这种性能的提升相比数据规模的增长具有一定的滞后性，这对提升数据管理水平的要求具有持续性。

以上仅是从数据的局部特性方面阐述其特点，除此之外，数据还存在突变性、冗余性、多样性等诸多特点，即划分依据不同则取得的特点描述存在差异，但其实质一致。

四 数据的类别

对于数据类别，其划分的原则有多种，按照所涉领域的不同，可分为社会经济类数据、资源类数据、生态环境类数据等，而按照计算机可识别与存储的程度，又可划分为结构化（Structured）数据、非结构化（Unstructured）数据和半结构化（Semi-Structured）数据。此处，以后者为基本原则进行数据类别介绍。

（1）结构化数据。其是行数据，一般存储于数据库中，能够采用二维结构对其逻辑进行表达，如关系型数据库、面向对象数据库中的数据。

（2）非结构化数据。其是通常不便于使用数据库二维逻辑表进行表示的数据，例如文本、图片、报表、图像、视频/音频信息、XML 等。

（3）半结构化数据。其是介于完全结构化数据与完全无结构数据之间的各类数据，例如部分 HTML 文档，这类文档一般将数据的结构与内容相混杂，并不做明显的区分。

第二节 数据认知倾向

一 数据与信息

受学科分类的影响，学术界对其研究的范畴较为广泛，包含狭义与广义上的解释，其中，狭义上的解释是将其视为"数字"，而广义上的描述认为，凡是对客观事物或事件能够进行记录并可以鉴别的符号均可被视为数据，甚至包括一些抽象的符号。

数据与信息（Information）两者之间既存在联系，也具有一定的差别。现阶段的主流观点认为，数据可以被当作信息的表现形式和载体，其表现形式是多样的，比如数字、文字、符号、语言、图像、视频等；而信息则是指数据的具体表征内涵，其加载并依托于数据，是对数据所涉及的含义的解释。对于数据与信息，两者是不能够单独割裂开分析的；信息需要通过数据进行含义展示，数据则可实现对数据的具体表达，同时数据是符号，是物理性的，信息是对数据进行加工处理之后所得到的并对决策产生影响的数据，是逻辑性和观念性的，两者是"形"与"质"的关系。① 数据本身没有意义，数据只有对实体行为产生影响时才能成为信息。

二　数据与决策

美国学者 Tony Hey 等在《第四范式：数据密集型科学发现》（*The Fourth Paradigm：Data-Intensive Scientific Discovery*）一书中将科学研究划分为四个范式，即实验科学、理论推演、计算机仿真、数据密集型科学，其发现并延伸出"用海量数据重新定义生态科学""让我们更接近太空：海量数据中的发现""地球科学的研究工具：下一代传感器网络和环境科学"等相关研究论点。② 这里将数据视为科学研究的基础资源，并驱动了新一轮科学认知的快速发展。尽管科学认知的过程不能与决策（Decision-Making）过程一并而论，但在某种程度上也印证了数据与决策之间的紧密关系。如果将数据比喻为生产加工所需的原材料，则"决策"可认为是产品（"决策"有动词、名词之分，此处决策为名词），即两者之间既有先后的内在逻辑顺序，也有被使用与使用的关系。

与数据驱动决策相对应的即为凭经验支撑决策，但在特定时间内由于人的知识经验是相对有限的，仅依靠经验做出的决策往往缺乏可操作性或执行的结果与理想成效之间差距较大，这一点已在长期的管

---

① 周屹、李艳娟：《数据库原理及开发应用》，清华大学出版社 2013 年版。

② Hey, T., Tansley, S., Tolle, K. M., *The Fourth Paradigm：Data-Intensive Scientific Discovery*, Redmond, WA：Microsoft Research, 2009.

理决策探索中得到了论证。与此同时，随着业界对数据的重视度提高，传统的管理决策正在以管理流程为主的线性范式逐步转变为以数据为中心的扁平化范式，而参与到管理决策中的相关角色与信息更加趋于多元化和交互性。对此，应用信息经济学创始人 Douglas W. Hubbard 在《数据化决策》（*How to Measure Anything*：*Finding the Value of "Intangibles" in Business*）中提出了"数据无孔不入，一切皆可量化"等观点，并给出了如何通过具体量化不确定性、风险和数据价值的相关技术方法。① 而国家自然科学基金委员会公布的 2015 年度重大研究计划项目指南中也将"大数据驱动的管理与决策研究"列为其一，对数据资源治理机制与管理、数据管理与决策价值分析与发现等相关问题进行重点探索。由此可以看出，数据与决策之间的紧密关系必然会随着数据应用探索的深入而愈加显著，数据对科学决策的支撑作用愈加重要。

第三节　数据爆炸论

一　数据爆炸的必然性

如果将 19 世纪以蒸汽机为主导的产业革命时代视为对传统手工劳动生产方式的终结，并极大地推动了人类社会生产力的变革，那 20 世纪以计算机、互联网为代表的技术革命则催生了生产与生活方式的多领域颠覆。按照中国工程院院士邬贺铨提出的观点，"全球新产生数据年增40%，即信息总量每两年就可以翻番，这一趋势还将持续。目前，单一数据集容量超过几十 TB 甚至数 PB 已不罕见，其规模大到无法在容许的时间内用常规软件工具对其内容进行抓取、管理和处理"②，正如其所言，《华尔街日报》《纽约时报》与麦肯锡公司等纷纷发表了关于数据时代来临的相关报道或看法；Vikor Mayer-Schönberger 等在《大数据时代》一书

---

① Hubbard，D. W.，*How to Measure Anything*：*Finding the Value of "Intangibles" in Business*，New Jersey：John Wiley & Sons，2014.

② 邬贺铨：《大数据时代的机遇与挑战》，《中国科技奖励》2013 年第 4 期。

中对数据影响人们生活、工作和思维方式的重要性进行了论述①；中国政府在《国家战略性新兴产业发展规划》《物联网发展规划》等相关政策文件中将海量数据存储、分析处理提升到产业化的层面。目前类似于上述与数据相关的研究、报道、政策等不胜枚举，但是其均表明了一项共性的认识：数据时代已来临——数据爆炸。

论数据的爆炸，可以用一些相关实际的数值进行说明②：①1998年全球网民平均每月使用流量是1MB（兆字节），2000年是10MB，2003年是100MB，2008年达到1GB（1GB等于1024MB），2014年突破10GB；②全网流量累计达到1EB（即10亿GB或1000PB）的时间在2001年是一年，在2004年是一个月，在2007年是一周，而在2013年仅需一天，即一天产生的信息量可刻满1.88亿张DVD光盘；③据资料显示，淘宝网站日均交易笔数超过数千万，单日数据产生量超过50TB（1TB等于1000GB），存储量40PB（1PB等于1000TB）；④百度公司目前数据总量接近1000PB，存储网页数量接近1万亿页，每天大约要处理60亿次的搜索请求，几十PB数据。看到这样的数据规模，不得不承认"数据爆炸"是真实发生了，但究竟是哪些原因或因素促使了该现象的产生？相信不同的人会给出不同的答案，但至少包括以下几个方面。

（1）需求因素：对客观世界的认知与探索。将这一因素定位为数据爆炸的本质因素，是因为从数据产生到数据应用的终极目的在于通过数据分析使人们的自我认知与世界认知更加客观与深入，其具体反映在现实中则为生产工具、生产关系的变更，使人类的物质文明与精神文明得以不断提升。以智能机器人为例，其本身物理状态下不具有任何行动能力，但之所以能够按照人们所期望的形式产生不同的行动类型、行动方式、行动改进等，均是在经过大量数据模拟基础上进行实现的，包括Alpha Go围棋人工智能程序战胜李世石、iPhone上智能化语音机器人Siri等。而这也正如前文所提到的，数据的产生是与现实需求紧密相连的。

（2）实现因素：信息技术的发展。信息处理、信息存储和信息传递

① Mayer-Schönberger, V., Cukier, K., *Big Data：A Revolution That Will Transform How We Live, Work, and Think*, Boston：Houghton Mifflin Harcourt, 2013.

② 邱东：《大数据时代对统计学的挑战》，《统计研究》2014年第1期。

是信息科技的三个核心和基础，随着云计算、物联网、智能终端的普及等，这三项能力得以飞速提升，并为数据的爆发提供了"肥沃土壤"，尤其是存储成本的下降和运行、计算速度的翻倍提高。正如英特尔公司的创始人之一 Gordon Moore 提出的"摩尔定律"，认为同一芯片面积上可容纳的晶体管数量，一到两年将增加 1 倍。[①] 随着晶体管体积的缩小与市场需求的持续增加，其成本也在不断下降，甚至有学者指出未来的几年内，1 太（相当于目前一所普通大学的图书馆）硬盘的价格将下降到 3 美元（相当于一杯咖啡的价格）。[②] 再如云计算，把所有的数据集中存储到"数据中心"，也就是所谓的"云端"，这为数据的爆发提供了一定存储空间和访问渠道；而传感器技术进步的产物——物联网，包括大街小巷的摄像头、监测系统中的各类感应器等，以及智能手机、平板电脑等智能终端，无时无刻不在产生大量而鲜活的数据。

（3）自我因素：数据价值重复挖掘与涌现。数据最根本的作用即为"记录"，将其视为战略资源未尝不可，只是它不像常规的物质性资源，其价值不会因为重复使用而出现衰退或减少，而是能够针对不同应用情景进行重复迭代使用，并涌现出新的数据。例如，对于一类经济数据，数据的初期使用者对其进行经济变动规律的挖掘后，实现了数据价值的第一次释放，而数据的其他使用者对该类数据进行重组分析或与其他关联数据进行集成挖掘等，从而达到了再次释放数据价值的功效，这个过程并没有严格的次数限制，并会随着反复使用次数的增加而涌现出新一批的数据。

二 数据爆炸的多维性

数据爆炸的多维性主要是指其不仅具有时间维上的变化，而在空间维上也是如此。

（1）时间维。该维度主要是指除了部分少数指标，多数数据会随着时间的推进而发生不同程度的变化，即具有时间序列特征。

（2）空间维。空间分析一直以来是地理信息系统研究的焦点，而

---

① Gordon Moore 在 1965 年提出该定律时认为变更周期为 1 年，1975 年时修订为 2 年，但有学者认为其周期为 18—24 个月。

② 涂子沛：《大数据及其成因》，《科学与社会》2014 年第 1 期。

"空间"的概念已逐渐成为理论地理学与区域规划等学科的核心。与传统意义上的时间序列数据不同，数据的空间维特性表现为其表征状态上则显示出测度地理空间单元数据之间的空间依赖性、非均质性，并且除了常规的文字、字符等属性信息，还具有复杂的拓扑关系、矢量关系、距离关系等空间信息。因此，可将具有这种特点的数据称为"空间数据"。而现阶段对于"空间数据"的挖掘在学术界已不再是陌生的话题，早在1997年就有学者在 *Science* 和 *Nature* 等期刊连续发表关于空间数据分析的文章①，而在2000年国内也开始了对空间统计学的系统性研究②。至于空间数据的产生形式则具有多样性，其中就包括地理信息系统（GIS）、全球定位系统（GPS）和遥感系统（RS）等，例如，采用高分辨率对地观测系统拍摄而获取的相关地理空间数据（见图1-1）。③

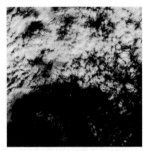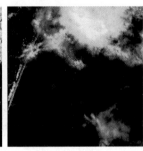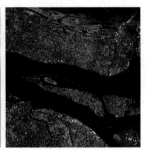

a. 高分一号④拍摄地理空间数据　b. 高分二号⑤拍摄地理空间数据　c. 资源三号⑥拍摄地理空间数据

图1-1　地理空间数据示例

---

①　Maron，J.，Harrison，S.，"Spatial Pattern Formation in an Insect Host-Parasitoid System"，*Science*，Vol. 278，No. 5343，1997.

②　王劲峰、李连发、葛咏等：《地理信息空间分析理论体系》，《地理学报》2000年第1期。

③　中国科学院计算机网络信息中心，http：//www. gscloud. cn，2018年12月1日。

④　高分一号（GF-1）卫星是中国高分辨率对地观测系统的第一颗卫星，于2013年4月26日12时13分4秒由长征二号丁运载火箭成功发射，开启了中国对地观测的新时代。

⑤　高分二号（GF-2）卫星是中国自主研制的首颗空间分辨率优于1米的民用光学遥感卫星，搭载有两台高分辨率1米全色、4米多光谱相机，具有亚米级空间分辨率、高定位精度和快速姿态机动能力等特点，是目前国内分辨率最高的民用陆地观测卫星，星下点空间分辨率可达0.8米，标志着中国遥感卫星进入了亚米级"高分时代"。

⑥　资源三号（ZY-3）卫星于2012年1月9日成功发射。该卫星配置前视相机、正视相机、后视相机和多光谱相机，获取高分辨率立体影像和多光谱影像，为国土资源调查与监测、防灾减灾、农林水利、生态环境等领域应用提供服务。

三　数据爆炸的非线性

非线性的原始定义是指变量之间的数学关系不是直线，而是曲线、曲面或不确定的属性，被认为是自然界复杂性的典型性质之一。数据爆炸是否也会呈现出非线性？前文已经对近年来数据规模增长的情况进行了说明，但是无法用一个准确合理的数学公式对其增长速率与增长规模进行描述，这一点至少是采用常规的统计模型实现不了的。

（1）数据规模与时间之间的关系难以确定。对于这种观点可能会有人提出整体上呈现为"J"形曲线的规律（见图1-2），这样认为可能是对的，但也仅适用于当数据存储能力提升速率始终大于数据增长速率时的情况，此外还存在其他诸多可能性，例如，当数据存储能力初始大于数据规模，但由于后期存储技术手段等与数据规模增长匹配度不高，导致数据增长速率超过数据存储能力提升速率时，则会出现"S"形曲线关系（由于数据应用的需求，后期数据存储能力必然会被提高），这种曲线是反复螺旋上升的，而不是仅有一次。不管是何种曲线关系，其中均存在太大的不确定性，至少无法较为精准地定量化给出未来某一阶段的数据规模，这是因为影响数据产生的因素过于复杂，单纯从传感器的布置使用上就存在较大的统计困难，因此采用现有的统计手段还无法通过有效的线性拟合预测出可信度高的结果。

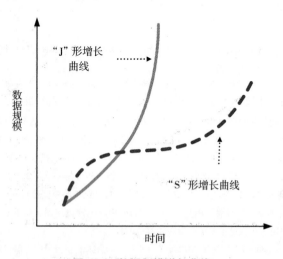

图1-2　数据规模增长曲线

（2）数据与数据之间的关系不能确定。考虑数据的概念，当数据依附于不同的载体时，其所表征的信息含义也会发生变化，而当数据使用者在目标导向下试图从既有数据中挖掘相关信息时，通过对数据的不同排列组合使用，产生新数据的属性关系与属性值通常也具有不确定性。

在数据爆炸趋势愈演愈烈的情况下，数据的这种非线性关系与数据的产生、管理和应用直接相关，如何挖掘这种非线性关系对于提炼数据信息至关重要，也是提高数据价值的关键。

四　数据爆炸的隐患性

数据的爆炸固然引起了诸多领域的变革，为新产业的发展提供了良好的契机，但是与此同时，也存在很多潜在的问题。尤其是随着互联网、智能设备等应用的快速普及，降低由数据爆炸而引发的安全隐患对于国家、企业、个人等均具有重要的现实意义。

从国家安全角度来看，数据安全已成为国防体系建设的重要内容。国与国之间的竞争从最初的经济到科技、人才，发展到当前的数据。之所以将数据安全作为国防建设的关键点，是因为涉及国家安全的数据长期以来是各国探析他国发展、定位本国目标的重要参考依据，由早期各国之间相互指责黑客攻击，到后来美国"棱镜门"事件，快速在全球引起了显著的"蝴蝶效应"。例如，美国政府主导了全球互联网的基础技术，即使其在 2016 年 10 月已把互联网域名管理权移交 ICANN（互联网名称与数字地址分配机构），但这并不表明 ICANN 真正摆脱了美国的实际控制。另外，早在 2014 年美国就颁布《2014 年国家网络安全保护法案》《网络安全信息共享法案》，欧盟通过新版《数据保护法》，俄罗斯联邦法规定《关于信息、信息技术与信息保护》，日本推出《创建最尖端 IT 战略》，法国制订"未来投资计划"和英国实施"Data. Gov. uk"项目等，中国也发布了《关于印发促进大数据发展行动纲要的通知》，即世界各国均通过"施法"来保障本国数据安全，而这也印证了现阶段数据爆发确实存在国家数据披露的威胁。

从企业信息安全角度来讲，数据安全保障是支撑企业健康发展的坚实基础。在传统的企业管理模式下很多企业认为只要完善企业级防火墙，对 PC 端做好数据保护，再辅以一些查杀木马病毒软件即可，但是从实际情况来看其效果并不理想。例如，2014 年 12 月阿里云称遭遇全球最大规模的 DDoS 攻击；同年，安全企业监测到的 Android 用户感染恶意程序达到 3.19 亿人次，平均每天遭受恶意程序感染量达到了 87.5 万人次；2015 年年初一家亚洲网络运营商的数据中心遭遇 334Gbps 的垃圾数据流攻击；同年全球数据泄密的事件达 1673 桩，涉及 7 亿多条数据记录；而《Verizon 2015 数据泄露调查报告》也显示，在世界 500 强企业中，超过半数曾发生过数据泄露事件，更令人惊悚的是，在 60% 的案例里，攻击者仅需要几分钟的时间就可以得手。① 这样的例子很多，其说明的共性问题即为数据安全对于企业而言仍需进一步提高关注力度，否则当企业核心数据被窃取时，对企业造成的损失将难以估计。

从个人隐私保护的视角来看，亟须提高对个人数据的保护水平。现实生活中会出现一些很奇怪的现象：莫名地接到推送邮件、电话，而这些来信或来电对接收者的相关信息很了解，这是为什么？答案显而易见，个人数据被他人挖取了，而这些过程在多数情况下是在看似不经意间完成的。按照一些数据代理商的做法，他们可以利用数据产生者曾经在网上发布过的文字信息、登录过的 IP 地址、填写过的调查问卷，甚至是点过的"赞"，挖掘出数据产生者的生活方式、兴趣爱好等。以 Facebook 公司为例，其在 2013 年时用户数已经超过了 10 亿，个人信息数据量至少达到 100PB，并已经可以实现对个人信息收集的自动化与实时化。再如几乎每个人都会拥有至少 1 部的移动终端设备，这些终端设备所产生或存储的个人数据如果出现泄露，将会导致"每个人几乎是透明人"，这就如普林斯顿大学的计算机科学家 Arvind Narayanan 所称的，只要有合理的商业动机来推动数据挖掘的进程，任何形式的隐私都是"算法上不可能"的。②

---

① 刘睿民：《我国数据安全隐患重重　数据库技术建设迫在眉睫》，《经济参考报》2016 年 7 月 8 日第 8 版。

② 郭晓祎：《大数据下的隐私安全》，《中国经济和信息化》2013 年第 24 期。

第二章　数据管理与数据锁态

不可否认，近年来随着互联网与计算机技术水平的提升，应用于数据的管理技术手段不断被丰富化，并催生了新一代数据管理技术的变革。但是，"数据爆炸"促使数据规模和数据复杂度陡然上升，如何在保障数据有效采集的前提下，从这些海量、多元、异构的数据中提取更多有价值的信息，实现数据决策的科学化与合理化是现阶段数据管理（Data Management）工作亟待探索的重点和难点问题，同时也是落实"数据安全发展观"的关键突破口。该背景下，对数据管理的发展脉络进一步梳理，辨识当前数据管理体系、技术等所处层次，以及面对未来数据革命的颠覆式发展需求，挖掘目前还存在哪些数据管理约束，这对于破解数据管理困境、确定未来数据管理方向具有重要的支撑意义。

第一节　数据管理阶段

目前，受信息化相关研究业界人士普遍认可的一种观点是"数据管理主要指利用计算机硬件和软件技术对数据进行有效的收集、存储、处理和应用的过程，其目的在于充分有效地发挥数据的作用，实现数据有效管理的关键是数据组织"。除此之外，还有提出"数据管理是指对数据的组织、编目、定位、存储、检索和维护等，它是数据处理的中心问题"。两种观点大同小异，均指出了数据管理的范畴涵盖数据的采集、传输、存储与应用的过程，而数据管理的目的即为从规模性原始数据中抽取、提炼对数据使用者有用的信息，实现对数据作用的充分而有效的发挥，正如前文所提到的——决策支持作用。可以看出，数据管理的概念伴随数据研究的深入而逐渐趋于统一。历数数据管理的相关发展阶段，其与信息技术的革新密不可分，具体包括人工作业阶段、文件系统阶段、数据库系统阶段。

一 人工作业

由于数据属性关系的多样性，此处按照计算机存储数据的角度来看，即以人工作业为主的数据管理可界定于 20 世纪 50 年代中期以前，这一时期的计算机处于使用初期阶段，主要被应用于数据的计算，而不具备相对有效的存储功能，导致数据从采集到应用均呈现较多的弊端。

（1）数据采集、传输及存储手段有限。以计算机运行产生的数据为例，该阶段的数据规模并没有达到可以用"爆炸"一词来形容的程度，这一方面限于当时计算机运行能力的低下及计算机数量偏低，而且仅限于少数的机构才具有计算机这样的"资源条件"，另一方面则是数据采集工具多是应用纸带、磁带等，尽管满足了数据传输设备的可移动性，但是这类物品所具有的数据容量较为局限，尤其是当数据记录在纸带或磁带上时，只能实现数据的短期"暂存"。

（2）以"应用"为主导的数据管理模式造成有效数据产生周期被拉大。该阶段数据的管理主要还是根据运算目的进行程序管理（见图2-1），这与现阶段所采用相应的软件管理模式差异较大，而不同的数据实现运算则需要单独进行程序编写，通常一组数据运算的方式不能支持另一组数据的运算，而这就难免导致数据与数据之间存在相对显著的孤立性，同时无法实现数据的共享，即数据冗余问题严重。该过程既需要对计算程序进行反复设计、验证与应用，也需要对数据物理结构与应用程序之间的匹配度进行迭代修正，由此致使理想数据的获得周期过长。

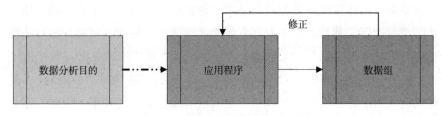

图 2-1 数据分析与应用程序关系

二 文件系统

从 20 世纪 50 年代中后期至 60 年代中期，数据存储就有了跨越式的发展，其中较有代表性的即为计算机的磁盘、磁鼓等存储设备的产生与应用，计算机也逐渐开始被用于数据管理等。而该阶段被称为文件系统管理阶段是由于这期间已经出现了专门用于数据管理的软件，即文件系统，包括被管理文件、用于文件管理的相关软件和实现管理过程所要设置的数据结构。数据存储的基本形式即为"文件"，其实质是由数据按照特定规则构成满足要求的数据集合，并被包含于操作系统中。这样可将数据存放于外存上并达到反复使用的目的，实现了对过去应用程序的"脱离"，而应用程序则可利用读取文件的名称调取与存放文件中的各项数据（见图2-2），在一定程度上提高了数据管理的水平。

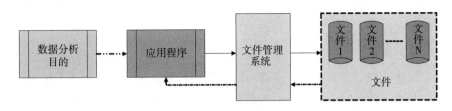

图2-2 文件管理系统

到了该阶段，数据管理呈现出了一些与人工作业管理阶段的差异化特点。

（1）数据处理规模与存储能力明显提升，具体表现于计算机性能的提升带来的数据处理规模提高，同时使用容量相对较大的磁盘作为数据存储工具，其存储数据量得到改进。

（2）数据与应用程序之间出现了相对"分离"的状态，并且采用文件管理系统使其物理结构与逻辑结构相独立，这对于缓解程序工作人员的工作量具有较大帮助。但这并未能改变数据结构与应用程序之间的关联模式，当其中一项发生改变时，另一项也需要做出相应调整。

（3）数据冗余问题依然严重，数据共享水平较低。以"文件"方式进行数据存储的同时也导致受其本身存在形式的约束，特别是在不同时期利用同一套数据时仍需要单独建立相应的文件，易造成大量的数据冗余。

三 数据库系统

到20世纪60年代后期70年代初期，计算机的应用范围愈加广泛，硬件设备性能不断提高，与之相应，数据规模大幅度提升。面对大规模数据处理与存储、数据共享等需求，一种专门用于操纵与管理数据库的大型软件——数据库管理系统（Database Management System）也终于应运而生。这种数据管理方式将过去采用"文件"存储的方式转变为"数据库"，即一种可以按照数据结构进行组织、存储和管理数据的"仓库"，发展至今，其类型已经由存储最简单的数据表格被扩充至能够容纳海量数据存储的大型数据库系统。对此，学者 Martin 给数据库下了一个相对较为完整的定义：数据库是存储在一起的相关数据的集合，这些数据是结构化的，无有害的或不必要的冗余，并为多种应用服务；数据的存储独立于使用它的程序；对数据库插入新数据，修改和检索原有数据均能按一种公用的和可控制的方式进行，当某个系统中存在结构上完全分开的若干个数据库时，则该系统包含一个"数据库集合"。①

通过数据库管理系统的数据定义语言、数据操作语言等可以对数据库进行统一的控制与管理，并能够对数据库中的数据进行访问，甚至是满足抽象意义下的数据处理要求，数据库操作人员对数据库的维护工作也是通过数据库管理系统实现的（见图 2-3）。数据库管理系统的创建在较大程度上克服了诸多人工作业管理、文件系统管理中数据存储与应用过程中存在的弊端，实现了对数据逻辑结构、物理存储及其完整性约束的有效保存。

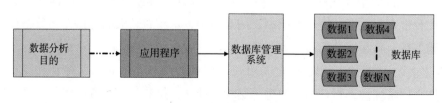

图 2-3　数据库管理系统

第二节　数据管理体系

一　基本构架

随着数据库管理系统的日臻优化，其所能处理的数据规模越来越大，而构建科学的数据管理体系则成为发挥数据决策支持作用的基本前提。一

---

① Martin, J., *Computer Database Organization*, New Jersey: Prentice Hall PTR, 1977.

个相对完善的数据管理体系应该包括哪些内容？为了更加全面地解析该疑问，不妨从数据的全流程进行数据管理体系的构建（见图2-4）。

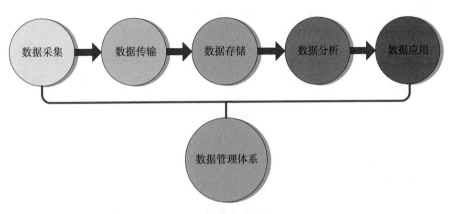

图 2-4　数据管理体系构架

从图2-4的数据管理体系逻辑构架可知，其至少要包括数据采集体系、数据传输体系、数据存储体系、数据分析体系和数据应用体系五个基本环节。各环节根据其内部结构及特点也可再次进行细分。完善的数据系统管理体系需要从数据的初始端（即数据采集端）便开始实施科学管理，但是在实际情况中，要达到以上目标并不容易。以当前国内常用的一些年鉴统计数据为例，年鉴中的数据不仅对各级政府部门制定相关调控政策具有重要参考意义，而且对于学术界的科学研究也具有重要的支撑作用，但是这些数据在抽样统计、层层上报之后很容易出现数据缺失、数据填报错误等问题，这其中尽管有统计口径等问题，但由于数据采集不全面、数据传输不到位、数据存储不合理等造成的数据应用支撑性不足已成为制约数据管理的主要短板之一。因此，建立健全完善的数据管理体系对于提升数据管理水平至关重要。

二　流程解析

根据数据管理体系的逻辑构架，对其各子体系进行梳理解析，具体如下。

（1）数据采集（Data Acquisition）。其又被称为数据获取，指从传感器和其他待测设备等模拟和数字被测单元中自动采集信息的过程。而实现上述目标所使用的数据采集工具（即数据采集器）多种多样，由最初英国输力强公司率先制造的世界第一台数据记录器（系统框架如图 2-5 所示）① 到现代常见的如摄像头、麦克风等，在数据采集性能上实现了跨越式提升，但这些工具使用的原则始终需要建立在不影响被测事物状态与其环境的基础上，否则易使数据采集结果出现较大误差。

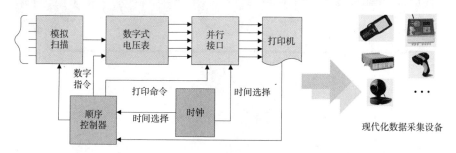

图 2-5 世界第一台数据记录器系统框架及现代化数据采集设备

计算机、互联网与智能设备的快速发展，极大地加速了数据采集领域的革新与应用。一般意义上来讲，数据采集是根据实际需求将事物的某种属性值转化为可识别的物理量或数字量（含模拟量），在信息化领域中常称其为电讯号等，如水位、水量、水温等。对于规模型数据，常利用采样方式进行数据获取，即设置特定的间隔时间对同一点处数据进行重复性采样，这个间隔时间通常被称为采样周期（当采样周期为 0 时，采样为连续无间断采样），所采集到的数据多为瞬时值，也可以是一个时间段内的特征值。以模拟信号 $\tau(t)$ 为例，当期采样间隔点设定为 Δt 时，其采样周期即为 Δt，倒数 $1/\Delta t$ 为 $\tau(t)$ 的采样频率（单位通常为采样数/秒），$t = 0$、Δt、$2\Delta t$ 等，$\tau(t)$ 的具体值为采样值。按照采用定理，通常认为最低采样频率 $\min\{1/\Delta t\}$ 要为信号频率的两倍。而常用到的奈奎斯特频率（Nyquist Frequency）就是在设定了采用频率 $1/\Delta t$ 以后，能够正常体现信号但又不发生畸变的最大频率 $\max\{1/\Delta \tilde{t}\}$。当信号中出现了高于奈奎斯特频率的相关频率时，则产生畸变并位于直流与奈奎斯特频率之间。以上仅是众多数据采集情况中的一种，通常数据采集需要按照不同的应用需求进行不同的定义，但其基本的内在逻辑整体上一致，可概括为：

① 高安邦、程焕文：《国内外数据采集系统的综述》，《哈尔滨电工学院学报》1988 年第 8 期。

①利用传感器感知相关物理量，将其转换成电信号；

②运用 A/D 转换把模拟量的数据转变成数字量的数据；

③实现对数据的记录，并打印输出或存入磁盘文件。

（2）数据传输（Data Transmission）。这主要指的是依照适当的规程，经过一条或多条链路，在数据源和数据宿（数据接受者）之间传送数据的过程，另外，在信息学中也表示借助信道上的信号将数据从一处送往另一处的操作。如图 2-6 所示，基于数据传输的理念而构建的数据传输系统则一般是由传输信道、数据终端设备等构成。其中，传输信道可以是一条专用的通信信道，也可以由数据交换网、电话交换网或其他类型的交换网络来提供；数据的输入与输出设备即为数据终端设备；数据信息通常是由数字、字母、符号等组合成的，具体可利用二进制代码进行表示。

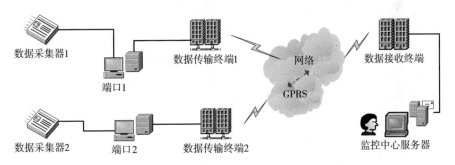

图 2-6 数据传输简易拓扑示意

按照不同的数据传输方式划分原则，可将其划分为不同的传输方式，包括基带、频带和数字数据传输，并行传输与串行传输，异步传输和同步传输，单工（Simplex Transmission）、半双工（Half-Duplex Transmission）和全双工（Full-Duplex Transmission）传输等。其中，以讨论较多的单工、半双工以及全双工数据传输方式为例（见图 2-7），该种分类方式依据的是数据传输状态和频率使用的原则，单工数据传输中数据的传输是单向的，即数据信息只能在数据发送端与接收端之间使用一根传输线进行一个方向的传输，由于这种数据传输方式存在较多的局限性，在现阶段已经不被常用；若采用同一条传输线作为输入与输出的工具，则数据可以在其中实现两个方向的传输，但输入与输出不可以同时进行，只能依赖分寸切换方向、互相收发数据的方式为半双工数据传输方式，该方式会产生一定的时间延迟，但为全双工数据传输模式提供了相对独立的引脚；而全双工数据传输方式则表示数据的发送、接收两端均是采用独立的资源，即利用不同的传输线进行数据信息传送，满足同一时刻的数据发送与接收操作，该方式常用于远程监测与控制系统等。

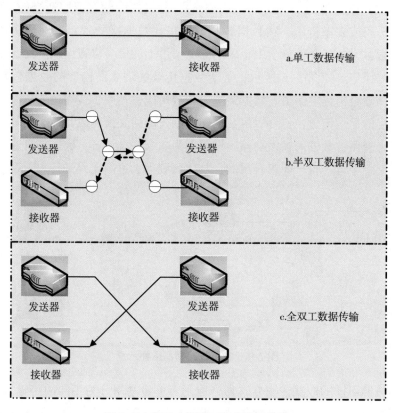

图2-7 单工、半双工和全双工传输

（3）数据存储（Data Storage）。数据存储是指数据流在加工与应用过程中产生的临时文件或加工过程中所需要查找的信息，即根据需求将数据以某种格式存储在计算机或相关外部存储介质中，例如常用的磁带、磁盘等。当数据存储在磁带上时，数据只能按照顺序文件的方式进行存取，而存储于磁盘上时，则能够依照实际需求选择直接存取、顺序存取。

数据存储方式可分为直接附加存储（Direct Attached Storage，DAS）、网络附加存储（Network Attached Storage，NAS）和存储区域网络（Storage Area Network，SAN）三大类。其中，DAS外部存储设备通常是作为服务器结构的部分内容，直接挂接于服务器内部总线上，因此，这种存储方式可适用于规模较小的网络、地理位置相对分散的网络和一些特殊应用服务器；NAS 数据存储方式重点采用了网线连接磁盘阵列的方法，相比 DAS 存储更加高效、可靠，同时容量进一步提高，并基于企业 Ethernet 和 TCP/IP 协议设计的数据传输模式使其具备即插即用、存储部署简单、位置灵活和成本较低等优势，但该存储方式无法满足高性能存储、高可靠度的要求；而 SAN 数据存储创造了存储的网络化，它是凭借光线通道技术将传输物理介质与网络、设备通信协议相分离，达到网络部署便捷、高性能存储、高扩展能力等特点。在实际运用中，三种存储方式并没有标准的体系结构进行比较，而是相互共存以发挥各自的存储优势，但 NAS 和 SAN 相关产品的价格要远高于 DAS 数据存储。

（4）数据分析（Data Analysis）。数据分析所包含的范畴相对较广，涵盖了对集成数据的核对、检查、复算、判断等过程，但其意图主要是从这些看似无规律的数据中进行相关信息的集中式处理，并提炼与挖掘出研究对象具备的客观规律或验证结果。

考虑到经典统计学在数据分析中应用较为成熟，对其不再进行过度阐述，但随着数据规模的爆发，以及处理海量数据的技术需求，此处以部分较为热点的数据分析方法进行论述。

①可视化分析（Analytic Visualizations）。在 2015 年发布的《中国大数据技术与产业发展白皮书》中，将数据可视化列为其中最重要的技术领域，它是一种数据视觉表现形式的技术研究，其是为了便于操作或决策人员更加直观地发现离散数据中隐含的规律与趋势，但随着数据体量的上涨，传统意义上的"便捷性观测"已经无法满足人们的需求（见图 2-8），尤其是更加多维、多彩的数据可视化需求。然而，这并不意味着要舍本逐末地过度追求"炫酷"而将本可以利用操作简单的数据可视化技术转变为复杂化但没有太多实际价值的方法。该方面的可视化工具正在不断拓展当中，例如 Processing、Openlayers、PolyMaps、Gephi 等。

②数据挖掘算法（Data Mining Algorithms）。其又被称为数据库中知识发现（Knowledge Discovery in Databases），或者知识发现（见图 2-9），主要是指在大量数据中对未知的而有价值的规律、模式等知识进行提取挖掘的过程。目前，对于数据挖掘可按照狭义与广义两个层面进行理解，其中狭义层面是指运用统计分析、机器学习等技术发现数据模式与规律的智能方法，而广义层面则是指知识发现的全过程。一般认为小规模数据的传

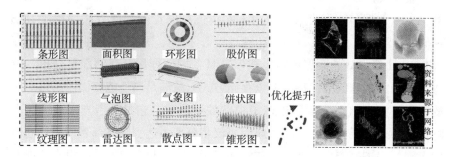

图 2-8　数据可视化发展示例

统统计分析、数据查询与专家系统等不作为数据挖掘的内容，而数据挖掘整体上更加偏重于模型的构建与算法的应用。

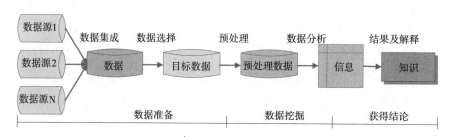

图 2-9　数据挖掘与知识发现过程

　　③预测性分析（Predictive Analytic Capabilities）。通常这类方法用于解决"预言性数据分析问题"具有较大优势，例如"疾病预测""球势预测""高考预测"等（见图 2-10），主要原因在于支撑其使用的数据规模量大、数据关联规则分析技术适用性强等。在小样本研究范畴内，对样本数据抽取的随机性程度被认为是衡量对整体样本的代表性水平，但同时也存在较为显著的弊端，即系统不确定性与成本高。以中国人口普查为例，庞大的人口基数在使用随机抽样的方法时，对人力、物力均产生较大的消耗，所取得的结果一般都是建立在一定误差基础上的。而在海量数据得以获取的情况下，甚至全样本时，通过对其数据更全面的集成与更深层次的趋势模拟、关联分析，可以得到高精度的预测性结果，正如谷歌的人工智能专家 Norvig 所提出的，"大数据基础上的简单算法比小数据基础上的复

杂算法更加有效"①。

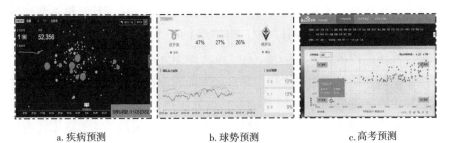

　　a.疾病预测　　　　　　b.球势预测　　　　　　c.高考预测

图 2-10　海量数据预测性分析示例

　　以上仅为目前讨论相对较多的部分数据分析方法，除此之外还有诸多正在不断完善之中的技术方法，如数据融合技术（Data Fusion Technology）、语义引擎（Semantic Engines）② 等，不再一一赘述。随着数据爆发愈演愈烈，这些技术方法的种类、可操作性、适用范畴等逐渐成为提高数据分析能力的关键手段。

　　（5）数据应用（Data Application）。前面介绍的数据采集、数据传输、数据存储和数据分析均是数据处理过程中的"铺垫性"环节，而数据要真正发挥其价值关键在于数据应用是否恰当、合理。不少研究人员认为数据分析已经是数据发挥价值的终极阶段，或者数据分析的过程已经涵盖了数据应用，但是实质上，数据分析的过程只是通过数据的集成与信息的挖掘获取了相关分析"结果"，并没有取得相应的"结论"，而后续还需要根据决策者的客观环境与实际需求对挖掘出的数据信息进行整合判断，进而完成最后阶段的决策，该过程即为数据应用所囊括的数据决策支撑环节。

第三节　数据管理技术

　　从数据管理发展的三个阶段中，可以看出人们对数据进行的收集、组

① Halevy, A., Norvig, P., Pereira, F., "The Unreasonable Effectiveness of Data", *IEEE Intelligent Systems*, Vol. 24, No. 2, 2009.
② 通过语义引擎能够从"文档"中智能提取信息，对于处理多样性的非结构化数据具有较大挖掘潜力。

织、存储、加工和利用等日渐成熟，数据存储冗余降低、独立性增强、操作水平不断提升，尤其是在 20 世纪 80 年代后大型、中型计算机逐渐开始将数据库技术应用于数据管理中，例如 Oracle、Sybase、Informix 等，同时微型计算机上也融合了 Access、FoxPro 等数据管理软件，使数据管理技术实现了质的飞跃。由于对于操作相对简单而较为传统的数据管理技术现阶段已讨论较多（如纸质文档管理等）此处不再做过多描述，而是将焦点置于信息化发展需求背景下与规模数据处理紧密相关的关系数据库管理技术、Web 数据管理技术和云数据管理技术等，试图从前瞻性视角对这类数据管理技术进行概析。

一　关系数据库数据管理技术

关系数据库管理技术（Relational Database Management Technology）是建立在关系数据库模型基础上的方法，追溯其历史可以到 20 世纪 70 年代初 IBM 工程师 Codd 发表的一篇著名论文 "A Relational Model of Data for Large Shared Data Banks"①，这篇文章提出了基于表格、行列、属性等概念的关系数据模型，通过映射的方式将现实世界中的实体及实体之间的关系表征于表格中，而且赋予了关系模型以严格的代数运算②。该文发表后，在世界掀起了关系数据库系统研发的热潮，而在此之前，常规的数据库系统还是以网状数据库、层次数据库等应用为主，如 IDS（Intrusion Detection Systems）系统、IMS（Information Management System）系统等，这些数据库均是采用导航模式的数据结构，在数据模型理解与软件编写、修改等方面存在较大的困难。而由于关系数据库可将属性相近的数据独立存储于表中，对于表中数据的处理（如删除、修改、新增等）不会对其他数据产生影响，具有操作便捷的特点，受到了使用者的青睐。基于关系数据库的概念，IBM、Oracle、Sybase 等系列相关公司都纷纷创建了其数据库产业，尤其是 IBM 创建的 System R 和 California 大学 Berkeley 开发的 Ingres 原型系统后来均成为应用广泛的关系数据库产品。

按照关系数据库的层次结构，可将其分为数据库、表与视图、记录和

---

① Codd, E. F., "A Relational Model of Data for Large Shared Data Banks", *Communications of the ACM*, Vol. 13, No. 6, 1970.

② 覃雄派、王会举、李芙蓉等：《数据管理技术的新格局》，《软件学报》2013 年第 2 期。

字段四个层级。具体而言，数据库又可分为远程数据库和本地数据库，前者主要是借助结构化查询语言 SQL 对驻留在其他机器上的数据库中的数据进行访问，较为典型的有 Oracle（见图 2-11）[①]、Sybase 和 InterBase 等数据库，而后者指数据库多数是设置于本机驱动器或局域网中，并且为避免访问冲突而常采用"文件锁定"的方式实现多个用户访问，常见的有 Access、FoxPro、Paradox 等，相比前者，该数据库具有相对较快的访问速度，但数据存储容量要偏低；而表作为关系数据库中的基础要素，其中的每个数据均只能够占据一个单元，其内部逻辑结构也相对较为简单和明确；视图的使用则是基于实际存放数据的系列基表实现的，通常在数据库中对其都有定义，且它与基表数据紧密相连，当其中数据发生变化时，视图也将产生相应的改变；表中的一行常用记录表示，其表征一个具体事物的一组数据内容；字段是对表中描述对象属性的表征，常对应于具有同一数据类型的多项数据，如水资源消耗量、水价等，同时它也是数据库操作中的最小单位。

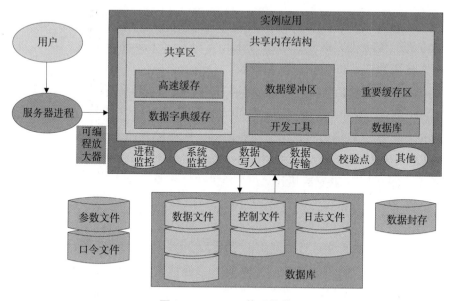

图 2-11 Oracle 体系结构

① Corey, M. J., Abbey, M., *Oracle Data Warehousing*, New York：Osborne/McGraw-Hill, 1996.

　　清晰的数据库结构促使基于集合代数等建立起关系数据库技术的可应用性已在各领域数据管理中得到了很好的验证，但面对数据爆发的不可逆趋势，其数据存储与分析性能也定然将出现全新的变革提升。

二　Web 数据管理技术

　　在关系数据库技术的基础上，Web 数据管理技术是指用于探索如何按照用户需求从动态的数据源中取得并管理 Web 数据的相关技术方法。之所以认为定义中的数据源为"动态"，是由于在传统的 Web 服务中，文本及其相关多媒体信息多是以"文件"形式进行存储与管理，Web 页面也是以静态方式展示，而互联网与计算机快速发展催动下的数据爆发，让人们对 Web 管理的需求愈加趋于动态性、实时性、交互性，这使分别拥有良好信息发布、规模数据组织管理能力的 Web 技术和数据库技术之间相互融合成为必然趋势。① 这一过程的实现进一步释放了两者的技术优势，同时也极大地提升了在 Web 浏览器上检索与调用数据库资源的可操作性。

　　目前从海量的 Web 数据源中快速而准确地获取所需数据常采用的技术方法有 Web 搜索引擎、Deep Web 搜索引擎、元搜索等模式，其中，元搜索被认为是 Web 数据获取相对较为合适的方式，而前两项分别存在复杂度高、数据孤立等问题。② 在此对常用的 Web 数据库访问技术进行介绍：（1）公共网关接口（Common Gateway Interface，CGI）。这是最早普遍使用的 Web 数据访问技术，即在运用任意一种 Web 服务器内置语言编写 CGI 程序的基础上，在 HTML 网页中将表单 Action 设置成其应用程序格式。（2）Web 服务器接口 API。CGI 在操作复杂度上过高导致效率偏低，很多的服务器供应商开始通过开发 API 应用程序接口对 CGI 进行替代，例如 Microsoft 的 ISAPI、O' Reilly 的 WSAPI、Netscape 的 NSAPI 等，相比于 CGI，其存在形式以动态链接库（DLL）为基础，并通过 IDC 文件支持数据库访问，其内部定义了数据源、返回模板和动态 SQL 语句，使其与 Web 服务器结合更加紧密，但这种模式通常只能适用于一些专用的

---

① 左凤朝：《基于 Web 的数据库访问技术探析》，《计算机工程与应用》2002 年第 15 期。
② 王晖、彭智勇、李蓉蓉等：《Web 数据管理研究进展》，《小型微型计算机系统》2011 年第 1 期。

Web 服务器和操作系统①。（3）ASP（Active Server Page）访问数据库技术。该技术改变了传统手工编辑 HTML 对 Web 服务器修正进而再发送给浏览器的模式，能够在服务器上动态产生 Web 页面，其访问过程是利用 ADO（ActiveX Data Objects）实现的，这种访问形式相比较而言更加简便易操作、执行速度更快。（4）JSP（Java Server Page）访问数据库技术。JSP 是由 SUN 公司倡导建立的一种动态网页技术标准，其基于 Java 技术，具有安全性高、移植性强、较为稳定的特点，可用于创建可支持跨平台跨 Web 服务器的动态网页，该技术对数据库的操作是通过 Java 数据库连接（Java Database Connectivity，一种用来进行数据库访问的 SQL 级别的 Java API），而鉴于 Java 的语言特点，其要比 ASP 对 Web 服务器的应用支持范围更广。

以上 Web 数据库访问技术都是一些较为基础的方法，除此之外现阶段已经出现了其他一些较为常用的技术，如 ASP. NET 技术②、Plug-in③等，随着 Web 数据库管理技术的不断丰富，在选择使用时还需要综合考虑未来具体情景及相关要素进行权衡应用。

三 云数据管理技术

云数据管理的概念是在云计算的基础上演化而来的。对于云计算，现已在社会各界引起了高度关注，它是指以虚拟化技术为基础，以互联网为载体，以提供基础架构、平台、软件等服务为形式，整合大规模可扩展的计算、存储、数据、应用等分布式计算资源进行协同工作的超级计算模式。④ 该技术的提出使互联网时代计算产生了重大跨越，甚至引发了一种全新的商业模式，尤其是基于越来越成熟的虚拟化技术，使其能够应对大型的分布式环境，让使用者不用过度担心硬盘的损坏或者存储空间不足而导致数据资源整合能力低下等问题。近年来，全球诸多著名的 IT 企业将其视为重点研发对象，并取得了相应成绩，如 Google 推出的 "Google App

---

① 徐雪霖：《Web 数据库访问技术探析》，《微计算机信息》2004 年第 2 期。

② 马银戌、张宝俊、陈立新：《Web 数据库访问技术的探讨研究》，《安徽电气工程职业技术学院学报》2005 年第 3 期。

③ 汪倍贝：《Web 数据库访问技术的研究》，《科技资讯》2010 年第 24 期。

④ 吴吉义、傅建庆、张明西等：《云数据管理研究综述》，《电信科学》2010 年第 5 期。

服务"、亚马逊推出的"简单存储服务"（Simple Storage Service）和"推迟弹性计算云服务"（Elastic Compute Cloud）、IBM 推出的"蓝云"计划、国内浪潮推出的面向云计算的"云海"操作系统等①，尽管这些技术还处于持续探索完善阶段，但是其发展潜力已然被各界看好。

云数据管理技术的应用是以云计算中的数据为基础，而这类数据正如前文数据爆发论中所描述的，有海量、多元、异构等特点，现阶段对其进行数据管理的技术主要有②：

（1）Google 文件系统（Google File System，GFS）。其是 Google 公司为了存储海量搜索数据而专门设计的一种可扩展分布式文件系统，可支撑大型、分布式、海量数据的存储与访问应用。按照系统的节点分类（见图 2-12），GFS 包括客户端（Client）、主服务器（Master）和数据块服务器（Chunk Server），其分别负责 GFS 的应用程序访问接口、系统文件管理、具体存储工作。当对 GFS 进行访问时，需要先对主服务器 Master 进行节点访问，取得数据块服务器相关信息，进而完成对 Chunk Server 的数据存储。由此可见，该模式下数据流与控制流达到了相对独立，系统内各节点能够在较高效率下并行运作。

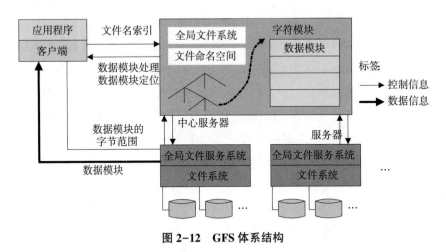

图 2-12　GFS 体系结构

（2）MapReduce 技术。该技术是 Google 提出的一个软件架构（见

①　刘正伟、文中领、张海涛：《云计算和云数据管理技术》，《计算机研究与发展》2012 年第 1 期。

②　张丽敏：《基于云计算的云数据管理技术研究》，《自动化与仪器仪表》2017 年第 1 期。

图 2-13），主要用于大规模数据集的并行运算，其中，Map 与 Reduce 分别指的是映射、规约，其概念思想源于函数式及矢量编程语言。Map 是把总体任务分解为可在单个节点处理的子任务，所处理的数据均为原始数据，并通过调度处理取得相应的"值/对"集合（提取数据特征）；Reduce 是依据需求对 Map 中产生的数据集合进行分类与合并，获得最终的处理结果。综上可将该技术概括性地理解为：将一堆复杂规模性的数据按照某种特定特征进行归纳，并经处理后取得最终结果的方法。MapReduce 这种通过对大规模数据集操作分发给各节点的方式在一定程度上提高了系统的可靠性，各节点均会周期性反馈其完成的工作，并兼顾节点运行状态。

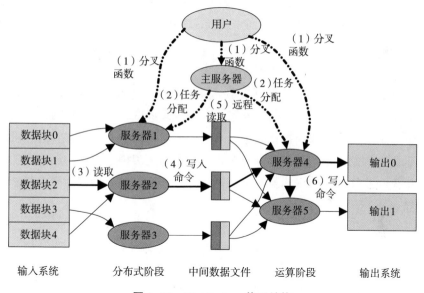

图 2-13　MapReduce 体系结构

（3）Dynamo 技术。该技术作为一个拥有专属键值结构的分布式存储系统，不仅具有分布式、数据库的基本特征，还具有 Hash 表分布式的特点。一般情况下，其并不直接显示在外网当中，而是为 AWS（Amazon Web Services）提供必要的底层支持。相比于其他数据库管理技术，Dynamo 选取了 DHT（Distributed Hash Table）作为基本体系结构，并提供了三参数模式（N—副本个数，R—可达到读取一致和读取成功的个数，W—写入成功的个数），可使其能够结合具体实际需求对它们的实例进行调整，而且提高了节点之间的动态感知能力，使数据存储更加均衡。

（4）BigTable 技术。在 GFS 和 MapReduce 技术的基础上，Google 还提出了另外一个大型分布式数据库，即 BigTable。从形式上看，BigTable 即为一个稀疏、多维的 Map，且其单元格是由行、列关键字和时间戳进行定位，相对较易理解，但如果按照规模来看，BigTable 的容量要至少达到1PB（1014TB），而这远超越了一般的表结构容量。因此，Google 对其给出的定义中指出，它是一种为了管理结构化数据而设计的分布式存储系统，这些数据可以扩展到非常大的规模，例如在数千台商用服务器上达到PB（Petabytes）规模的数据。① 自 2004 年开始研发与投入使用后，其对 Google 的海量数据管理提供了重要支持，包括 Google Finance、Google Analytics、Google Earth 等。当然，BigTable 的很多数据库实现策略与其他数据库相近，只是不能够支持完全的关系数据库模型，而是为操作人员提供了简单的数据模型。

综上可见，传统数据管理中数据模型多是采用关系模型，而应对的数据规模也主要集中于中小规模数据，集中式的系统架构使其具有易操作、功能相对丰富的特点，但同时限制了它的可扩展性，对海量数据，尤其是其中的半结构化、非结构化数据处理手段相对欠缺，而云数据管理并没有固定化的数据模型，而是基于分布式理念对超大规模数据中的结构化、半结构化和非结构化数据均具有可用性与可扩展性，但在操作难度上仍然有待简化。

第四节　数据锁态概析

随着海量数据问题在全球范围内掀起的研讨与探索风暴不断加强，将数据视为重要的战略发展资源也是应对国家安全、产业发展和社会保障的重要举措，但在提升对其认识深度的过程中也需要客观对待，避免由于理解不足和盲目跟从而陷入极端或误区。据此，结合数据爆炸大趋势与数据管理现状，梳理其中可能对未来数据驱动产生掣肘的问题点，从而促使对数据及数据管理的认知水平更加全面。

"数据爆炸论"在一定程度上揭示了目前全球数据急剧变化的宏观态势，由此驱动了从数据采集到数据应用的全流程技术升级与全方位数据管

---

① 刘德永：《云计算和云数据管理技术》，《计算机光盘软件与应用》2013 年第 13 期。

理革新，但这是否表明现阶段已经充分释放了数据资源的内在潜力，并足以支撑未来数据管理的迫切需求？显然，距离该目标仍还有很长的路需要探索，而当前社会各界对"海量数据"的高度关注为深入研究该问题提供了一个良好的契机。具体而言，数据的锁态，即数据管理中存在的不足或仍值得进一步挖掘之处包括：

（1）全面数据管理缺乏科学有效的顶层设计与总体论证。针对爆炸式增长的海量数据及越发复杂的数据结构，提高数据资源的利用率是提升数据价值的关键，但是制约当前数据资源利用率的"瓶颈"又有哪些？技术固然是重要因素，但是在此之前必须明确数据处理亟待攻克的重点和难点以及数据本身的可利用价值分析等问题。综观现有数据规模与分类统计模式，政府、企业、社会所拥有的数据类别、标准不一，而且相互之间的数据流通相对割裂，在很大程度上无法达到相互调用，例如宏观层面的统计年鉴，全国层面、各省市层面、各县域层面的诸多统计指标尚存较大差异，这对于社会经济领域研究造成了一定困扰。另外，越来越多的学者提出构建海量数据处理的平台建设方案，但基本上都停留在理论框架，而将其应用于具体工程实践中的较少，这点腾讯、Google、百度等企业进展较快，取得了系列海量数据处理技术与产品的突破。对此，中国政府也相继颁发了关于数据产业的相关鼓励性政策，但是其中仍未较为全面地阐述如何操作等内容。因此，在数据爆发且各国、各地区抢占数据发展战略制高点的关键期，需要且应该建立相应的数据规划论证部门，对数据管理及数据产业的发展等问题进行顶层设计，并通过强化总体论证，避免在实践过程中出现盲目跟从的现象。

（2）动态数据采集与实时、精准数据监测要求匹配度不足。数据采集是获取数据的初始阶段，但同样也是保障数据有效性的关键环节。限于技术的有限性，对于企业生产中的数据尚可以做到一定规模的动态实时监测，但是对于多数情况而言都是采用样本抽样、选点表征监测的方式进行数据采集，这样虽然取得了相关数据，但是相对于全面性的数据检测要求仍属于阶段性、局部数据采样，导致对事物属性或状态缺乏系统性反映。此外，对于监测环节较多的情况，获取各个环节数据的难度很大，相当一部分数据必须通过数据加工、分析、处理等手段取得。以取用水总量为例，虽然具有海量信息，但由于供、用、耗、排水等环节的监控点布置不完备，现有水资源监控能力仅掌握全国约 36% 的实际取用水量，64% 的用水量数据需根据行业用水定额和分析推算等途径得到，导致取用水量数据统计不够及时准确，难以支撑最严格的水资源管理制度考核。对于该问题，中国航天系统科学与工程研究院、深圳大学和湖南科技大学联合申报的 2016 年度国家自然科学基金—广东联合基金重点项目（U1501253）中针对重点取水口、入河排污口产生的视频类监控数据，采用一比特量化采样技术，基于压缩感知的次奈奎斯特采样技术，利用信号重构技术（见图 2-14 和图 2-15），构建了满足水资源数据对监测传输设备的精确采样要求的模型，取得了海量数据采集技术应用突破。

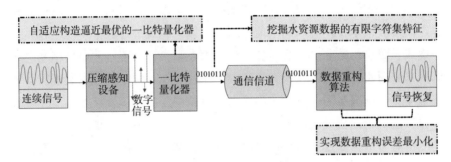

图 2-14 基于一比特量化的水资源数据采集技术

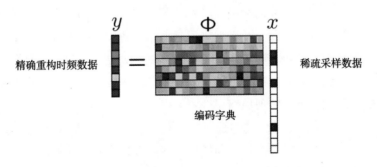

图 2-15 基于压缩感知的次奈奎斯特采样技术

（3）实时数据传输与高质量、无损数据压缩要求协调性有待改善。假如在数据采集阶段获取了高精度数据，还需要对这些已获取数据进行动态传输，该过程需保障数据的原始属性不被破坏，即实现数据的无损压缩传输。目前在数据传输中的数据压缩技术大致可分为有损传输与无损传输，前者主要是对图像信号、音频信号等具有高压缩比的处理方式，而后者是针对计算机程序文件、文本文件等，不允许数据失真，重构压缩数据与原始采集数据完全相同。相比较来看，有损压缩模式在对原始数据压缩后所占据的传输带宽相对较低，也就是在传输速率与规模上具有一定优势，但无法保障重构数据的原型状态，尤其是在有线传输、远距离传输中该方式易造成成本过高、布局混乱等情形，而无损压缩模式则正好相反，两者在数据传输使用上各有利弊。但是对于一些高精度数据分析行业，其数据敏感度及数据误差必须控制在非常小的范围内，而且这种趋势正在逐步扩大到各行各业，以企业产品为例，从研发到生产再到销售，精准度的要求越来越高。在该方面，中国航天系统科学与工程研究院、广东工业大学等单位开展的项目"水资源大数据综合应用平台开发及产业化"中，以"终端不存秘，网络不传密，保证数据安全"为目标，采用 VHGTP 技术，通过条带化降低数据传输设备的相位差，确保采集到的水资源数据及相关图像信息能够无线传输到中央数据控制中心（见图 2-16）。但是，提高数据传输质量仍是后期数据研究领域亟待破解的难题，尤其针对常规通信手段难以全时空覆盖的问题，可采用卫星通信技术保障全时空水资源数据高效传输与交换。

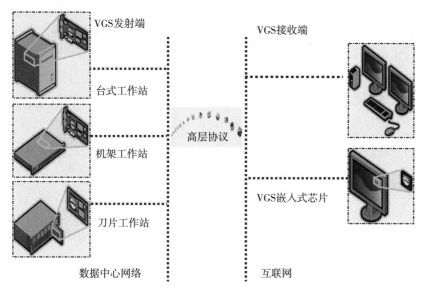

图 2-16　基于 VHGTP 的数据传输技术

（4）异构数据存储的形态、分类、调用方式还需优化。目前在数据存储使用上占据主流的仍然是关系数据库，但是面对未来数据爆发中越来越多的半结构化、非结构化数据的存储需求，原始数据库诸多存储技术愈加捉襟见肘。例如，海量数据下对事物的一致性要求愈加低下，但关系数据则要求满足其一致性，而且相比较下逻辑结构复杂，当数据爆发到一定规模时易出现"死锁"等并发性问题，同时关系数据是以关系模型为基础的，而利用规范化结构数据存储有助于消除冗余信息，但复杂的语言查询步骤严重制约了数据库在水平方向的扩展，特别是现有的关系数据库还无法有效支撑类似于 Google 如此规模的海量异构数据的存储，即数据存储容量相对有限。对此，针对传统关系数据库的应用"短板"，尽快开发全新且具有可推广性的分布式数据存储库对保障数据管理安全具有重要意义。

（5）海量数据分析的技术手段需要进一步丰富。数据爆发导致数据规模急剧膨胀，与此同时必须快速提高对数据的分析处理能力才能取得更加有价值的信息知识。而庞大的数据规模已逐渐超出了传统数据分析和处理系统中对大数定律、中心极限定理等数理统计的依赖。以水资源数据为例，随着社会经济用水的显著增加，中国的取用水户呈现出种类繁多、数量巨大和监测难度大等特点，由于工作需要和管理权限的不同，水利部门、统计部门、城建部门和环保部门均按各部门需求独立开展用水和排水统计工作，用水量和排水量的统计口径、方法和范围不一致，导致部门间的数据存在差距，现有水资源数据管理系统中，缺乏对基层上报数据真伪性核查的有效手段，难以保障水资源数据的真伪，而目前国内对于该方面的探索较为薄弱，若采用这些存在真伪争辩的数据作为政策制定的参考，则很容易陷入"伪科学"的陷阱。由此可见，在传统数据分析方法的基础上，建立完善的海量数据分析体系成为当前迫切完成的重要工作，包括数据分析技术、数据分析系统等。

（6）复杂数据应用的交叉融合水平对决策支持的力度需提高。多元、异构的海量数据不可避免地存在冗余和数据关联性被割裂的情况，从而易导致数据应用效率较低，提供决策信息有限，难以发挥数据的功能和价值。为了更大限度地提高数据功效，亟须对各类相关数据的来源、类别、范围、质量、层次及相互关系等进行分析，通过数据处理、数据关联分析、数据挖掘、数据融合等手段进行数据集成，实现海量数据管理功能的综合提升，并为各项政策措施的制定与实施提供决策支持。

第三章 数据系统与数据系统工程

基于对数据管理的演化历程和数据管理体系、技术的梳理，可认为数据爆发依然成为当前乃至未来持续发展的一种重要趋势，并呈现出复杂化的特征，但是受现有数据采集、传输、存储、分析和应用方面管理与技术等有限性影响，直接导致了数据"锁态"的产生，这种状态的存在是正常的，但是需要采取与之相应的理论、方法、技术，甚至是工程等一整套科学体系对其进行"解锁"，而支撑"解锁"的途径有多种，后文中将从学科视角尝试提出一种理论探索式的数据解锁方式——数据系统工程，并对其相关内涵外延、研究体系等内容进行论述。

第一节 系统与系统工程

一 系统

"系统"一词在英文中被译为"system"，其源于古希腊文"systεmα"，表示由部分组成的整体。一般系统论（General Systems Theory）创始人 Ludwig Von Bertalanffy 定义："系统是相互联系相互作用的诸元素的综合体。"中国杰出的科技大师、思想大家钱学森先生认为：系统是由相互作用、相互依赖的若干组成部分结合而成的，具有特定功能的有机整体，而且这个有机整体又是它从属的更大系统的组成部分。从两者对"系统"定义的共性之处可以看出，系统通常是由两个或两个以上相互联系、相互依赖、相互制约、相互作用的事物和过程组成的集合体，并具有特定的功能。而两者同时又存在一定差异性，即贝塔朗菲对系统的定义侧重于对元素间相互作用以及系统对元素整合作用的强调，突出了一般系统的基本特征，但是对定义复杂系统有局限性，而钱学森先生结合其在中国航天工程实践中的丰富经验，提出了更具典型性的解释。系统所包括的各项要素按照一定方式实现各物质、信息与能量的交换（包括输入、传输、存储、转换、输出等），不同要素之间有其内部的演化规律，以适应外部环境的变动。通常构成系统的要素复杂而多样，特别是针对以人为主体（存在思维）的系统分析，复杂系统理论等系统工程理论与方法呈现了其独特的作用。

从严格意义上来讲，"系统"的存在具有普遍性，从基本粒子到河外星系，从人类社会到人的思维，从无机界到有机界，从自然科学到社会科学，系统无所不在。实际中按照不同的划分原则，可将"系统"的构成进一步细分为不同的"子系统"，例如依据宏观层面分类，可将人类生活的"大环境"大致分为自然系统、人工系统、复合系统。其中，自然系统内的个体按自然法则存在或演变，产生或形成一种群体的自然现象与特征，对其又可划分为生态平衡子系统、生命机体子系统、天体子系统、物质微观结构子系统以及社会子系统等；人工系统内的个体根据人为的、预先编排好的规则或计划好的方向运作，以取得或完成系统内个体不能单独实现的功能、结果等，常包括生产系统、交通系统、电力系统、计算机系统、教育系统、医疗系统、企业管理系统等；而自然系统和人工系统的有机组合则可构成复合系统，其系统内涉及的要素量及其之间的关系更加复杂化，以"经济—资源—环境—社会"（Economy - Resources - Environment - Society，ERES）复合系统为例，具体见图3-1。

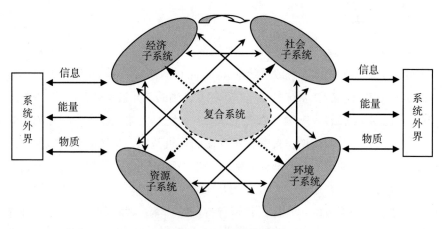

图 3-1 ERES 复合系统

上述 ERES 复合系统的基本内涵可以描述为：$CS \subseteq \{S_1, S_2, S_3, S_4, R_k, T, O\}$，$S_i \subseteq \{E_i, C_i, F_i\}$，$i = 1, 2, 3, 4$。其中，$S_1$、$S_2$、$S_3$、$S_4$

分别表示构成复合系统的经济子系统、资源子系统、环境子系统和社会子系统；E_i、C_i、F_i 分别表示子系统 S_i 的要素、结构和功能；R_k 为关联关系，是复合系统中的相关关系集，既涵盖系统与系统之间的动态关联关系，又包括系统内部各要素之间的动态关联关系，这种关联关系是一种复合的多向网络关系；T 表示时间，体现复合生态系统的动态特性；O 为区域对象，是指特定区域的复合系统的域。

ERES 复合系统是一个典型的开放复杂巨系统，而构成其复合系统的每个子系统也具备高度的复杂性特征，同样也可以分解成能相对独立的若干个下一级子系统，同层次和不同层次子系统之间相互交织交错，从而形成一个多层次的网络系统。

基于上述对"系统"概念的辨析及举例分析，可以认为在现实世界中"非系统"是不存在的，而构成整体却没有联系性的多元集也是具有"非存在性"，各类要素均在某类或某几类系统中承担着不同的角色，数据也是如此，尤其是其属性类别和属性关系随着数据爆发的过程也将愈加复杂，而仅在单一学科视角下对其进行研究已愈加捉襟见肘。以水资源监测数据为例，探索其数据状况时要对其数据采集、传输、存储、分析和应用过程进行研究，其中不仅要涉及信息学、物理学、信号学等，还需要水资源、社会经济学等多学科知识的交叉应用。因此，从系统的角度出发分析数据领域的问题，需要跨学科、跨领域和跨层次的专业知识经验的全方位支撑。

二　系统工程

在论述"系统"概念的基础上，再对"系统工程"（Systems Engineering）进行解释。

从国际上来看，从 1937 年 Ludwig Von Bertalanffy 提出"一般系统论"开始，到 1957 年 Harry H. Goode 与 Robert E. Macholl 出版著作 *An Introduction to the Design of Large-Scale Systems*，特别是阿波罗计划（Apollo Program）的成功，促使"系统工程"引起了各界的关注，而这正是因为以阿波罗计划为代表的系列复杂性工程系统分析亟须有一套相对完整的理论及技术进行支撑性研究。其后，Arthur D. Hall 提出的系统工程三维结构理论、Ilya R. Prigogine 阐释的系统耗散结构理论、Hermann Haken 的协同学理论和 Manfred Eigen 提出的超循环理论等都极大地丰富了系统工程与系统科学的内容。在长期探索中，国外对"系统工程"形成了一些较为典型的定义与相关标准，例如①：

（1）国际系统工程协会（INCOSE）：系统工程是成功建设系统的一种跨学科的方法和实践工具。

（2）美军标准 MIL-STD-499A（1974）：一系列逻辑相关的活动和决策，把使用要求转换为一组系统性能参数和一个系统配置。

（3）美国联邦航空委员会（FAA）：系统工程是一门关注整个系统设计和应用的学科，它将系统作为一个整体来看待，考虑系统的所有方面和所有变量，并将系统的社会方面同技术方面相联系。

（4）美国电子工业协会标准 EIA/IS632：一个综合全部技术工作的跨学科方法，经这个方法的演化和验证，得到关于系统中人和产品及过程的、集成的一系列解决方案，它们在系统工程全生命周期内协调发展，并能满足用户需求。

由上可见，系统工程在国外的相关研究主要围绕着在复杂工程项目中的探索，尤其是在其推动下一些重大国防及航天项目得到快速发展，从军用标准演化到商用标准（见图3-2）。②

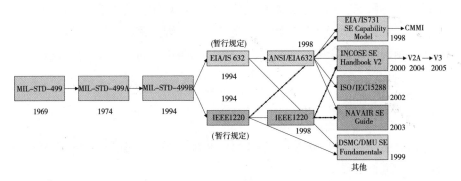

图3-2 国外系统工程标准

在中国，"系统工程"的提出与发展也正是源于中国航天事业的大型复杂工程实践。虽然早在20世纪40年代时，"系统工程"一词就在西方提出，但作为一门学科，系统工程在中国这个时期还未真正形成，不过一

---

① 林益明、袁俊刚：《系统工程内涵、过程及框架探讨》，《航天器工程》2009年第1期。
② 郭宝柱：《"系统工程"辨析》，《航天器工程》2013年第4期。

些系统工程基础理论的探索和基于系统工程思想的实践已在中国国内悄然发生，这也为系统工程思想后来在国内的发展积累了重要基础，而火箭、导弹、航天器系统等大规模的航天工程的研制更是为"系统工程"最终被提出奠定了基础。致力于中国航天事业建设的钱学森先生在再次回到学术理论研究之后，在对早期航天事业实践深入总结和提炼的基础上，经过许国志、王寿云等深入探讨，在《文汇报》上发表了《组织管理的技术——系统工程》一文，第一次在国内较为明确地定义了"系统工程"，提出"系统工程是组织管理系统的规划、研究、设计、制造、试验和使用的科学方法，是一种对所有系统都其有普遍意义的科学方法"。正如中国航天 710 所的于景元研究员在《系统科学思想和系统科学体系》一文中所写："钱老在开创我国航天事业过程中，同时也开创了一套既有普遍科学意义，又有中国特色的系统工程管理方法与技术。"当然，这其中也得益于钱学森在 20 世纪 50 年代完成的另一重要成就——创建"工程控制论"，对此，《论系统工程（新世纪版）》也有所述："工程控制论所体现的科学思想、理论方法与应用，直到今天仍深刻影响着系统科学与工程、控制科学与工程以及管理科学与工程等的发展。""系统工程"的概念被提出后，系统工程开始在国内广泛传播（部分相关事件）。

（1）1978 年，经国家教育部批准，清华大学、天津大学、西安交通大学、华中科技大学、华东理工大学、大连理工大学 6 所大学成立了系统工程研究所，这成为中国最早的系统工程研究机构，也拉开了中国系统工程教育的序幕。

（2）1980 年，中国系统工程学会在北京正式成立，团结全国各方面的科学技术人员和管理人员，开展系统工程的科学研究。

（3）1982 年，钱学森等的《论系统工程》（论文集）由湖南科学技术出版社出版，该书标志着系统工程中国学派初具形态。

（4）1986 年，钱学森在中国航天 710 所创办"系统学讨论班"，在国内学术界引起了强烈反响，为系统工程进一步发展提供了"根据地"，大量的新思想、新观点开始涌现，尤其是钱学森的许多有影响力的思想和观点就是从这个集体研究活动中提炼出来的，如划分两类巨系统，形成开放的复杂巨系统概念；提炼定性定量相结合综合集成法的基本思路，形成了综合集成方法雏形。

目前，系统工程在国内已被广泛应用于工业、农业、国防、教育、企业、信息乃至上层建筑领域等各个方面，而按照中国系统工程学会所设专业委员会的情况，系统工程的研究也被拓展到军事系统工程、农业系统工程、教育系统工程、信息系统工程、科技系统工程、过程系统工程、社会经济系统工程等多个领域，但相比之下，国内学者将其应用至探索数据问题上较少，特别是还未有对"数据系统工程"这一概念及其内涵进行解释的相关论述。

三 系统工程应用典型案例

自 20 世纪 70 年代末以来，系统工程理论和方法得到广泛应用，在许多领域和方面都取得了显著效果，为进一步加深对其理解，下面仅就几个重点案例进行阐述。①

（一）中国载人航天工程实践

中国载人航天工程是中国航天领域迄今为止规模最庞大、系统最复杂、技术难度最高、质量可靠性和安全性要求最高、极具风险性的一项跨世纪的国家重点工程，也是中国航天成功实施系统工程的典范。其操作涉及以下几方面。

（1）设立以专项管理为核心的组织管理体系。中国载人航天工程涉及政府、用户、承制方、配套方，处于一个关系复杂的大环境之中。为强化载人航天工程管理，设立中国载人航天工程办公室，对载人航天进行专项管理，统筹协调工程 110 多家研制单位、3000 多家协作配套和保障单位的有关工作。设立工程总指挥、总设计师两条指挥线，建立了总指挥、总设计师联席会议制度，决策工程中的重要问题。

（2）构建出以工程总体设计部为龙头的技术体系，主要负责：科学确定总体方案，实施技术抓总与协调；统筹优化，确保七个分系统优化和整体优化；严格控制技术状态，确保整个研制过程符合技术要求。

（3）制定了一套综合统筹的计划协调体系。在载人航天工程的研制过程中，针对多条战线并举、系统间相互交叉的局面，建立并充分使用了综合统筹的计划协调体系。通过系统统筹和综合平衡，制订工程中长期目标规划、年度计划，以及月、周、日的计划安排，使工程系统成为纵横有序、衔接紧密、运筹科学的有机整体。

---

① 薛惠锋：《系统工程思想史》，科学出版社 2014 年版。

（4）构筑一套系统规范的质量管理体系。载人航天工程按任务分为研制、生产、测试、发射和回收五个方面；按承担层次分为系统、分系统、单机、原材料、元器件五个环节。各方面和各环节的质量责任同等重要，都关系到航天员的安全和任务成败。因此，按系统工程管理要求，采取了系统整机研制质量与协作配套产品质量并重，工程硬件产品与软件产品质量并重等做法，全面、全员、全过程进行质量管理：一是对部门及人员的管理；二是对元器件、原材料、设计和工艺的管理。由此将质量控制点落实到每个系统、每个单位、每个工作岗位，明确责任，规范制度，层层把关。

（5）设立以专项管理为核心的组织管理体系，并建立以工程总体设计部为龙头的技术体系，制定综合统筹的计划协调体系，构筑系统规范的质量管理体系等，充分体现了系统工程的思想和特点，既继承了早期航天系统工程的经验，又总结了经济转型期的经验，对中国航天系统工程进行了创新和发展。

中国航天科技工业自创建以来，管理体制历经调整变化，航天产品不断更新换代，而系统工程方法却是中国航天几十年管理实践不变的主旋律，在不断的航天实践中也取得了许多系统工程成果。原国防科工局局长马兴瑞在《中国航天的系统工程管理与实践》一文中，将航天系统工程的核心归纳为"强化了总体设计部的顶层控制作用，形成了型号指挥系统和型号设计师系统的组织体系，实施了以'三步走'为核心的型号产品发展路线，制定了四个技术状态的型号研制阶段管理，建立了'系统质量'观念下完善的质量体系和制度"。

国防科工局科技委主任栾恩杰院士认为："中国航天系统工程是'运行'的必然结果，是在运行中产生，'运行'是中国航天系统工程的灵魂；系统工程不是工程系统，而是建造工程系统的过程；中国航天系统工程的要津是'过程跟踪、节点控制、里程碑考核'。系统工程是管理学科，更深层次讲，是复杂的工程管理学科等。"这些观点在他所著的《航天系统工程运行》中都作了详细的论述。

（二）财政补贴、价格、工资综合研究

1979年以来，随着农业生产连年丰收，超购加价部分迅速扩大，财政补贴也就相应越来越多，以致成为当时中央财政赤字的主要根源；同时也使财政收入增长速度明显低于国民收入增长速度，财政收入占国民收入的比例逐年下降。这严重影响了国家重点工程投资，也制约了国民经济发展的增长速度。财政补贴产生的这些问题，引起了中央领导的极大重视，有关部门提出了"变暗补为明贴"的改革思路，但究竟零售商品价格调整到什么水平，工资提高到什么水平，并没有一致意见。时任国务院经济研究中心副干事长的马宾就希望用系统工程的方法来解决这一问题。于是，在马宾同志的带领下，于景元等开始了这项研究。

研究人员首先通过与经济学家、各有关部门的管理专家进行研究和讨论，明确了问题的症结所在，找出了解决问题的具体途径，从而形成对该问题的定性判断。其中，以系统观点为指导，把财政补贴、价格、工资，以及直接或间接有关的各经济组成部分，看作一个相互关联、相互影响并且有某种功能的系统。本书界定了系统边界，明确了哪些是系统环境变量，哪些是状态变量、调控变量（政策变量）和输出变量（观测变量）等，为模型设计、确定模型功能提供了定性基础。基于大量的实际统计数据，本书提炼出了系统内部的某些内在定量联系，从而通过数学和计算机手段，实现了对系统的模型描述，即系统模型。通过该系统模型，按照不同的国力条件（环境变量）、调控变量（价格与工资）、不同的调整起始时间、不同的调整幅度、不同的调整方法（一次调整到位或多次调整），研究人员进行多达了 105 种的政策模拟，并以市场平衡、货币流通与储蓄、职工与农民收入水平为度量标准（评价指标），寻求最优、次优、满意和可行的调整政策，从而定量回答同时调整价格与工资能否解决财政补贴问题、调整的效果如何、何时调整为宜、如何调整最为有利等。研究人员再召集管理专家、经济学家对这些定量结果进行讨论，并提出建议，然后根据建议进行修改，最终形成了五种政策建议上报中央。该项研究对当时的物价改革起到了一定的推动作用，并受到了中央领导的高度评价，而这也是系统工程的重要实践之一。

（三）讨论分析

以上列举的案例分别为工程系统工程和社会系统工程的典型应用，凸显了系统工程在处理解决复杂性问题上的优势，而这与前文所论述的"数据爆炸论"和"数据管理"看似并没有较强的关联性，但事实并非如此。系统工程具有一套较为成熟的理论、体系、方法等，而数据与数据管理研究拥有诸多待挖掘之处，两者之间的关联性研究至少会包括以下几方面。

（1）完成视角的转化。在一般情况下，应用系统工程理论与方法对多数科学问题进行研究时，其过程需要提供必要的实验数据或统计数据支撑以满足实证分析，而这通常主要以现实的科学问题为研究视角，例如社会经济发展、人口预测、资源承载力等，对于数据的研究则还是以信息科学与工程领域为主。对此，可将系统工程理论与方法的应用视角由过去"现实科学问题"转化为对"支撑现实科学问题研究的数据问题"，推动系统科学与信息科学的相互交叉融合，这对拓宽系统工程理论与方法及信息化探索内容具有重要的促进作用。

（2）提供技术的支撑。这是指基于系统工程的决策理论与技术可成为海量、多元、异构数据管理的重要驱动工具。首先在方法论层面上，确定方法论是指导科学研究的关键步骤，而系统工程所倡导的系统论是在还原论与整体论的基础上发展而来的，其主要观点在于认为要素及要素之间的关系并不是孤立存在的，而是具有相对复杂的内在作用机制，但现阶段国内对于数据的相关研究还未能形成一套具有说服力的方法论，或者说还是以还原论为主要指导思想，如将数据的研究划分为各个子环节，而忽略了各环节之间的动态关系。其次在应用技术层面上，系统工程所拥有的"从定性到定量的综合集成方法"已在诸多领域得以有效验证，而在数据问题上探索较少，数据问题不仅涉及定量问题，还有诸多定性的因素，例如数据质量，影响数据质量的不仅是传感器、数据库等，还有不确定性的人为因素在里面，将系统工程的这套成熟的技术应用于数据问题的分析也是一个新颖而且有现实意义的探索。

（3）构建成熟的体系。通过"中国载人航天工程实践"与"财政补贴、价格、工资综合研究"的系统工程应用典型案例分析，可以发现对于现实科学问题的研究有需求分析、问题假设判断、系统描述与模型构建、融合机器体系与专家体系、反复迭代与逐次逼近、获取与分析结果等严密的先后逻辑思路，而对于数据问题，尤其是数据管理的顶层设计亟须形成一套行之有效的方法体系，该体系需要涵盖数据采集、传输、存储、分析与应用的全流程。因此，系统工程在该方面的优势与数据、数据管理的实际需求具有良好的契合度。

第二节　数据系统

以数据概念、本质与内涵为基础，结合对系统、系统工程的阐释，可以对"数据系统"（Data System）进行定义。但对其理解不是简单用"Data + System = Data System"的方式就能够解答的，特别是"数据系统"不仅具备一般系统中常规的典型特征，而且其本质较一般系统构成要素存在某些方面的差异性，致使"数据系统"还具有其独特之处，但是也只有在充分认知"数据系统"概念的基础上，才能正确剖析"数据系统工程"的研究体系。

一　数据系统的定义

前文解释数据本质与内涵时提出数据要有意义则必须依附于客观载体而存在，据此可认为"数据系统"是指在一定时空与区域范围内，可实现载体应用价值的提升，为人类社会活动提供决策支持的数据因素与条件的复杂统一体。复杂统一体中不同类型、不同属性的数据相互关联、相互作用，尤其是时间与空间序列综合作用下呈现其内部独有的发展规律，对其研究的终极目的是对人类社会提供更加科学化的服务。

为进一步辨析其概念，可将数据系统与计算机应用中数据库系统、数据处理系统的定义进行比较说明。

（1）数据系统与数据库系统（Database System）。之前在"数据管理"一章中介绍了数据管理系统，其中涉及数据库，在计算机领域中对其的定义是指由软件、数据库和数据管理人员组成，其软件主要包括操作系统、相关宿主语言、实用程序以及数据库管理系统。可见，尽管受学科差异的影响对数据的内涵理解有所不同，但数据库系统中对数据的操作更加倾向于利用计算机技术实现数据清洗与存储等功能，同时从数据流程上较少涉及对数据采集、传输等环节的考虑。而数据系统所涵盖的范畴要明显高于数据库系统，尤其是它将数据的产生到最终应用均作为其系统内容，并将发挥数据的决策支持作用视为构建数据系统的根本目的，这一点与数据库系统具有相对显著的区别。

（2）数据系统与数据处理系统（Data Processing System）。数据处理系统常指运用计算机处理信息而构成的系统，通过数据处理系统对数据信

息进行加工、整理、计算得到各种分析指标，转变为易于被人们所接收的
信息形式，并可以将处理后的信息进行贮存。由此可知，数据处理系统所
涉及的操作环节得到了进一步扩充，但如果从处理对象角度来看，该系统
还是以既有数据为主，其最终步骤是对既有数据的处理与计算分析并对结
果进行相关存储。而数据系统除了数据流程更为广泛，还在上述基础上进
一步囊括了对所取数据及数据之间复杂关系的表征，同时数据系统构建的
最终目的与数据处理系统也是不同的。

二　数据系统的构成要素

数据系统这一复杂统一体与外部环境（或其他系统）之间进行信息
交换①，其同构数据及异构数据之间的相互作用具备复杂系统的诸多特
征。按照数据管理体系的划分，可将一般状态下的数据系统划分为数据采
集子系统、数据传输子系统、数据存储子系统、数据分析子系统和数据应
用子系统等，不同子系统之间相互依存，是多目标、多变量、多属性和决
策依赖度强的复杂巨系统，而其不同子系统又是由多个异构层级构成的下
一级子系统组成。例如，数据处理子系统涵盖了数据的完备性构建子系
统②、数据的真伪性鉴定子系统③和数据的功效性提升子系统④等相关下一
级子系统，各级子系统之间相互联系、相互支撑。因此，数据系统应从数
据的全流程研究，用系统的观点和方法解决数据问题。

三　数据系统的特点

数据系统是数据系统工程的研究对象。根据一般系统的相关特征和数
据系统的构成，概括数据系统的基本特点如下。

（1）集成性。具备多属性的数据要素不仅要在类别上存在较大差异，

---

①　通常系统与外部环境之间需要进行物质、能量、信息的交换，而数据系统与外部环境之
间主要以数据信息交换为主。

②　数据的完备性指既有数据统计量（数据缺失状况）及其准确度。

③　数据的真伪性指数据源种类繁多、数据量大、监测难度高等，而不同部门的统计口径、
方法和范围不一致，导致同指标数据在相异部门之间存在较大差异，同时诸多以"上报"形式
取得的数据的真实性也有待核查。

④　数据的功效性指多元、异构的海量数据通常存在冗余和数据关联性被分割的情况，导致
数据应用效率低，提供决策信息有限，难以发挥数据的功能和价值。

而且构成数据系统的要素数量也必须形成系统集合。

（2）关联性。构成数据系统的多子系统之间以及子系统所包括的数据要素之间存在相互关联、相互影响的内部关系。如非间断数据传输系统受到外部环境的影响导致传输数据的缺失与变动，易导致数据处理系统中缺乏科学有效的依据。

（3）结构性。现阶段虽还未实现数据系统结构的清晰化辨识，但由于数据必须依附于载体存在，而不同的载体通常具备特定的层次结构，数据随之形成特有的复合结构，并在一定的承受阈值之内维持平衡状态。当数据系统外部干扰力超越其阈值时，则其结构易被破坏，导致原有功能的紊乱或消失。

（4）涌现性。此特性是指依附于不同载体的数据具有其自身的内部规律，尤其是时间序列下的数据按照其分析目标、分析方法的不同通常呈现不同的特点，而当相异载体的数据进行关联性分析时，也可探寻出单一载体数据所无法呈现的规律特点。

（5）大系统性。此特点与数据系统如社会经济系统、资源系统等相似，尤其是在海量数据愈演愈烈的情况下，数据规模不断扩大，内部结构复杂，其相异载体的数据之间更是关系错综复杂，其随机性显著，是一个复杂的大系统。

第三节　数据系统工程基础认知

一　数据系统工程定义

按照钱学森等将系统工程定位为组织管理"系统"规划、研究、设计、制造、试验和使用的科学方法，是一种对所有"系统"都具有普遍意义的科学方法。而从中国系统工程的发展历程来看，它是一门从整体的角度出发，对提升系统运行质量而必须具备的全部理论、方法、技术的综合性工程技术，其按照系统优化的目标要求，将系统科学、控制科学、信息科学和应用数学等理论工具进行有效协调，采取从定性到定量相结合的综合集成方法，研究并解决系统优化的分析、设计、控制和管理等问题，最终实现系统的综合提升。

通过将系统工程理论与方法引入解决数据系统构建、开发与利用的相关决策支持技术则称为数据系统工程，即数据系统工程是以数据系统为研究对象，通过跨学科、跨领域、跨层次的知识技能实现数据系统综合提升所要进行科学设计、合理开发、运行管控的理论、方法与技术的统称。它综合运用系统思维、数学方法、建模理论、优化评价以及各种技术，对数据系统的数据采集、传输、存储、处理、应用和反馈等功能实现系统设计与优化配置，为最大化地发挥数据的决策支持效用提供科学有效的工程技术保障。

基于数据系统工程的定义可以看出其涉及的领域不仅仅是计算机科学及其局部专业知识（如数据库）的内容，而是针对数据科学领域的各类管理决策支持性问题进行系统分析与挖掘，并强调该过程中从定性到定量的综合集成模式的应用，尤其是专家知识与机器体系的高度结合，最终提高用数据支持决策的合理化、科学化水平。

二 数据系统工程研究内容

数据系统工程以数据系统为主要研究对象，主要研究内容包括①：

（1）数据系统规律的探索。数据系统规律探索的目的是实现对系统的客观认识，更加科学、有效地辨识系统的基本特性与运行规律，为合理调控系统要素与处理数据要素关系提供决策支持。数据系统规律的探索主要包括三个层面：首先，要对构成数据系统的数据要素进行统筹分析，重点透析数据的采集、传输、存储、加工、属性、分类、功能；其次，探析数据系统要素之间的动态关系，如数据要素之间的信息传递、作用机制等，探索中应有效地辨识数据要素客观存在的内部关系，也应将人为因素纳入考虑范畴；最后，对数据系统的整体演变机理及属性规律进行研究，尤其是数据系统与外部环境之间、数据系统与其载体之间的关系。

（2）数据系统开发利用的研究。主要包括数据需求研究、数据采集与传输研究、数据集成研究和数据利用研究。数据需求研究，包括需求种类、性质、数量、时间、空间等的研究。数据采集与传输研究，应注重其采集效率的提升，当前越来越多的数据采集技术都集成于操作系统，如有的借助卫星高分辨率图片得到观测数据系统，有的借助高频数据实现窄带

---

① 张峰：《数据系统工程：系统优化的决策支持技术》，《工业经济论坛》2016年第1期。

条件下无损、实时数据采集，均提高了其采集的效率和准确度。数据集成研究，是实现数据质量提升与满足支持决策要求之间的重要环节，目前研究的焦点是如何将本体①视为一种工具引入数据集成系统，通过发挥本体所具有的语义描述方面的优势，解决其语义异构的难题。数据利用研究，既要解决集成数据本身存在的问题，又要在此基础上发挥数据的功效性。前者包括对缺失数据的完备性再造（如快速准确填充缺失的高维数据问题）、数据的真伪性辨识（例如在线监测中存在的"一数多来源"问题）等，需要对数据挖掘、数据融合等技术进行更深层次的探索；后者要分析与数据开发利用相关的多方面要素、系统之间的动态关系，明确其带来的重要价值，也要重视其负面效应，配套其相应的管理机制。

（3）数据系统协调控制的研究。此处"控制"主要是指通过施加于数据系统（或其子系统）特定的作用力，实现系统（或子系统）功能与其状态相符合，进而满足实现系统既定目标的要求。数据系统协调是指解决（缓解）数据由采集到利用过程中所出现的冲突、矛盾，追求数据系统提升的最优化。当系统提升状态是非目标状态时，则需要对系统要素（子系统）进行重复调整，以满足要求。因此，该方面的研究更多的是侧重于解决数据系统优化过程中的管理问题。此外，该过程需要注意的是不同的数据系统所具有的系统特性相异，建立系统协调控制机制时不仅要注重其普适性，也要结合数据系统的实际情况做出有针对性的调整，并尽可能做到事前控制，避免其协调控制呈现"事后反馈"状态。系统存在较大问题，易造成控制成本的上升，甚至严重影响决策的正确性，导致无法估量的损失。

根据上述研究内容，可绘制数据系统工程研究内容的基本逻辑层次，主要包括采集层、传输层、基础层、集成层、处理层和应用层六大层次，各层次均是数据系统工程的重要研究环节，具体见图3-3。

---

① 本体是由若干概念及其在某种逻辑理论（如一阶谓词演算）支持下的定义所构成的一种分类法。对于特定一个领域而言，本体表达的是其整套术语、实体、对象、类、属性及其之间的关系，提供的是形式化的定义和公理，用来约束对于这些术语的解释。本体允许使用一系列丰富的结构关系和非结构关系，如泛化、继承、聚合和实例化，并且可以为软件应用程序提供精确的领域模型。例如，本体可以为传统软件提供面向对象型系统的对象模式（Object Schema），以及类的定义。

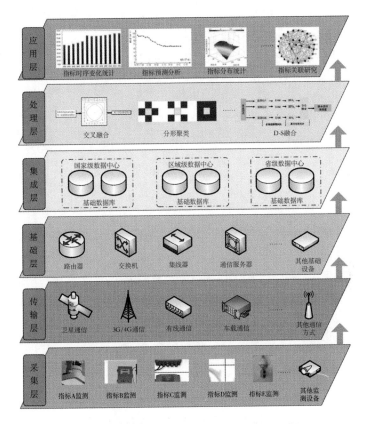

图 3-3　数据系统工程研究内容的基本逻辑层次

三　数据系统工程隶属定位

考虑数据系统工程的定义与主要研究内容的基本逻辑层次，可认为数据系统工程仍属于系统科学体系的探索范畴，而系统科学在钱学森提出的现代科学技术体系结构①（见图 3-4）中与系统论相对应②，同时系统科

---

① 按照钱学森先生提出的现代科学技术体系结构，横向上包括 11 个科学技术部门，纵向上有 3 个层次的知识结构。这 11 个科学技术部门是根据现代科学技术发展到目前水平所作的划分。随着科学技术发展以及新科学技术部门的产生，该体系也将动态发展。此外，钱学森还特别指出，科学技术部门主要是根据不同部门分析与解决客观问题时所采取的角度差异进行划分，但研究的对象都是现实存在的客观世界。

② 于景元：《钱学森系统科学思想和系统科学体系》，《科学决策》2014 年第 12 期。

学的体系分为工程技术、技术科学、基础科学和哲学四个台阶（见图 3-5）①。其中，各门系统工程与运筹学、控制论、社会科学和其他技术科学等具有紧密的关联性。据此，可将数据系统工程进一步定位为系统论指导下的系统优化决策支持技术。

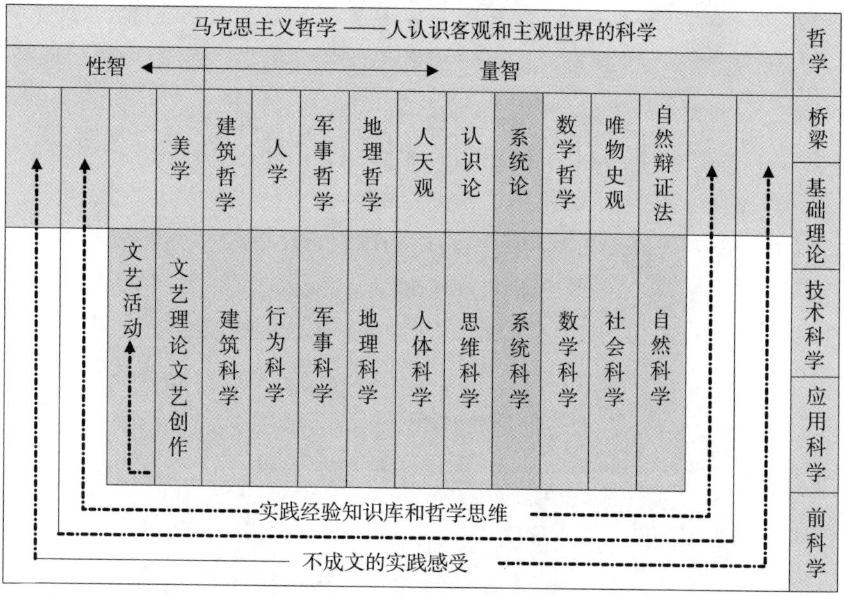

													哲学
马克思主义哲学 —— 人认识客观和主观世界的科学													
性智 ←			→ 量智										桥梁
		美学	建筑哲学	人学	军事哲学	地理哲学	人天观	认识论	系统论	数学哲学	唯物史观	自然辩证法	基础理论
	文艺活动	文艺理论文艺创作	建筑科学	行为科学	军事科学	地理科学	人体科学	思维科学	系统科学	数学科学	社会科学	自然科学	技术科学 / 应用科学
实践经验知识库和哲学思维													前科学
不成文的实践感受													

图 3-4 现代科学技术体系结构

数据系统工程的隶属定位的确定仅是出于对科学问题研究便捷化的考虑，而非将其特定限于固定领域。无论是数据系统规律的探索、数据系统的构建与开发，还是数据系统协调控制都需要多学科的专业知识（尤其是系统工程理论与方法、计算机工程与技术、信息工程）的互补操作。另外，系统学提出的依据是对工程控制论、生物控制论、经济控制论、社会控制论等进行综合性集成，在吸收基础科学理论与控制论基础上派生而来的，从这个角度再考虑数据系统工程，又可认为它是在理论和技术层面对过去围绕数据各类问题展开研究的一次凝练与提升，是一门以数据系统为研究视角对社会经济系统、工程系统、资源环境系统等优化提供决策支持的技术科学。

<hr/>

① 钱学森：《再谈系统科学的体系》，《系统工程理论与实践》1981 年第 1 期。

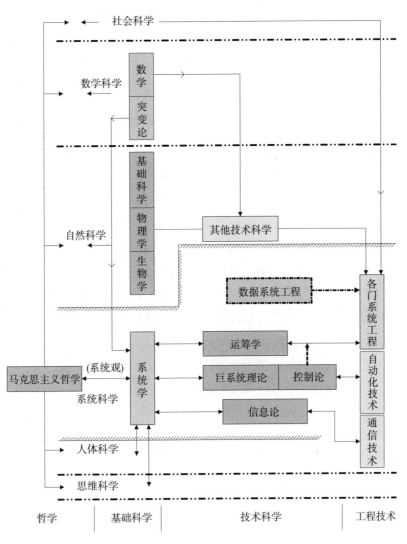

图 3-5 系统科学的体系

第四节 数据系统工程方法论

一 系统工程方法论

方法论对于研究科学问题具有重要指导意义。系统工程方法论是数据系统工程发展的基本前提，包括传统的 A. D. 霍尔（A. D. Hall）三维结构①、P. 切克兰德（P. Checkland）软系统工程方法论②，以及钱学森提出的从定性到定量的综合集成系统方法论③、顾基发等创建的物理—事理—人理（Wuli-Shili-Renli，WSR）系统方法论④等，可将其用于指导数据系统工程的研究。

（一）霍尔三维结构

霍尔三维结构主要涵盖时间维、逻辑维、知识维。其中，时间维主要包括系统工程由最初的规划阶段至后期的更新阶段所必须遵循的七大基本程序⑤，而在实际的复杂巨系统中，这其中的每个阶段又是非常复杂的过程；而逻辑维划分了更加精细化的步骤⑥，明确了针对时间维上的各个阶段中的特点所应遵循的相关逻辑先后顺序；知识维阐释了为确保各个阶段、步骤顺利展开所应用到的全部知识、技术等。通过将时间划分阶段以及逻辑实施步骤进行相应的集成与综合，建立了三维结构中的系统工程活动矩阵，用于系统的分析、设计、优化等。霍尔三维结构如图 3-6 所示。

（二）切克兰德软系统工程方法论

相比霍尔三维结构，切克兰德软系统工程方法论在研究社会经济问题等方面更加强调比较学习，其方法论的内容主要包括问题及其环境的识别与表达、根底定义、构建概念模型、对比分析、寻求改善途径、评价选择、系统设计、方案实施、结果评估。⑦ 其中，根底定义主要是指整合系统问题的各项关键要素，并透析与之相关联的要素情况，在此基础上确立

① 岳志勇、丁惠：《基于霍尔三维结构的技术创新方法培训体系研究》，《科学管理研究》2013 年第 2 期。

② 闫旭晖、颜泽贤：《切克兰德软系统方法论的诠释主义立场与认识论功能》，《自然辩证法研究》2012 年第 12 期。

③ 王浣尘：《综合集成系统开发的系统方法思考》，《系统工程理论方法应用》2002 年第 1 期。

④ 顾基发、唐锡晋、朱正祥：《物理—事理—人理系统方法论综述》，《交通运输系统工程与信息》2007 年第 6 期。

⑤ 时间维主要包括规划阶段、拟订方案、研制阶段、生产阶段、安装阶段、运行阶段、更新阶段等，但此为普适性阶段，具体阶段需要根据需求进行增减调整。

⑥ 逻辑维主要包括问题的摆明、待研究系统的指标（要素）设定、系统的合理构建（综合）、系统的科学分析、系统的优化、决策的制定及实施等，具体步骤也需要根据研究需求进行相关调整。

⑦ 杨建梅：《对软系统方法论的一点思考》，《系统工程理论与实践》1998 年第 8 期。

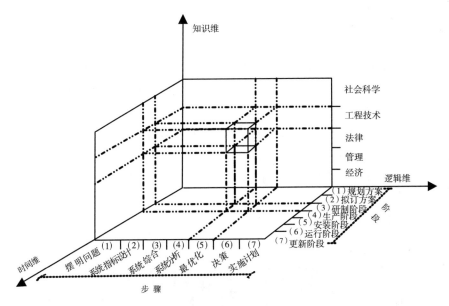

图 3-6 霍尔三维结构

出可供参考的基本观点；对比分析主要是将所构建的概念模型与现实情况
进行对比研究，探寻可以满足决策者需求的最佳方案；结果评估则是根据
具体实施过程中所呈现的新问题、新认知，对初始问题及概念模型等进行
及时的反馈修正（见图 3-7）。

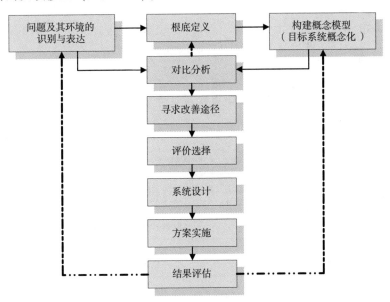

图 3-7 切克兰德软系统工程方法论

（三）从定性到定量的综合集成系统方法论

从定性到定量的综合集成系统方法论要求充分发挥专家体系的智慧经验，强调其体系要与机器协调合作，即可划分为三个主要步骤，包括实现定性综合集成、实现定性定量相结合综合集成、实现从定性到定量综合集成。此过程的各阶段并非按照还原论的思想进行划分，而是逐次逼近。在实际问题中，涉及复杂巨系统的难题一般都具有非结构化问题，其中存在较多的难题是利用计算机所无法攻克的。因此，利用综合集成系统方法论可解决非结构化问题的逼近处理问题，具体过程如图 3-8 所示。

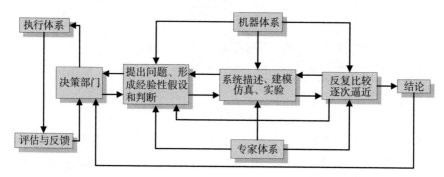

图 3-8　综合集成系统方法论用于决策支持问题

（四）WSR 系统方法论

WSR 系统方法论主要涉及"物理""事理""人理"三个方面（见表 3-1）[1]，并由此印证了系统实践活动的相互关系。其中，"物理"主要是指物质在具体运动过程中所涉及的机理，不仅涵盖狭义物理，也包括地理、化学、天文和生物等。采用自然科学知识的相关理论可以阐释"物"具体指什么。

表 3-1　　　　　　　物理、事理、人理 WSR 系统方法论

类别	物理	事理	人理
对象与内容	客观物质世界 法则、规则	组织、系统 管理和做事的道理	人、群体、关系 为人处世的道理
焦点	是什么？ 功能分析	怎样做？ 逻辑分析	最好怎么做？可能是？ 人文分析

---

① 顾基发、唐锡晋：《物理—事理—人理系统方法论》，上海科技教育出版社 2006 年版。

续表

类别	物理	事理	人理
原则	诚实 追求真理	协调 追求效率	讲人性、和谐 追求成效
所需知识	自然科学	管理科学、系统科学	人文知识、行为科学

　　"事理"表示做事的道理。此方面主要是探索怎么去调用物料、人员、设备等。所采用的方法有管理科学、运筹学等多方面知识，重点解决"如何去做"。它是对特定系统的构建及模型的选择做出最佳的决策，实现系统的优化提升与管理，从而对系统资源配置及环境进行系统改善，实际运行过程中也会受到人的经验、知识、偏好等主观因素影响，其终极目标是构建出客观有效的物理模型。①

　　"人理"表示做人的道理。其所涉及的知识领域主要包括人文社会科学，对系统运行过程中人为主观关系进行分析，用以解决"应如何做"和"最好如何做"。人作为系统参与者具有高度的复杂性，所形成的实践活动也是复杂多样的。因此，系统运行也必须重视此因素的作用。

　　WSR系统方法论的核心是在处理复杂系统问题时既要考虑对象的物的方面，又要考虑这些物如何被优化运用的事的方面，同时还要发挥人的主观能动性，达到懂物理、明事理、通人理，从而系统、完整、分层次地来对复杂问题进行研究。根据复杂系统的自身特点，在运用过程中系统工程者需要对WSR的内涵做必要的适用性调整。

　　（五）旋进方法论

　　针对难度自增值系统（即处理这类系统的困难程度会随着处理过程和时间进程而增加的系统），上海交通大学王浣尘教授1994年9月在《一种系统方法论——旋进原则》一文中提出了旋进方法论。② 旋进方法论，即在处理难度自增值系统的过程中，以动态跟踪系统目标为宗旨形成一条主轴线，坚持将多种方法相结合或交替灵活应用，并及时进行反馈调整，以使系统在变化或演化过程中尽可能地接近主轴线。在这一过程中要

---

　　① 张峰、薛惠锋、董会忠：《基于物理—事理—人理系统方法论的制造业能源安全解锁模型》，《中国科技论坛》2016年第4期。

　　② 王浣尘：《一种系统方法论——旋进原则》，《系统工程》1994年第5期。

经过努力推进实现相对的、有限的优化。在进一步研究的基础上，他1997 年又给出了适用于完全确定型信息系统、完全随机型信息系统和状态依赖型系统的旋进原则方法论的一些模型与判据。

旋进方法论已在一些研究中广泛应用，如刘媛华等运用旋进原则设计了企业集群创新系统持续发展的旋进策略[①]，陈德智等研究了基于旋进方法论的技术跨域模式，表明了这种处理问题的原则和指导思想在实际应用过程中具有一定的威力，并有一定程度的普适性[②]。

（六）从综合集成到综合提升的"综合提升说"

中国航天社会系统工程实验室主任薛惠锋教授结合自己长期对系统科学与系统工程的研究积累，认为任何一个组织和系统都要发展，都是从人类主体所认为的不满意状态到满意状态的提升。这些年来大家一直沿用钱学森的综合集成法及其研讨厅体系，系统工程的应用领域越来越广，使多年来系统工程的理论方法得到进一步发展。随着信息社会飞速发展，系统变得越来越复杂，系统工程也需要进行整体提升。薛惠锋教授认为把一个系统从不满意状态提升到最满意状态所应该采取的一切思想、理论、技术、方法、手段和实践经验的智慧积累，进行综合集成来达到目标的实现过程，就叫"综合提升说"。"综合提升说"认为系统由当前状态的系统集成，为实现目标状态，在时间轴上不断更新、完善，逐步提高满意度，直到最终实现满意状态为止，即"综合提升说"具有动态性；"综合提升说"的方法体系是在系统集成基础上进行提升，囊括系统论、信息论、控制论、耗散结构论、协同学、突变论、运筹学、模糊数学等的各个方法体系，是实现真正的跨学科融合、多文明交汇，即"综合提升说"具有全面性，被认为是对现有一些观点的综合提升。系统工程发展到今天，有人认为它是一种方法，有人认为它是一种技术，有人认为它是一种思想，"综合提升说"则强调的是"理论、方法、技术、模型和思想的综合"，把其看成一门科学。

以"综合提升说"为指导，中国航天社会系统工程实验室秉承钱学

① 刘媛华、严广乐：《基于旋进原则方法论的企业集群创新系统研究》，《科技进步与对策》2010 年第 13 期。

② 陈德智、王浣尘、肖宁川：《基于旋进方法论的技术跨越模式研究》，《科技管理研究》2004 年第 1 期。

森系统工程思想，通过运用先进的、综合集成的系统科学与系统工程理念、理论、方法与技术（尤其是复杂系统理论与方法）以及相关的技术支持系统（尤其是信息技术支持系统），对复杂社会系统的演化规律与卓越治理模式，进行跨学科、跨领域、跨层次、综合集成的理论研究与实践应用，探索了中国发展过程中经济系统、政治系统、文化系统、环境系统、人才系统、民生系统以及社会系统的安全与发展等领域所面临的大量现实问题。

（七）TEI@I方法论

中国系统工程学会理事长汪寿阳研究员提出的 TEI@I 方法论是基于"文本挖掘+经济计量+智能技术@集成技术"而形成的一种结合传统的统计技术与新兴人工智能技术的方法论，系统地融合了文本挖掘技术、经济计量模型、人工智能技术和系统集成技术。[①] 在 TEI@I 方法论中，用"@"而不用"+"，就在于强调的是一种非叠加性的集成，强调集成的中心作用。

基于先分解后集成的思想，TEI@I 方法论在解决复杂系统问题时，首先将复杂系统进行分解，并利用经济计量模型来分析复杂系统呈现的主要趋势，利用人工智能技术来分析复杂系统的非线性与不确定性，然后利用文本挖掘等技术来分析复杂系统的突破性与不稳定性，最后把以上被分解的复杂系统的各个部分集成起来，形成对复杂系统整体的认识，从而达到分析复杂系统的目的。

二 数据系统工程方法论选择

根据上述系统工程方法论，可知系统工程方法论不仅吸收了还原论与整体论的优点，还弥补了其各自的短板。而本书所提出的数据系统工程方法论正是借鉴上述系统工程方法论的优点，既强调专家体系、数据信息体系、知识体系、计算机体系的综合集成与有机融合，也注重不同维度下的数据系统工程各时间阶段所遵循的逻辑步骤。也就是说，数据系统工程方法论是以硬系统方法论与软系统方法论为基础，结合综合集成方法论与WSR 系统方法论，构建以时间维、逻辑维、知识维三大维度为基础的数

---

① 汪寿阳、余乐安、黎建强：《TEI@I 方法论及其在外汇汇率预测中的应用》，《管理学报》2007 年第 1 期。

据系统工程三维结构（见图3-9），明确各维度的分析和解决数据问题辩证程序，辨识数据系统工程在目标需求导向下的物理、事理与人理内容，从而在大数据愈演愈烈的情况下，更好地为人们处理数据系统工程问题提供思想、方法和准则等方面的科学指导。[①]

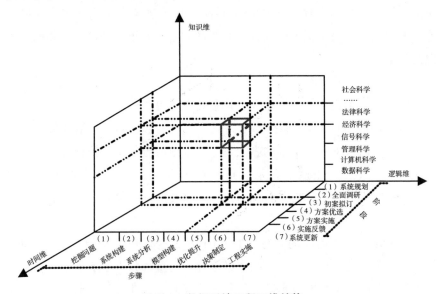

图 3-9 数据系统工程三维结构

（一）数据系统工程时间维

时间维是指数据系统工程的研究阶段与进程。数据系统工程在宏观层面上主要分为数据系统规划设计阶段、数据系统论证阶段、数据系统分析阶段、数据系统开发利用阶段、数据系统优化配置阶段等，各阶段有效协调形成一个完整的统一体。其中，数据的采集、传输、处理、存储与利用等环节必须按照系统规划、全面调研、初案拟订、方案优选、方案实施、实施反馈、系统更新的流程进行系统组织与科学管理。

（二）数据系统工程逻辑维

数据由采集到利用的过程是按照"挖掘问题—系统构建—系统分析—模型构建—优化提升—决策制定—工程实施"的基本解决问题思路。其中，"挖掘问题"主要指面向决策支持需求所需要解决的数据问题及其条件分析，要求信息资料调研充足、现状分析彻底与变化态势明确等。

---

① 姚宏宇：《云计算：大数据时代的系统工程》，电子工业出版社 2015 年版。

"系统构建"指按照规划目标统筹各项数据关联要素，并按照目标系统状态要求构建相应的数据系统及其评价指标体系。"模型构建"是指按照所构建的数据系统的特点，选取与之相契合的系统工程决策理论与方法，并针对系统优化提出多种可供选择的方案，进而利用特定模型①对这些优化方案进行优劣排序与择优选取。其中，数据系统优化方案的对比主要是按照"最终目标—基本准则—具体指标—备选方案"的系统逻辑顺序进行"四定"（定性、定量、定时、定位）分析，涉及目标评估、结构探索、功能界定、价值透析等方面内容。该过程不仅有效结合了系统的定量分析，也发挥了专家经验的重要作用。"优化提升"主要是对数据系统优化方案所涉及的参数、指数与系数进行反复论证，最终确定最佳的可实施性方案，并为"决策制定"与"工程实施"提供有效保障。"反馈协调"则要求对数据系统优化方案实施过程进行动态监测，并及时总结，就其中暴露出的问题对原方案进行针对性的调整改善。

（三）数据系统工程知识维

选用数据系统工程要求决策者拥有数据处理、信号科学、经济数学、管理科学、系统科学与系统哲学等跨学科、跨领域的集成知识体系。而根据目标需求的不同选取或建立科学有效的技术方法体系则成为数据系统工程取得成效的关键。因此，在以目标导向为前提的数据系统工程的实际实施过程中，不仅要注重"硬件"②的使用，也要充分发挥"软件"③的功效，即注重软硬件技术的集成，将其与现代化科学技术手段相结合，充分发挥多种理论与技术手段的协同效应。尤其是在解决诸多特定的问题时，通过对软硬件技术手段的组合优化，能够发挥单一技术手段所无法取得的成效。

第五节　数据系统工程建模方法

数据系统工程是系统优化的决策支持技术，为解决数据系统问题，通

---

① 具有评价分析功能的模型有多种，包括概念模型、图式模型、逻辑模型、物理模型、数学模型等，模型的确定要根据评价需求进行有针对性的选择。

② 包括新技术、新方法、新工艺、新流程、新设备等。

③ 如将系统科学、系统工程理论与方法有效运用到数据融合、数据挖掘、决策分析、组织管理等相关方面等。

常需要选取相应的数据处理方法或构建适用性的数理模型。在现阶段模型应用愈加普遍的情况下，应该选择哪一类方法或模型更为合理？数据系统工程应用过程涉及何种类别的方法？尤其是数据系统工程既然作为一种决策支持技术，目前学术界讨论的相关决策理论与方法对其是否具有可操作性？基于对上述问题的考虑，以及结合数据分析与处理中的热点方法，对数据系统工程应用方法进行梳理，大致可概括为三类：数据决策理论与建模方法、数据挖掘技术与建模方法和数据融合技术与建模方法。以下将对上述各类别分别列举部分常用方法以供数据系统工程应用参考，但在实际中需要结合具体问题进行具体分析。

一　数据决策理论与建模方法

"决策"是一个在各种层次上被广泛使用的概念，数据决策理论与建模方法主要包括两方面的内容：一是针对数据及数据系统的稳定性（尤其是数据质量及其影响因素）进行评价，二是处理基于数据集成与分析利用而对工程、社会等相关领域决策问题的探讨。

（一）规划建模

对于数据管理中的一些问题，可将其概括为"在一定的限制条件下寻找总体目标最优类问题"。例如，水资源数据监控中人力、设备、资金等在一定的时间段内是有限的，因而水资源数据监控的覆盖范围也存在有限性，如何合理布置水资源监控点，使水资源数据最大化以体现水资源开发利用状态，即为规划类问题。若对其用目标函数与约束条件进行表示，可写成：

目标函数：$\max(\text{or } \min) \ object = f(X)$

约束条件：$restrict(X) = (\text{or}<, \ >)R$

其中，$X = \{x_1, \ x_2, \ \cdots, \ x_n\}$ 表示决策变量的集合；$R = \{r_1, \ r_2, \ \cdots, \ r_m\}$ 表示资源条件的约束。

当目标函数 $f(X)$ 与约束条件 $restrict(X)$ 均为线性函数时，则此问题即为线性规划问题；当目标函数或约束条件为非线性函数时，此问题即为非线性规划。如果将时间因素考虑到目标函数当中，使决策问题划分为若干阶段，则为动态规划类问题。此外，当要实现的目标有多个时，则属于多目标规划类问题。

实际运用规划类方法进行数据建模时，其关键点是在于如何将现实数据问题抽象为数学模型，即数据建模。线性规划的建模随着实际数据问题的复杂程度而难易不同，多数情况下线性规划问题已经实现模型化、标准化，但是还有许多现实中不断出现的新问题需要不断地研究和解决，尤其是在处理数据问题上应用探索还相对较少。线性规划的求解主要采取单纯形法[①]，由于该方法已比较成熟且有现成的计算机应用软件，此处不做过多赘述。

对于动态规划问题的分析也是解决数据管理决策中值得关注的点，它是运筹学的一个分支，是解决多阶段决策过程最优化的一种方法。1951年美国数学家贝尔曼（R. Bellman）等根据一类多阶段决策问题的特性，提出了解决这类问题的"最优化原理"，并研究了许多实际问题，于1957年出版了《动态规划》，创建了解决最优化问题的动态规划方法。[②] 而采用多阶段规划处理数据决策支持问题时，决策问题的特点决定了可将全部决策过程划分为若干个互相关联的阶段，同时在各个子阶段上决策人员均需要对问题做出相应的决策，其中的任何一个阶段的决策往往都会对下一阶段的决策产生不同程度的影响，进而对整个决策活动的状态与结果产生影响。在运筹学中，常将由这种阶段性的决策组成的决策序列称为"策略"，而且各阶段出现的可供选择方案不止一个，由此形成了"多策略"状况，例如在进行数据质量优化过程中，数据质量优化的策略会产生多个，各策略均具有可以度量的效果，而且不同策略所具有的实施效果存在一定差异性。可见，多阶段决策问题就是从可供选择的策略中选择一个最优策略，在预定的条件下使目标达到最好的效果。

（二）层次分析法

层次分析法（Analytic Hierarchy Process，AHP）是一种定性分析与定量分析相结合的系统分析方法，是将人的主观判断用数量形式表达和处理的方法。由于该方法具有简便、易操作的特点，现阶段层次分析法在系统分析、设计与决策中日益受到重视。

层次分析法是把复杂对象分解为各个组成因素，又将这些因素按支配

---

① 燕子宗、费浦生、万仲平：《线性规划的单纯形法及其发展》，《计算数学》2007 年第1期。

② Richard，B.，*Dynamic Programming*，Princeton：Princeton University Press，1957.

关系分组形成递阶层次结构①。通过两两比较的方式确定各个因素的相对重要性，进而综合决策者的判断，确定决策方案相对重要性的总排序。运用层次分析法进行系统分析、设计、决策时，整体上可按以下步骤进行。

第一步：辨识系统中各因素之间的关系，建立系统的递阶层次结构，同一层次的元素作为准则对下一层的某些元素起支配作用，同时它又受上面层次元素的支配，通常包括三类，即最高层、中间层和最底层②。

第二步：对同一层次的各元素关于上一层中某一准则的重要性进行两两比较，构造两两比较的判断矩阵。

第三步：由判断矩阵计算被比较元素对于该准则的相对权重。

第四步：计算各层元素对系统目标的合成权重，并进行排序。

在建立两两比较判断矩阵之前，还需明确递阶层次结构中的受支配元素与准则之间的重要标度，即可设准则 μ 支配的下一层元素分别为 g_1，g_2，…，g_n，g_i 对于 μ 的相对重要程度被称为权系数，具体包括：

（1）当元素 g_1，g_2，…，g_n 对于 μ 的相对重要程度可直接定量化表示时，则其权系数可相应地直接确定（例如水量、水温等）；

（2）当元素 g_1，g_2，…，g_n 对于 μ 的相对重要程度不能直接定量确定，而是属于定性的基本范畴时，需要采用两两比较判定，对此可应用"1—9 比例标度"（见表 3-2）对元素的相对重要性进行赋值。

表 3-2　　　　　　　　　　　　标度的含义

标度	含义
1	表示两个元素相比，具有同样重要性
3	表示两个元素相比，前者比后者稍重要
5	表示两个元素相比，前者比后者明显重要

① 递阶层次结构的建立要基于决策人员对问题有全面的认识，其是指上层元素对下层元素的支配关系所形成的层次结构。该结构中的层次数与问题的复杂程度及需要分析的详尽程度有关，可以不受限制。通常每一层次中各元素所支配的元素不会超过 9 个，过多的支配元素易增加两两比较判断的复杂度。

② 最高层也被称为目标层，一般只有一个元素，代表的是问题的预定目标或理想结果；中间层包括要实现目标所涉及的中间环节中所需要考虑的准则，该层可由若干层次构成，所以会有准则和子准则的划分；最底层涵盖了为实现目标可供选择的各种措施、决策方案等，也被称为措施层或方案层。

续表

标度	含义
7	表示两个元素相比，前者比后者强烈重要
9	表示两个元素相比，前者比后者极端重要
2，4，6，8	表示上述相邻判断的中间值
倒数	若元素 i 与元素 j 的重要性之比为 a_{ij}，则元素 j 与元素 i 的重要性之比为 $a_{ji} = 1/a_{ij}$

将元素 g_1，g_2，$\cdots$，g_n 对于 μ 的相对重要程度进行比较，可以得到一个两两比较判断矩阵：

$$\Gamma = (a_{ij})_{n \times n}$$

其中，a_{ij} 是元素 g_i 与 g_j 对于 μ 的重要性比例标度，且 $a_{ij} > 0$，$a_{ji} = 1/a_{ij}$，$a_{ii} = 1$。

当判断矩阵 Γ 的全部元素符合 $a_{ij} \cdot a_{jk} = a_{ik}$ 时，则称 Γ 为一致性矩阵。其中，并不要求所有的判断矩阵都必须是一致性矩阵，只有在特殊情况下，判断矩阵才有可能满足一致性条件。

将元素 g_1，g_2，$\cdots$，g_n 对 μ 的重要程度分别写为 w_1，w_2，$\cdots$，w_n，即 $W = (w_1$，w_2，$\cdots$，$w_n)^T$，而对向量 W 的计算通常有以下方法。

方法 1：求和法。计算判断矩阵 Γ 的 n 个行向量归一化后的算术平均值，并近似当作权系数向量，即：

$$w_i = \frac{1}{n} \sum_{j=1}^{n} \left(a_{ij} / \sum a_{kj} \right), \quad i = 1, 2, \cdots, n$$

将判断矩阵 Γ 的元素进行行归一化处理，并将其结果求均值构成权系数向量。其公式为：

$$w_i = \frac{\sum_{j=1}^{n} a_{ij}}{n \sum_{k=1}^{n} \sum_{j=1}^{n} a_{kj}}, \quad i = 1, 2, \cdots, n$$

方法 2：求根法。其也称为几何平均法，把判断矩阵 Γ 的各个行向量求解几何平均值，再进行行归一化处理，求得的行向量即为权系数向量。其公式为：

$$w_i = \frac{\left(\prod a_{ij} \right)^{1/n}}{\sum \left(\prod a_{kj} \right)^{1/n}}, \quad i = 1, 2, \cdots, n$$

方法 3：最小二乘法。该方法的基本思想是计算残差平方和，即 $\sum_{1\leqslant i\leqslant j\leqslant n}[\lg a_{ij}-\lg(w_i/w_j)]^2$，并使其取最小值。

此外，还有其他相关方法，如特征根法、对数最小二乘法等。在计算单准则下的权系数向量时，还必须进行一致性检验。虽然不要求 $a_{ij}\cdot a_{jk}=a_{ik}$ 严格成立，但是要求判断矩阵符合逻辑，满足大体上的一致。相关计算步骤如下。

第一步：计算一致性指标（Consistency Index）$C.I.$。

$$C.I.=\frac{\lambda_{\max}-n}{n-1}$$

第二步：查找相应的平均随机一致性指标（Random Index）$R.I.$，具体见表3-3。

表 3-3　　　　　　　　平均随机一致性指标 $R.I.$

矩阵阶数	1	2	3	4	5	6	7	8
$R.I.$	0	0	0.52	0.89	1.12	1.26	1.36	1.41
矩阵阶数	9	10	11	12	13	14	15	
$R.I.$	1.46	1.49	1.52	1.54	1.56	1.58	1.59	

第三步：计算一致性比例（Consistency Ratio）$C.R.$。

$C.R.=C.I./R.I.$

当 $C.R.<0.1$ 时，判断矩阵的一致性在可接受范围内；当 $C.R.\geqslant0.1$ 时，应该对判断矩阵做适当修正。为讨论其一致性，还要计算矩阵的最大特征根 $\lambda_{\max}$，除了常用的特征根计算方法，可使用以下公式：

$$\lambda_{\max}=\frac{1}{n}\sum_{i=1}^{n}\left[\left(\sum a_{ij}w_j\right)/w_i\right]$$

第四步：测度各层元素对目标层的总排序权重。在上面计算的基础上，进一步测算低层各元素对目标层权系数，取得总排序权系数，帮助进行策略选择。

层次分析法应用于数据决策建模，可对数据的科学管理和决策提供便捷化的工具，但其受主观因素影响较大、判断过程相对较为粗糙的影响，需要决策人员在数据建模时进行充分考虑。

（三）主成分分析建模

数据管理中通常会对数据有效性进行评价，而影响数据有效性的因素不仅包括设备因素及环境因素等，还和人为因素紧密相关，即影响因素具有多样性，需要构建多指标评价体系。但是据此建立的指标体系量纲一般会存在差异，同时若数据有效性影响因素过多而导致评价指标较多时，则会加剧计算过程的复杂度。对于上述类型的问题，主成分分析建模技术能够较好地解决，尤其是在保障数据指标信息损失较小的情况下对其进行降维，是一种现阶段应用较为广泛的多元统计分析方法，且适用于多指标综合评价。其内在基本逻辑如下。

在 t 维空间中，可用 t 个指标对样本点 n 进行衡量 $t \leq n$，样本点 n 的数据信息如果选取离差平方和进行表示，则总变差 $Cov(x)$ 可写为：

$$Cov(x) = \sum_{i=1}^{n} (x_{i1} - \bar{x}_1)^2 + \sum_{i=1}^{n} (x_{i2} - \bar{x}_2)^2 + \cdots + \sum_{i=1}^{n} (x_{it} - \bar{x}_t)^2$$

其中，$\bar{x}$ 为数据信息均值。若 $\sum_{i=1}^{n} (x_{ia} - \bar{x}_a)^2$ 与 $\sum_{i=1}^{n} (x_{ib} - \bar{x}_b)^2$ 的数值相近，则表明其数据指标在变差总信息量中的比值差距不大，具体评价时不能将其舍弃。对于 x_a 和 x_b 进行数学映射变换，满足：

$$F(x) : \sum_{i=1}^{n} (x_{ia} - \bar{x}_a)^2 + \sum_{i=1}^{n} (x_{iib} - \bar{x}_b)^2 = \sum_{i=1}^{n} (F_{ia} - \bar{F}_a)^2 +$$

$$\sum_{i=1}^{n} (F_{iib} - \bar{F}_b)^2$$

其中，$\bar{F}$ 表示变量均值。采用上式进行转换的意图主要是将原来 X 中的信息进行 F 变量表示。若 $\sum_{i=1}^{n} (F_{ia} - \bar{F}_a)^2$ 与 $\sum_{i=1}^{n} (F_{iib} - \bar{F}_b)^2$ 之比达到 $4:1$，则表明利用 F_a 即可以反映出原数据信息中的 80%，也就是采用 F_a 对原问题代表性分析，该比值越大，F_a 在评价中发挥的作用也就越大，即 F_a 为主成分。

利用主成分分析法进行数据相关评价时，其基本步骤如下：

第一步：原始指标数据输入及其标准化。标准化处理的方法可选取 Z-Score 法，即：

$$Z_{ij} = (x_{ij} - \bar{x}_j)/S_j$$

$$\bar{x}_j = \sum_{i=1}^{n} x_{ij}/n, \quad S_j = \left[\sum_{i=1}^{n} (x_{ij} - \bar{x}_j)^2\right]/(n-1)$$

$i = 1, 2, \cdots, n, \ j = 1, 2, \cdots, p$

通过上式变换，原始数据将转化为均值为 0、方差为 1 的数据组，该数据组消除了计量单位和数量级对测算结果的影响。

第二步：求解指标数据的相关矩阵。主成分分析的基本出发点即为数据变量的相关系数矩阵 ξ。测算公式为：

$$\xi_{jk} = \frac{1}{n-1} \sum_{i=1}^{n} \frac{(x_{ij} - \bar{x}_j)}{S_j} \cdot \frac{(x_{ik} - \bar{x}_k)}{S_k} = \frac{1}{n-1} \sum_{i=1}^{n} Z_{ij} \cdot Z_{ik}$$

$\xi_{ii} = 1, \ \xi_{ik} = \xi_{ki}$

第三步：求解相关矩阵 ξ 特征根、特征向量及贡献率。相关矩阵 ξ 的特征方程设为：

$$T(\lambda) = |\lambda I_p - \xi| = 0$$

$\lambda_l(l = 1, 2, \cdots, p)$ 表示对 $T(\lambda)$ 方程求解所得的特征根，表征主成分 F 的方差，其值大小直接反映了主成分对评价对象的描述作用的程度。运用 H 表示一组 p 维实向量，用 $H_l[\lambda_l I_p - \xi] = 0$ 求取向量 H_l 对特征根 λ_l 的特征向量，即为标准化向量 Z_j 的分向量系数。各分向量对原始变量所含信息的反应程度为方差贡献率：

$$\delta_l = \lambda_l / \sum_{i=1}^{p} \lambda_l$$

第四步：确定主成分数目的判定准则。基于主成分分析的数据样本排序，既要尽可能地选取较少的主成分数量，又要保障信息损失量在可接受范围之内。一般可对数据样本前 r 个主成分进行分量检验，由此对原始观测数据变量的信息保存情况可表示为：

$$\delta'(r) = \left(\sum_{l=1}^{r} \lambda_l \right) \left(\sum_{l=1}^{p} \lambda_l \right)^{-1}$$

基于上述公式，可将原始问题转化为对 r 与 $\delta'(r)$ 之间平衡性的探索，即 $\delta'(r)$ 值要尽可能大而 r 则需要尽可能小。另外，对于成分数量的判定准则，主要依据有：

（1）$\delta'(r) \geqslant 85\%$ 准则。对于 $\delta'(r)$ 的判定，目前还没有具体的指定，但是依据现有国内主成分方法应用中对 $\delta'(r)$ 阈值的使用情况，可认为当 $\delta'(r) \geqslant 85\%$ 时，可基本保证样本排序的稳定性。

（2）$\lambda_l > \bar{\lambda}$ 准则。测算特征根 λ_l 的均值 $\bar{\lambda}$，并将其与特征根 λ_l 进行比较，当符合公式 $\lambda_l > \bar{\lambda}$ 时可认为主成分数量满足需求。而当特征根 λ_l

是按照标准化数据相关矩阵 ξ 测算出来的时候，则不需要再进行计算，取其 $\lambda_l > 1$ 的前 r 个主成分即可，此时均值 $\bar{\lambda} = 1$。

（3）Bartlett 检验准则。Bartlett 检验可用来判断多总体方差差异的显著性，通常其统计量是对变量 χ^2 的分析，即：

$$\chi^2 = c\ln\vartheta$$

$$\vartheta = \prod_{l-r+1}^{p} \lambda_l \left(\frac{1}{p-l_{-r+1}} \sum_{l-r+1}^{p} \lambda_l \right)^{-(p-r)}$$

$$c = 1 - n + 1/6(2p + 5) + 2/3r$$

其中，方程自由度按照 $df = (p - r - 1)(p - r + 2)/2$ 进行测算。该测算由 $r = 1$ 开始，直到 $p - l$ 个分量呈非显著性才停止检验。

此外，类似的主成分数量检验方法还有 Scree 检验等，相比该检验，Bartlett 检验则受数据样本量 n 的影响较大，尤其是当 n 较大时，可能出现分量数目被高估的情况，反之则被低估。

第五步：解释主成分的含义。主成分的提取是对原始变量的线性拟合，其所涵盖的信息量要比原始数据状态更为复杂，需对其进行定性的合理解释。目前，对主成分的解释方法并没有固定化，一般包括 H_l 系数值大小、H_l 系数符号、H_l 系数组内变化规则等方法。

第六步：主成分综合分析。由于第一主成分"提供了其自身的权系数"，很多学者认为利用第一主成分即可满足对综合评价结果的排序，并可采用标准化变量值与其特征向量值之积的和作为最终评判指标 F_{il}：

$$F_{il} = \sum_{j=1}^{p} \lambda_{ij} Z_{ij}$$

除了上述方法，还有一种依据即为" r 个主成分排序"。这种方法是对各个主成分进行加权求和，并求解各个主成分占加权求和值的比重，计算公式如下：

$$F_{il} = \sum_{i=1}^{p} \lambda_{ij} Z_{ij}$$

$$F_i = \sum_{l=1}^{p} contrib_l F_{il} = \sum_{l=1}^{p} \lambda_l / \sum_{l=1}^{p} \lambda_l F_{il}$$

采用主成分方法对数据分析进行建模应用，有助于消除数据指标评价过程中的指标间相关影响，同时降低数据指标选择的复杂度，而且指标权系数的确定更为客观，但是同样存在缺乏对数据指标本身相对重要程度的考虑，尤其是该方法是以原始变量与分量的线性拟合关系作为处理手段，而实际中数据变量也存在非线性关系，易导致对数据指标现实关系的反映出现一定偏差。总体来看，主成分分析建模技术更加侧重于对数据指标的综合评价，而非其降维作用。

（四）偏最小二乘法建模

考虑到数据逐步呈现出海量、多元、异构等多种特性，对此可用分析系统稳定性影响因素的多元数据分析方法 PLS（Partial Least-Squares）对数据系统工程多元数据特征成分的一般建模过程进行介绍，其计算过程可利用 MATLAB 等计算机软件进行编程实现。PSL 多元数据分析法是由 S. Wold 和 C. Albano 等提出，该方法在一定程度上可被认为是在主成分（PCR）方法上的加强与改进，且 PLS 在成分提取的过程中同时考虑数据自变量（解释变量）和数据因变量（被解释变量）的信息，在多变量的复杂数据系统中，PLS 利用数据信息分解的思路，将自变量系统中的数据信息重新组合，有效地提取对数据系统解释性最强的综合变量，排除重叠信息或无解释意义信息的干扰，从而克服多重共线性在数据系统建模中的不良作用，得到更为可靠的数据分析结果。[1] 其建模步骤如下。

第一步：数据要素标准化处理。设已知数据因变量 Y 和 p 个数据自变量 X_1, X_2, $\cdots$, X_K, 数据要素样本数为 n, 形成数据自变量矩阵 $X = [x_1, x_2, \cdots, x_K]_{n \times p}$ 和因变量矩阵 $Y = [y]_{n \times 1}$。为了减少运算误差，将 X 和 Y 进行标准化处理，得到标准化的数据自变量矩阵 M_0 和因变量矩阵 N_0，具体方法见以下公式：

$$\begin{cases} x_{ij}^* = \dfrac{x_{ij} - \bar{x_j}}{s_j} \\ y_i = \dfrac{y_i - \bar{y}}{s_y}, \quad i=1, 2, \cdots, n; j=1, 2, \cdots, p \\ M_0 = (x_{ij}^*)_{n \times p} \\ N_0 = (y_i^*)_{n \times 1} \end{cases}$$

其中，x_{ij} 表示数据自变量 X 中第 j 个数据变量的第 i 个数据要素样本

---

[1] Krishnan, A., Williams, J., McIntosh, R., "Partial Least Squares (PLS) Methods for Neuroimaging: A Futorial and Review", *NeuroImage*, Vol. 56, No. 2, 2011.

值;$\bar{x_j}$ 表示数据自变量 X 中第 j 个数据变量 x_j 的平均值;s_j 表示 x_j 的标准差;y_i 指因变量 Y 的第 i 个数据要素样本值;$\bar{y}$ 指 y 的平均值;s_y 表示 y 的标准差;x_{ij}^* 和 y_i^* 分别表示自变量和因变量标准化后的数值。

第二步:从 M_0 中抽取一个数据因素成分,$t_1 = M_0 W_1$,其中:

$$W_1 = \frac{M_0' N_0}{\parallel M_0' N_0 \parallel}$$

分别做 M_0、N_0 关于 t_1 的普通线性回归,$M_0 = t_1 p_1' + M_1$,$N_0 = r_1 t_1 + N_1$。

回归系数 $p_1' = \dfrac{M_0' t_1}{\parallel t_1 \parallel^2}$,$r_1 = \dfrac{N_0 t_1}{\parallel t_1 \parallel^2}$,称 M_1、N_1 为数据残差矩阵。

第三步:以 M_1、N_1 取代 M_0、N_0,可进行第二个 PLS 多元数据主成分 t_2 的提取。按照精度要求,提取了 k 个 PLS 多元数据主成分,即 t_1,$\cdots$,t_k,实施 N_k 在 t_1,$\cdots$,t_k 上的回归,可以得到:

$$N_k = r_1 t_1 + \cdots + r_k t_k$$

t_1,$\cdots$,t_k 都是 M_0 的线性组合,因此,N_k 可写成 M_0 的线性组合形式,即:

$$N_k = r_1 M_0 W_1^* + \cdots + r_k M_0 W_k^*$$

其中,$W_m^* = \prod\limits_{j=1}^{m-1} (I - W_j p_j') W_m$,$\sum\limits_{j}^{p} W_{mj}^2 = 1$,$I$ 为单位阵。

最后,有 $\hat{y}^* = a_1 x_1^* + \cdots + a_{13} x_{13}^*$,$x^*$ 的回归系数为 $a_j = \sum\limits_{k=1}^{m} r_k w_{kj}^*$,式中 w_{kj}^* 是 w_k^* 的第 j 个分量。按照标准化逆过程可将 $\hat{y}^*$ 的回归方程还原为 y 对 x 的回归方程。

第四步:交叉有效性分析。为了寻求恰当的多元数据主成分个数 m,在此采用交叉有效性系数 Q_m^2 对其确定化处理,当提取多元数据主成分满足终止条件时,则转入下一步,否则,另 $M_0 = M_m$,$N_0 = N_m$,回到第二步继续运行。定义 t_m 的交叉有效性 Q_m^2 为:

$$Q_m^2 = 1 - \frac{PRESS_m}{SS_{m-1}}$$

其中,交叉有效性 Q_m^2 反映了成分 t_1,$\cdots$,t_k 对数值 y 的预测能力。

$$SS_{m-1} = \sum\limits_{i=1}^{n} [y_i - \hat{y}_{(m-1)\,i}]^2$$

$$PRESS_m = \sum_{i=1}^{n} \left[y_i - \hat{y}_{m(-i)} \right]^2$$

其中，y_i 表示原始数据中第 i 个样本点因变量的取值；$\hat{y}_{(m-1)\,i}$ 表示用 $m-1$ 个成分拟合的回归方程中的 i 点数据预测值；$\hat{y}_{m(-i)}$ 表示去掉第 i 个数据样本点后用 m 个主成分拟合方程在 i 点的预测值。当 $Q_m^2 < 0.0975$ 时，认为 t_m 成分的贡献不明显，无法提高数值预测精度，计算可以终止，这样可以确定多元数据主成分的阶数为 m。

第五步：按标准化的逆过程，将 M_0 的分析方程还原为 Y 对 X 的数据分析方程，即为 PLS 多元数据分析模型：

$$Y = \beta_0 + \sum_{j=1}^{10} \beta_j X_j + \varepsilon$$

其中，Y 和 X_j 为经标准化处理后的数据变量，用以消除异常数据对于多元数据分析模型估计精度的影响。Y 表示数据系统中某一总量型的指标数据，X 表示影响总量指标数据的因素变量，$\beta_i (i = 1, 2, \cdots, 10)$ 为变量系数，ε 为数据残差项。

上述 PLS 多元数据分析与建模过程正是利用数据系统工程方法对数据进行处理与应用的典型案例之一。其具体实施的过程可选取"物理、事理、人理"的角度对实际问题进行有针对性的探讨与分析。其中，时间维度上，PLS 多元数据分析要从数据的产生处作为根本出发点，对数据的来源与传输存储等情况进行全面的调研分析，并取得建模所需要的数据，针对解决具体实际问题的要求（WSR 方法论中"物理"与"事理"），选取相应的类别数据，利用 PLS 多元数据分析技术对所选数据进行上述建模分析过程，并取得相应的多种备选方案。在逻辑维上，要注重对数据系统的全局性考虑（WSR 方法论中"事理"与"人理"），利用 PLS 进行多元数据分析建模时要基于数据系统的最优化目标导向，而对于多种备选方案的选择，必须是按照从定性到定量综合集成的方式进行多指标评价与分析，不能单纯地依靠经验或仅仅依靠定量化的决策。选定方案并实施后，根据具体的实施效果探寻制约数据系统提升的问题点，并查找到关键"瓶颈"，依据此对 PLS 多元数据分析模型进行再优化处理，提升模型的精度、速率等。而在知识维上，PLS 多元数据分析虽然形似以数学分析为主，但其过程融合了多种学科，特别是管理方法与决策、多元统计、计算机工程等方面的支撑尤为重要，而在解决不同的实际数据问题的过程中，还需要将 PLS 多元数据分析技术与数据的特点相结合，并考虑数据载体的相关特性，综合集成相应的学科知识进行统筹分析，为最终决策提供科学有效的支撑。

（五）物元可拓理论建模

可拓理论是著名学者蔡文在 1983 年创立的，最初是用于探索形式化解决矛盾问题的规律与方法。[①] 将物元可拓理论应用到数据处理与分析建模当中，主要还是在数据相关评价与决策方面的探讨，但是对于处理数据异常值分析等适用性相对薄弱。这是受物元可拓理论的创建目的及内在数学逻辑所限，即该方法是基于"用符号表示的形式化、可推理的逻辑化、可量化分析的数学化"而形成的物元、可拓集合和可拓逻辑理论。其中，被研究对象可采用物元、事元和关系元进行表示，可拓集合是继模糊集合后对实变函数中距离概念的拓展，并通过关联函数对事物性质变化进行描述，可拓逻辑是对形式逻辑与辩证逻辑的综合集成。在阐述其建模步骤之前，先对其相关定义进行介绍。

定义 1：物元。物元是对事物进行描述的基本元，其表达式为有序三元组，即事物 N、特征值 C 及其所对应的量值 V 共同构成的有序组，即 $R = (N, C, V)$。物元中以 $V = (t, N)$ 对事物质和量的关系进行反映，同时物元还可被拓展到 n 维，即 $R = (N, C_i, V_i)$，$i = 1, 2, \cdots, n$。

定义 2：可拓集合。若设 U 为论域，k 为 U 到实阈 I 的一个映射，当 $Q = \{(u, y) \mid u \in U, y = k(u)\}$ 时，则称 Q 为 U 上的一个可拓集合，$y = k(u)$ 则是 Q 的关联函数。可拓集合即通过关联函数实现对事物描述的可拓性。

定义 3：距。可拓理论中将点与区间之间的距离称为距。

定义 4：关联函数。通过对"距"的定义，可理解关联函数是把具有某类特定性质的事物从定性描述拓展至拥有这类性质程度的定量表达。

按照物元可拓理论，可将数据评价过程通过构建物元模型进行描述，利用物元集合及关联函数分析各数据影响要素对数据评价的作用程度，确立数据分析测度模型。其步骤如下。

第一步：构建数据评价物元模型。根据数据评价的等级 n，确定经典

---

① 蔡文：《物元模型及其应用》，科学技术文献出版社 1994 年版。

域物元 R_o、节点域物元 R_p 和待评价物元 R。经典域物元 R_o 公式为：

$$R_o = (N_o,\ c,\ X_o) \begin{bmatrix} N_o & c_1 & X_{o1} \\ & c_2 & X_{o2} \\ & \cdots & \cdots \\ & c_m & X_{om} \end{bmatrix} = \begin{bmatrix} N_o & c_1 & (a_{o1},\ b_{o1}) \\ & c_2 & (a_{o2},\ b_{o2}) \\ & \cdots & \cdots \\ & c_m & (a_{om},\ b_{om}) \end{bmatrix}$$

其中，N_o 指数据评价等级（$o=1,\ 2,\ \cdots,\ n$），c_i 指数据评价等级 N_o 的特征，X_{oi} 指数据评价等级 N_o 关于对应测度指标 c_i 确定的量值范围，即数据评价经典域 $(a_{oi},\ b_{oi})$。

$$R_P = (P,\ c,\ X_P) \begin{bmatrix} P & c_1 & X_{P1} \\ & c_2 & X_{P2} \\ & \cdots & \cdots \\ & c_m & X_{Pm} \end{bmatrix} = \begin{bmatrix} P & c_1 & (a_{P1},\ b_{P1}) \\ & c_2 & (a_{P2},\ b_{P2}) \\ & \cdots & \cdots \\ & c_m & (a_{Pm},\ b_{Pm}) \end{bmatrix}$$

其中，P 是数据评价等级全体类别，X_{Pi} 指测度指标 c_i 的取值范围，即节域 $(a_{Pi},\ b_{Pi})$。

$$R = (N,\ c,\ X) = \begin{bmatrix} N & c_1 & x_1 \\ & c_2 & x_2 \\ & \cdots & \cdots \\ & c_m & x_m \end{bmatrix}$$

其中，N 指测度对象名称，x_o 指数据评价关于测度指标 c_i 的量值。

第二步：确定关联度及距值。数据评价关于指数等级的隶属度可以利用关联函数计算，关联度 $k_i(x_o)$ 反映数据评价指标关于指数等级 i 归属水平，类似于模糊函数中用于阐释模糊集合的隶属度，而其取值范围可以是全体实数轴。当 $k_i(x_o) = \max k_i(x_o)$ 时，因素 x_o 则属于 i 等级。其中，第 o（$o=1,\ 2,\ \cdots,\ m$）指标数值域为第 i（$i=1,\ 2,\ \cdots,\ n$）指数等级的关联函数，具体如下：

$$k_i(x_o) = \begin{cases} \dfrac{\rho(x_o,\ X_{oi})}{\rho(x_o,\ X_{Pj}) - \rho(x_o,\ X_{oi})}, & x_o \notin X_{oi} \\[2ex] -\dfrac{\rho(x_o,\ X_{oi})}{|b_{oi} - a_{oi}|}, & x_o \in X_{oi} \end{cases}$$

其中，$k_i(x_o)$ 指数据评价影响因素关于指数级别的关联度，$\rho(x_o,\ X_{oi})$ 指点 x_o 与 $X_{oi} = <a_{oi},\ b_{oi}>$ 有限区间的距，$\rho(x_o, X_{Pj})$ 指点 x_o 与 $X_{Pj} = <a_{Pj},$

b_{Pj}>有限区间的距。而 x_o 主要是指影响因素实际值，< a_{oi} , b_{oi} > 指经典域，< a_{Pj} , b_{Pj} > 指节域，且 $\rho(x_o, X_{oi}) = \left| x_o - \frac{1}{2}(a_{oi} + b_{oi}) \right| - \frac{1}{2}(b_{oi} - a_{oi})$。

第三步：测度指标权重。数据评价指标权重采取关联函数法确定[①]，即：

$$r_{oi}(x_o, X_{oi}) = \begin{cases} \dfrac{2(x_o - a_{oi})}{b_{oi} - a_{oi}}, & x_o \leqslant \dfrac{a_{oi} + b_{oi}}{2} \\ \dfrac{2(b_{oi} - x_o)}{b_{oi} - a_{oi}}, & x_o > \dfrac{a_{oi} + b_{oi}}{2} \end{cases}$$

令 $r_{oi\,max}(x_o, X_{oi\,max}) = \max\limits_{i}[r_{oi}(x_o, X_{oi})]$，则指标 c_i 的数据落入的类别越大，赋予权系数越大：

$$r_o = \begin{cases} i_{max} \cdot [1 + r_{oi\,max}(x_o, X_{oi})], & r_{ij\,max}(x_o, X_{oi}) \geqslant -0.5 \\ i_{max} \cdot 0.5, & r_{ij\,max}(x_o, X_{oi}) < -0.5 \end{cases}$$

否则，c_i 的数据落入的类别越大，赋予权系数越小：

$$r_o = \begin{cases} (n - i_{max} + 1) \cdot [1 + r_{ij\,max}(x_o, X_{oi})], & r_{ij\,max}(x_o, X_{oi}) \geqslant -0.5 \\ (n - i_{max} + 1) \cdot 0.5, & r_{ij\,max}(x_o, X_{oi}) < -0.5 \end{cases}$$

这样，根据单样本数据计算的指标 c_i 权重为 $\xi_o = r_o / \sum\limits_{o=1}^{m} r_o$。

定义由第 t 个样本求得的指标 c_i 的权重为 ξ_{ot}。若有 m 个样本，则按照样本数据求解权重，进而取平均值，可得指标 c_i 的权重：

$$w_o = \sum_{t=1}^{m} \xi_{ik} / m$$

第四步：计算数据评价值。关联度 $k_i(x_o)$ 反映数据评价值所属等级的隶属水平。数据评价 R_δ 的测度等级 i 如下：

$$K_i(R_\delta) = \sum_{o=1}^{m} w_o \cdot k_i(x_o)$$

当 $K_{i\delta} = \max\limits_{i \in \{1,2,\cdots,n\}} K_i(R_\delta)$ 时，则测定的 R_δ 数据评价值属于等级 i_δ。若 $K_i(R_\delta) > 0$，说明数据评价值满足数据管理等级标准要求，测度值越大，契合程度越高；若 $-1 \leqslant K_i(R_\delta) \leqslant 0$，说明数据评价值与期望数据管理等

---

① 董会忠、张峰：《基于可拓评价的科技创新与区域竞争力关联度分析》，《经济经纬》2016 年第 6 期。

级标准匹配不足，但具有向此级标准转化的条件，其值越大，转化难度越低；若 $K_i(R_\delta) < -1$，说明数据评价值无法应对数据管理等级标准的要求，也不具有转化为此标准等级的条件，其值越小，说明与其等级标准之间的差距越显著。

（六）数据包络分析建模

数据包络分析（Data Envelopment Analysis，DEA）是 Charnes 和 Cooper 等在 1978 年开始创建的[1]，发展至今已成为运筹学、管理科学、数理统计等学科交叉研究与应用的热点。双股剑包络分析是使用数学规划模型评价具有多个输入和多个输出的"部门"或者"单位"（称为决策单元，即 Decision Making Units，简记为 DMU）间的相对有效性（称为 DEA 有效）。根据对各 DMU 观察的数据判断 DMU 是否为 DEA 有效，本质上是判断 DMU 是否位于生产可能集的"前沿面"上。生产前沿面是经济学中生产函数向多产出情况的一种推广，使用 DEA 方法和模型可以确定生产前沿面的结构，因此又可将 DEA 方法视为一种非参数的统计估计方法。

国内学者开始研究 DEA 相关理论始于 1986 年，到当前 DEA 建模方法在中国学术界已得到了广泛应用，尤其是在整体层面对决策单元的总体绩效、技术绩效和规模绩效进行分析。根据规模报酬的可变性，可将 DEA 模型主要分为 C^2R 和 BC^2 模型。其中，使用 C^2R 模型的前提是各单位投入取得的产出量为固定值，即规模程度对其报酬无影响。[2] 由此导致该模型下的 DMU 必须符合最优规模运营的条件，而实际情况中，相异的生产规模所产生的规模报酬必将存在差异。因此，Banker 等建立 BC^2 模型，通过对 C^2R 模型进一步优化改进，实现规模报酬变动时可对各 DMU 相对效率进行衡量分析。BC^2 模型能够对各 DMU 的规模报酬状态及纯技术有效性进行判定，但是如果相异 DMU 都存在有效性的时候，则无法对其进行优劣评价与选择。Andersen 等提出的超效率 DEA（Super Efficiency DEA，SE-DEA）模型较好地解决了上述缺陷，通过在参考集中排除待评价 DMU，对技术有效性 DMU 重新进行优劣对比，同时使技术无效性

---

[1] Charnes, A., Cooper, W. W., Rhodes, E., "Measuring the Efficiency of Decision Making Units", *European Journal of Operational Research*, No. 2, 1978.

[2] 魏权龄：《数据包络分析（DEA）》，《科学通报》2000 年第 7 期。

DMU 的效率值与 BC^2 模型取得的结果保持一致。[①] 相比 C^{2}R 和 BC^2 模型，SE-DEA 模型可针对不同的投资情况提供更多的优化信息，为决策者提供改善依据。其建模步骤如下。

第一步：假设第 i 组数据输入为决策单元 DMU$_i$（$i = 1, 2, \cdots, l$），同时各决策单元的输入项为 m，即 DMU$_i$ 对数据信息的投入，其输出项为 n，即 DMU$_i$ 投入资源后所产出的指标，输入与输出所对应的权重分别为 $v = (v_1, v_2, \cdots, v_m)$ 和 $u = (u_1, u_2, \cdots, u_n)$，由此构建的 SE-DEA 模型为：

$$\max P_i = \frac{\sum_{j=1}^{n} u_j^i y_j^i - u_0^i}{\sum_{i=1}^{m} v_k^i x_k^i}$$

$$\text{s. t.} \quad \frac{\sum_{j=1}^{n} u_j^i y_j^{\eta} - u_0^i}{\sum_{k=1}^{m} v_k^i x_k^{\eta}} \leqslant 1, \ \eta = 1, 2, \cdots, l, \ \eta \neq i$$

$$v_k^i \geqslant \xi > 0, \ k = 1, 2, \cdots, m$$

$$u_j^i \geqslant \xi > 0, \ j = 1, 2, \cdots, n$$

第二步：基于上述分数模型，为提升模型求解的便捷性，可将总投入视为固定值，并假设其值为 1，则以上模型可转化为常见的线性规划模型，进而得到求解对偶问题的数学模型，具体如下：

$$\min \vartheta_i = \theta_{\text{super}}^i$$

$$\text{s. t.} \quad \sum_{\eta=1}^{l} \lambda_{\eta} x_k^{\eta} - \theta x_k^i + g_k^- = 0$$

$$\sum_{\eta=1}^{l} \lambda_{\eta} y_j^{\eta} - g_j^+ - y_j^i = 0$$

$$\eta \neq i, \ \lambda_{\eta} \geqslant 0, \ \eta = 1, 2, \cdots, l$$

$$g_k^-, \ g_j^+ \geqslant 0$$

$$k = 1, 2, \cdots, m, \ j = 1, 2, \cdots, n$$

———————————

① 邓蓉晖、夏清东、王威等：《基于超效率 DEA 的建筑企业生产效率实证研究》，《工程管理学报》2012 年第 6 期。

其中，x_k^η 为第 η 个 DMU 的第 k 个数据输入指标值，评价对象 DMU$_i$ 的第 k 个数据输入指标值则用 x_k^i 表示；y_j^η 为第 η 个 DMU 的第 j 个数据输入指标值，评价对象 DMU$_i$ 的第 j 个数据输出指标值则用 y_j^i 表示；g_k^-、g_j^+ 分别表示数据输入、输出指标松弛变量；λ_η 为输入、输出系数；θ_{super}^i 表示 DMU$_i$ 的绩效值，其含义为 DMU$_i$ 至最优曲线面的距离，且 DMU$_i$ 的绩效判定如下：$\theta_{super}^i < 1$，表示数据信息投入产出未能实现最优绩效；$\theta_{super}^i = 1$，表示数据信息投入产出刚能实现最优绩效；$\theta_{super}^i > 1$，表示数据信息投入产出超过最优绩效。

第三步：针对不满足 DEA 有效性的 DMU，可通过转化措施使其达到 DEA 有效[1]：产出固定时，降低原数据信息投入量 Δx_k；投入固定时，增加原数据信息产出量 Δy_j。其中，Δx_k、Δy_j 分别表示数据信息投入冗余和产出不足，其计算公式如下：

$$\Delta x_i = x_k(1 - \theta_{super}^i) + g_k^-$$

$$\Delta y_j = g_j^+$$

$$i = 1, 2, \cdots, m, \ j = 1, 2, \cdots, n$$

随着对 DEA 建模研究的不断深入，其模型也处于扩充完善当中，尤其是基于传统的 DEA 模型演化出了 DEA 加法模型、具有决策者偏好的锥比率 DEA 模型、随机 DEA 模型、Log-型的 DEA 模型等。由于对数据的强依赖性，该方法应用到数据分析与决策支持建模时，需要对数据的真实、有效提供充足的保障才能取得合理的评价效率。

（七）系统动力学建模

美国麻省理工学院 Jay W. Forrester 教授于 1956 年提出系统动力学，用于研究系统结构分析、信息反馈机制等方面的问题探索，随着对系统动力学研究的深入，现已被应用到了宏观经济、资源环境、工程论证等诸多方面。[2] 其以系统论、信息论、控制论和计算机等技术为基础，利用系统内部的反馈作用机制进行系统与外部环境、系统要素与要素之间的关联关系进行构建，描述出相对较为客观的复杂系统模型，再辅以相应的专家知

---

① 关爱萍、师军、张强：《中国西部地区省际全要素能源效率研究——基于超效率 DEA 模型和 Malmquist 指数》，《工业技术经济》2014 年第 2 期。

② Forrester, J. W., "Lessons from System Dynamics Modeling", *System Dynamics Review*, Vol. 3, No. 2, 1987.

识，借助计算机实验模拟技术，分析系统及要素的演化趋势，尤其是对于解决长期、非线性、动态等复杂变化问题具有较高的适用性。[①]

系统动力学中提出对于系统的演化方向与变化程度更多的是依赖于系统内部的复杂结构及其要素反馈作用，在受到系统内部要素变化与外部环境因素的综合作用下其按照相对稳定的规律进行系统演化。应用 SD 分析现实问题的过程，实质上即为对系统反复优化的过程：实施针对性的仿真实验，对复杂系统进行多层次剖析，了解并辨识系统内部各要素之间的关联关系及时序变化特点，对系统的变化态势进行多方面判定，为制定相关调控策略提供科学依据。[②]

相比于其他相关计量方法，SD 建模具备的特点如下。[③]

（1）对于复杂系统动力学建模，需要全面考量系统模型中需要定义哪些变量作为其状态变量，通常状态变量的多少对仿真模型的复杂度具有较大影响。

（2）模型中具有基于因果关系建立起来的反馈环，其内部各因果关系具备代数极性，对此可划分为两大类：①因变量取值与结果变量呈正向关系，即因变量取值越大则结果变量越大；②因变量取值与结果变量呈负向关系，前者取值越大后者越小。其作用关系如图 3-10 所示。

A_1大 ————————→ B_1大 A_2大 ————————→ B_2小

正相关   负相关

图 3-10　模型要素因果关系

基于模型要素的因果关系，系统内反馈环可划分成正、负两种反馈回路。回路的极性取决于其内部负相关多少，即若负相关数量是偶数，则回路为正，用"+"标识，若其数量为奇数，则回路为负，用"−"标识（见图 3-11）。正反馈回路通常具有发散增长的变动特性，而负反馈回路则具有趋于收敛的特性。

————————————————

① 陈国卫、金家善、耿俊豹：《系统动力学应用研究综述》，《控制工程》2012 年第 6 期。

② Forrester, J. W., "System Dynamics—A Personal View of the First Fifty Years", *System Dynamics Review*, Vol. 23, No. 2, 2007.

③ Forrester, J. W., "Industrial Dynamics", *Journal of the Operational Research Society*, Vol. 48, No. 10, 1997.

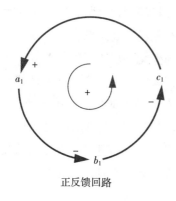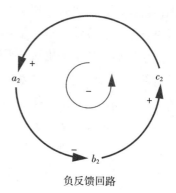

正反馈回路　　　　　　　　　　　　　负反馈回路

图 3-11　正、负反馈回路状态

在 SD 中，认为构成系统的各类要素相互之间均具有一定关联特性，并且要素之间存在多种因果反馈。系统模型内的任何一个要素的变化均是受到其前面要素的影响，其变化的结果也会通过所在的反馈环作用到前面的要素。所以，该过程中会有反复的信息反馈。据此，可进一步认为因果关联即是 SD 模型构建的基础。

①将因果关联作为解析复杂系统的运行问题，是相对较为合理的方法应用；

②利用因果关联可以将系统复杂关系进行相对简化处理，提高问题分析的清晰度；

③通过因果关联可定量化界定 SD 分析的范围。

基于多个存在因果关联特性的变量能够构建出封闭回路，即因果反馈回路。

（3）非线性。在复杂系统建模的过程中只有部分物理问题能够借助线性方式进行表示与处理，对类似社会经济等的问题通常具有较高的非线性，则需要通过非线性模拟方式进行变量关系的解析。此外，系统模型中存在的线性关系也受因果反馈关系的影响，导致其表征行为呈现出非线性结构。

（4）延迟性。对于决策支持类问题，一般会存在对问题认知的滞后、决策的滞后和措施实际执行的滞后等现象，表现出来即为政策措施的延迟特性，对此 SD 也将其作为系统行为模式模拟的重要考虑范畴。

常用系统动力学仿真模型方程包括状态方程、速率方程、辅助方程和表函数。[①]

（1）状态方程。状态变量是系统动力学中可对输入或输出变量实施累积表示的变量，对该类变量进行测定的方程即为状态方程。其一般形式为：

$$L.k = L.j + DT(Ir.jk - Rr.jk)$$

其中，$L.k$、$L.j$ 指状态变量；$Ir.jk$、$Rr.jk$ 指速率变量；k 指当前时刻；j 指与 k 相近的前时刻；jk 指时刻 j 到 k 的时间段；DT 指仿真步长，且 $DT = jk$。

（2）速率方程。对于状态方程的一般形式进行转换，可得：

$$(L.k - L.j)/DT = Ir.jk - Rr.jk$$

基于上式，于状态方程中表征输入和输出的变量即为速率变量（ $Ir.jk$、$Rr.jk$ ），通常其根据速率方程计算取得，一般形式转化后方程中以 r 表示速率方程，在系统仿真模型中该方程无具体特定的标准格式。

（3）辅助方程。在速率方程运算之前通常需要对系统中诸多代数进行测度，对其方程中的相关信息进行处理，否则易导致变量之间的关系无法正确表达。这类代数运算即为系统仿真模型中的辅助方程，其内部的相关变量被称作辅助变量，其也无特定的标准格式要求。

（4）表函数。仿真系统模型中一些变量之间的非线性关系需要通过辅助变量进行相关性描述，该情况下采用简单的线性代数组合无法满足上述要求，对于这类关系如果可以利用非线性图形的方式给出，则可借助表函数进行描述。

系统动力学模型建立过程可分为八个步骤[②]，具体如下。

第一步：明确系统仿真目的。一般来说，系统动力学对系统进行仿真试验的主要目的是认识和预测系统的结构和未来的行为，以便为进一步确定系统结构和设计最佳运行参数，以及制定合理的决策等提供依据。

第二步：确定系统边界。所谓某系统的边界，是指该系统的范围，它规定了形成某特定动态行为所应包含的最小数量的单元。边界内为系统本

[①]　姜钰、贺雪涛：《基于系统动力学的林下经济可持续发展战略仿真分析》，《中国软科学》2014 年第 1 期。

[②]　陈永霞、薛惠锋、王媛媛等：《基于系统动力学的环境承载力仿真与调控》，《计算机仿真》2010 年第 2 期。

身，而界限外则为系统有关的环境。

第三步：系统结构分析。依据实际系统情况确定系统的结构层次，确定总体和局部的主要反馈机制与反馈回路，用因果关系图来描述。

第四步：系统动力学模型建立。系统动力学模型主要包括流图和结构方程式两个部分。流图是根据各影响因素之间的关系利用专用符号设计的，结构方程式则是各因素间数量关系的体现，包括水准方程式、速率方程式、辅助变量方程式等。

第五步：计算机仿真试验。把所确定的各种参数的值代入结构方程式，进行运算，得出各变量的值及相关变化图表，具体可采用 Vensim 软件。

第六步：模型检验。对模型进行有效性检验和灵敏度分析，验证模型的有效性。

第七步：系统模型的修正。根据仿真结果分析，对系统模型进行修正，以使模型更真实地反映系统的行为。修正内容包括系统结构、运行参数、方案或重新确定系统边界等。

第八步：方案分析与结论。这是建模的最终目的。在对模型进行修正以后，通过改变参数，模拟不同方案下模型的行为，并从中分析解决系统问题的方法。

由上可知，运用系统动力学可实现对数据系统进行动态仿真建模。该建模有别于传统系统动力学对社会经济类相关系统的仿真，既能分别对数据系统中的数据采集子系统、数据传输子系统、数据存储子系统、数据分析子系统和数据应用子系统进行相对独立的建模仿真，也能实现对整体数据系统的全面检验，但是上述建模均需要以构成数据系统及影响数据系统稳定性的关联要素为基础，这对于数据系统的 SD 建模提高了仿真难度。

（八）其他相关方法建模

除了上述模型，还有诸多其他应用于数据决策建模的相关理论及模型，例如 TOPSIS 方法、模糊隶属度方法、云模型等。这些方法现阶段已在相关领域中取得了相对较为理想的应用效果，在数据系统工程创建及其建模方法探索中，应该积极吸取目前已相对成熟的系统工程理论与方法，将其尝试应用于解析数据及数据系统问题。

在古典经济理论中有"理性人"的假设，其中包括人类行为是理性的、合乎逻辑的，决策者的目标是做出具有最高价值的选择以使满足程度最大化。尽管该假设有一定的争议，但数据系统工程决策理论与建模方法这种基于数据本体而对各类决策提供必要而有效的支持作用与其具有一定的契合性，即在"理性"的基础上看决策倾向，再融合感性的认知与偏好，从而提高决策的科学性与合理性。

二　数据挖掘技术与建模方法

数据挖掘出现于 20 世纪 80 年代末，最初是从数据库中发现知识（Knowledge Discovery in Database，KDD）演化而来的，其概念可追溯于1995 年在加拿大召开的第一届知识发现和数据挖掘国际会议。[①] 将其作为数据系统工程建模方法中的重要一类发展方向，是因为数据挖掘在现阶段各领域、各行业所体现出的决策支持作用愈加显著，而且其本身作为一种多学科交叉技术，在处理数据信息和挖掘知识从而达到为决策服务的过程中具有独特优势，尤其是它能够弥补传统数据库检索查询与统计手段在应对海量、异构数据等方面的不足。

在处理对象方面，数据挖掘可针对各类型数据源进行知识分析，而这正是数据系统工程建模所具有的特点之一，包括结构化数据、半结构化数据和非结构化数据等。从具体操作过程来看，数据挖掘主要涵盖的步骤有：

一是数据准备与清洗阶段。这是指完成对所需研究的数据进行类别分析、选择、统计和转换等工作，尤其是对于一些缺失、异常等数据进行前期处理。

二是数据挖掘分析阶段。该阶段要重点解决数据挖掘方法、模型的选择与构建，并将其应用至数据分析当中。

三是结果评价与表达阶段。该过程一方面要对所选取方法或构建模型的有效性进行评价，观测其是否适用于该类数据的分析，另一方面要基于其方法或模型在对数据分析后提取可供决策人员参考的相关知识依据。

目前，数据挖掘技术与建模方法主要涉及决策树算法、关联规则建模技术、灰色系统理论建模技术、人工神经网络建模技术、遗传算法建模技术、粒子群优化算法建模技术等，以下将选取其中部分技术方法进行概析。

（一）决策树算法

决策树（Decision Tree）是数据挖掘分类算法中较为直观的一种方

---

① 潘有能：《XML 挖掘：聚类、分类与信息提取》，浙江大学出版社 2012 年版。

法，它是作为与样本属性结点，用属性的取值作为分支的树形结构，其构建是在已知各种情况发生概率的基础上，对满足要求事件的期望不小于零的概率，进而评价事件选择风险，是直观运用概率分析的图解方法。而在机器学习中，决策树主要是作为一种预测模型，所代表的是对象属性与对象值之间的一种映射关系，这种度量可以看作是对信息学理论中"熵"概念的拓展。早期 Quinlan 提出了 ID3 算法，该算法在减少决策树的"树深"方面取得了较为显著的效果，但是忽略了对叶子数目的探索，在此基础上 C4.5 算法诞生并弥补了 ID3 算法的不足，特别是在预测变量的缺失处理、派生规则等方面有了较大改进。①

　　DT 的构架主要由决策结点、方案枝、状态结点、概率枝等组成，具体见图 3-12。从图中各类图形结构可以看到，方块形结点即为决策结点；由决策结点引出的各条细枝则为可供选择的方案，称其为方案枝；基于状态结点所引出的若干细枝，代表不同的自然状态，可将其称为概率枝，通常在概率枝的最末端需要标注出客观状态的内容及其出现的概率。对于 DT 的应用而言，如何构建规模较小但精度较高的决策树是其算法的关键，具体的实施步骤主要包括以下几点。②

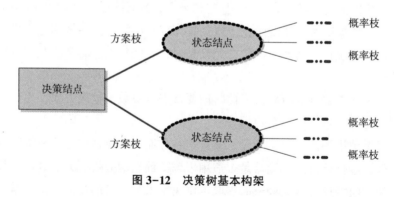

图 3-12　决策树基本构架

　　第一步：生成决策树。该过程是指利用训练样本集实现决策树的生成过程，该步骤的关键在于取得具有规模性、综合性和可供操作性的训练样本集。

　　① Brown, D. E., Corruble, V., Pittard, C. L., "A Comparison of Decision Tree Classifiers with Backpropagation Neural Networks for Multimodal Classification Problems", *Pattern Recognition*, Vol. 26, No. 6, 1993.

　　② 邹媛：《基于决策树的数据挖掘算法的应用与研究》，《科学技术与工程》2010 年第 18 期。

　　第二步：决策树剪枝。对生产的决策树进行剪枝处理实际上是完成对生成的决策树进行检验、校正和修正的过程，该步骤需要采用新样本数据集进行检验数据集中的数据校验决策树生成过程中产生的初步规则，并剔除影响预测精度的分枝。

　　若要对决策树的优点进行概括，可主要体现为以下三点：①分类精度高。据 2006 年由数据挖掘国际会议 ICDM（The IEEE International Conference on Data Mining）评选出的数据挖掘十大经典算法中，C4.5 算法名列第一（运行程序见表 3-4①），这主要得益于其算法的易理解、准确率高的特点。②决策树生成模式相对简单，决策树的应用追求的即为简便、直观化表达数据挖掘问题。③对噪声数据具有较好的健壮性，其不仅能够对分类问题进行解决，而且还适用于回归类问题的分析。

表 3-4　　　　　　　　　　　　　C4.5 算法运行程序

```
function test_ targets = C4_ 5 (train_ patterns, train_ targets, test_ patterns, inc_ node, Nu)
% Classify using Quinlan´s C4.5 algorithm
% Inputs：
% training_ patterns - Train patterns
% training_ targets - Train targets
%    test_ patterns - Test    patterns
%inc_ node - Percentage of incorrectly assigned samples at a node
% Outputs
% test_ targets - Predicted targets
%NOTE：In this implementation it is assumed that a pattern vector with fewer than 10 unique values (the parameter Nu)
%is discrete, and will be treated as such. Other vectors will be treated as continuous
[Ni, M] = size (train_ patterns);
inc_ node = inc_ node * M/100;
%Find which of the input patterns are discrete, and discretisize the corresponding
%dimension on the test patterns
discrete_ dim = zeros (1, Ni);
for i = 1: Ni,
```

---

　　①　C4.5 算法运行程序需要根据实际操作需求进行调整，具体可参见 http：//www. pudn. com。

```
Ub = unique (train_ patterns (i,:) );
    Nb = length (Ub);
        if (Nb <= Nu),
            %This is a discrete pattern
            discrete_ dim (i) = Nb;
            dist = abs (ones (Nb , 1) * test_ patterns (i,:) - Ub´* ones (1, size (test_ pat-
terns, 2) ) );
                [m, in] = min (dist);
                test_ patterns (i,:) = Ub (in);
        end
    end
    %Build the tree recursively
    %disp ('Building tree')
    tree = make_ tree (train_ patterns, train_ targets, inc_ node, discrete_ dim, max (discrete
_ dim), 0);
    %Classify test samples
    %disp ('Classify test samples using the tree')
    test_ targets = use_ tree (test_ patterns, 1: size (test_ patterns, 2), tree, discrete_ dim,
unique (train_ targets) );
    %END
    function targets = use_ tree (patterns, indices, tree, discrete_ dim, Uc)
    %Classify recursively using a tree
    targets = zeros (1, size (patterns, 2) );
    if (tree. dim == 0)
        %Reached the end of the tree
        targets (indices) = tree. child;
        return
    end
    %This is not the last level of the tree, so:
    %First, find the dimension we are to work on
    dim = tree. dim;
    dims = 1: size (patterns, 1);

    %And classify according to it
    if (discrete_ dim (dim) == 0),
        %Continuous pattern
        in = indices (find (patterns (dim, indices) <= tree. split_ loc) );
```

```
            targets = targets + use_tree (patterns (dims,:), in, tree.child (1), discrete_dim (dims),
Uc);
        in = indices (find (patterns (dim, indices) > tree.split_loc));
        targets = targets + use_tree (patterns (dims,:), in, tree.child (2), discrete_dim
(dims), Uc);
    else
        %Discrete pattern
        Uf = unique (patterns (dim,:));
        for i = 1: length (Uf),
            if any (Uf (i) = = tree.Nf) %Has this sort of data appeared before? If not, do nothing
                in = indices (find (patterns (dim, indices) = = Uf (i)));
                targets = targets + use_tree (patterns (dims,:), in, tree.child (find (Uf (i)
= =tree.Nf)), discrete_dim (dims), Uc);
            end
        end
    end
    %END use_tree
    function tree = make_tree (patterns, targets, inc_node, discrete_dim, maxNbin, base)
    %Build a tree recursively
    [Ni, L] = size (patterns);
    Uc = unique (targets);
    tree.dim = 0;
    %tree.child (1: maxNbin) = zeros (1, maxNbin);
    tree.split_loc = inf;
    if isempty (patterns),
        return
    end
    %When to stop: If the dimension is one or the number of examples is small
    if ( (inc_node > L) | (L = = 1) | (length (Uc) = = 1) ),
        H = hist (targets, length (Uc));
        [m, largest] = max (H);
        tree.Nf = [];
        tree.split_loc = [];
        tree.child = Uc (largest);
        return
    end
```

```
%Compute the node's I
for i = 1: length (Uc),
        Pnode (i) = length (find (targets == Uc (i) ) ) / L;
end
Inode = -sum (Pnode.* log (Pnode) /log (2) );
%For each dimension, compute the gain ratio impurity
%This is done separately for discrete and continuous patterns
delta_ Ib = zeros (1, Ni);
split_ loc = ones (1, Ni) *inf;
for i = 1: Ni,
        data = patterns (i,:);
Ud = unique (data);
        Nbins = length (Ud);
        if (discrete_ dim (i) ),
                %This is a discrete pattern
P = zeros (length (Uc), Nbins);
for j = 1: length (Uc),
                        for k = 1: Nbins,
                        indices = find ( (targets == Uc (j) ) & (patterns (i,:) == Ud (k) ) );
                        P (j, k) = length (indices);
                        end
                end
                Pk = sum (P);
                P = P/L;
                Pk = Pk/sum (Pk);
                info = sum (-P.* log (eps+P) /log (2) );
                delta_ Ib (i) = (Inode-sum (Pk.* info) ) /-sum (Pk.* log (eps+Pk) /log
(2) );
        else
                %This is a continuous pattern
                P = zeros (length (Uc), 2);
                %Sort the patterns
                [sorted_ data, indices] = sort (data);
                sorted_ targets = targets (indices);
                %Calculate the information for each possible split
I = zeros (1, L-1);
                for j = 1: L-1,
```

```
%for k =1: length (Uc),
%   P (k, 1) = sum (sorted_ targets (1: j) = = Uc (k) );
%   P (k, 2) = sum (sorted_ targets (j+1: end) = = Uc (k) );
%end
    P (:, 1) = hist (sorted_ targets (1: j), Uc);
    P (:, 2) = hist (sorted_ targets (j+1: end), Uc);
    Ps = sum (P) /L;
    P = P/L;
    Pk = sum (P);
    P1 = repmat (Pk, length (Uc), 1);
    P1 = P1 + eps * (P1 = =0);
    info = sum (-P. * log (eps+P. /P1) /log (2) );
    I (j) = Inode - sum (info. * Ps);
    end
[delta_ Ib (i), s] = max (I);
split_ loc (i) = sorted_ data (s);
    end
end
%Find the dimension minimizing delta_ Ib
[m, dim] = max (delta_ Ib);
dims = 1: Ni;
tree. dim = dim;
%Split along the 'dim' dimension
Nf = unique (patterns (dim,:) );
Nbins = length (Nf);
tree. Nf = Nf;
tree. split_ loc = split_ loc (dim);
%If only one value remains for this pattern, one cannot split it.
if (Nbins = = 1)
    H = hist (targets, length (Uc) );
    [m, largest] = max (H);
    tree. Nf = [];
    tree. split_ loc = [];
    tree. child = Uc (largest);
    return
end
```

```
if ( discrete_ dim ( dim ) ),
        %Discrete pattern
    for i = 1: Nbins,
            indices = find ( patterns ( dim,: ) = = Nf ( i ) );
            tree. child ( i ) = make_ tree ( patterns ( dims, indices ), targets ( indices ), inc_
node, discrete_ dim ( dims ), maxNbin, base );
        end
    else
        %Continuous pattern
        indices1 = find ( patterns ( dim,: ) < = split_ loc ( dim ) );
        indices2 = find ( patterns ( dim,: ) > split_ loc ( dim ) );
        if ~ ( isempty ( indices1 ) | isempty ( indices2 ) )
            tree. child ( 1 ) = make_ tree ( patterns ( dims, indices1 ), targets ( indices1 ), inc_
node, discrete_ dim ( dims ), maxNbin, base+1 );
            tree. child ( 2 ) = make_ tree ( patterns ( dims, indices2 ), targets ( indices2 ), inc_
node, discrete_ dim ( dims ), maxNbin, base+1 );
        else
            H = hist ( targets, length ( Uc ) );
            [ m, largest ] = max ( H );
            tree. child = Uc ( largest );
            tree. dim = 0;
        end
    End
```

（二）关联规则建模技术

1. 基础定义

关联规则（Association Rules）是挖掘发现大量数据中项集（Itemset）之间内在的关联或相关联系，是数据挖掘研究的一个重要内容。该规则是由 R. Agrawal 等于 1993 年首先提出的，用于挖掘顾客交易数据库中项集间的关联规则问题，并同时提出了基于频繁项集的 Apriori 算法。[1] 考虑关联规则建模技术的较强专业性特点，若要对其有较为清晰的认识，则需要对其中涉及的一些概念进行了解。[2]

---

[1] Agrawal, R., Imielinski, T., Swami, A., "Database Mining: A Performance Perspective", *IEEE Transactions on Knowledge and Data Engineering*, Vol. 5, No. 6, 1993.

[2] 何兵:《关联规则数据挖掘算法的相关研究》, 硕士学位论文, 西南交通大学, 2004 年。

定义 1：项与项集。通常将数据库中不能够被再分割的最小单位信息称为项，记为 i，而当 k 个项构成集合 $I = \{i_1, i_2, \cdots, i_k\}$ 时，称集合 I 为 k-项集，即 k-Itemset。

定义 2：事务。在一个数据库中，若由所有项目 i 构成的集合为 $I = \{i_1, i_2, \cdots, i_k\}$，一次处理所包括的项目集合为 ϑ，且 $\vartheta \subseteq I$，各处理项目集均有唯一标识 ϑid，则可称二元组 $< \vartheta id, \vartheta >$ 是数据库事务，记为 ϑ。

定义 3：项集频率。若设定一个项集为 $P = \{p_1, p_2, \cdots, p_n\}$，$P \subseteq I$，$P \neq \Phi$，$\tilde{\vartheta} = \{\vartheta_1, \vartheta_2, \cdots, \vartheta_m\}$ 是数据库中的全体事务集，事务集 $\eta = \{\vartheta i | \vartheta i \in \tilde{\vartheta}, P \subseteq \vartheta i\}$，称项集 P 在事务集 $\tilde{\vartheta}$ 中的频率，记为：

$$Freq(P) = Freq(p_1 \wedge p_2 \wedge \cdots \wedge p_n) = (|\eta| / |\tilde{\vartheta}|) \times 100\%$$

定义 4：关联规则。该规则是指类似于集合 $X \Rightarrow Y$ 的蕴涵式，其中，$X \subset I, Y \subset I$，同时满足 $X \cap Y \neq \Phi$ 时，可称 X、Y 分别为前项、后项。而关联规则所反映的即为 X 中的项目产生时，Y 中的项目也随之产生或变化的相关规律。

定义 5：关联规则支持度（Support）。关联规则支持度主要是指在交易集合中同时包括 X 与 Y 的交易数目与全体交易量的比值，它反映了 X 和 Y 中所含的项在事务集可以同时出现的概率。通常可记为 $Supp(X \Rightarrow Y)$：

$$Supp(X \Rightarrow Y) = Supp(X \cup Y) = Prob(XY)$$

定义 6：关联规则置信度（Confidence）。关联规则的置信度是交易集中包含 X 与 Y 的交易数与包含 X 交易数的比值，所反映的是在包含 X 的事务中，出现 Y 的条件概率。对其可以记为 $Confid(X \Rightarrow Y)$：

$$Confid(X \Rightarrow Y) = Supp(X \cup Y) / Supp(X) = Prob(Y/X)$$

对于关联规则的支持度和置信度是评判所挖掘出的相关关联规则可信度的主要依据，通常需要专家对上述各指标的阈值给予界定，尤其是对其最小支持度（Minimum Support，MS）阈值、最小置信度（Minimum Confidence，MC）阈值需要客观的赋值，只有当所挖掘出的相关关联规则符合阈值条件时才能认为其有效，否则将认定其规则是无效的。

定义 7：强关联规则。对于定义 6 中，能够同时符合 MS 和 MC 条件的规则，可称 $X \Rightarrow Y$ 为强关联规则，否则 $X \Rightarrow Y$ 为弱关联规则。

定义 8：频繁项集（Frequent Itemset）。当项集 $P = \{p_1, p_2, \cdots, p_n\}$ 出现的频率符合 MS 要求时，可称其为频繁项集，可记频繁 k-项集的集合为 L_k。

2. 基本分类

关联规则的分类目前主要集中于以下几种：

①按照规则中处理的变量类别，可分为布尔型关联规则与量化型关联规则。[①]

②按照规则中所涉及的数据维，可分为单维关联规则与多维关联规则。[②]

③依据规则中数据的抽象层次，可分为单层关联规则与多层关联规则。[③]

3. 关联规则挖掘方法——以 Aproiri 算法为例

自关联规则挖掘方法提出以来，到目前为止已经相继出现了多循环方式挖掘方法、并行挖掘方法、增量式更新方法、基于约束的挖掘方法以及基于多值属性的挖掘方法等，但这些方法在一定程度上都是演化于经典的关联规则挖掘方法——Aproiri 算法。Apriori 算法是使用频繁项集的先验知识从而生成关联规则的一种算法，对其性质可用数学形式描述，具体如下：

设 $P = \{p_1, p_2, \cdots, p_n\}$ 为一项集，同时 $P \subseteq I$，$P \neq \Phi$，$\pi \subseteq P$，对于既定事务集 ϑ 和最小支持度 MS，当项集 P 是频繁项集时，则 π 也属于频繁项集。

若用一句话来形容 Aproiri 算法的上述性质，即"频繁项集的所有非空子集都必须也是频繁的"。其算法基本框架见表 3-5。[④]

---

① 布尔型关联规则主要处理的对象都是离散的、种类化的，其表征了这些变量的存在与否。而量化型关联规则描述的是量化的项或属性之间的关联，也称为数值型关联规则。

② 单维关联规则只涉及数据的一个维度，处理单个属性中的一些关系。多维关联规则处理的数据对象涉及至少两个维度，处理各个属性之间的某些关系。

③ 单层关联规则仅考虑处于同一概念层次的项或属性间的关联，而多层关联规则是面对来源于不同概念层次的项或属性间的关联。

④ 赵艳芹：《关联规则数据挖掘算法的研究》，硕士学位论文，哈尔滨工程大学，2006 年。

表 3-5　　　　　　　　　　　Aproiri 算法基本框架

Input：Database$\tilde{\vartheta}$ of transactions；minimum support threshold minsupport method，

Output：L frequent itemsets in$\tilde{\vartheta}$．

$L_1 = \{large\ 1-itemsets\}$；//发现 1-项集

for　　（$k=2$；$L_{k-1} \neq \Phi$；$k++$）

{$C_k = apriori-gen\ (L_{k-1})$；//新的候选集

for each transactions　　$t \in \tilde{\vartheta}$ {

$C_t = subset\ (C_k，t)$；　　//事务 t 中所包含的候选集

for each candidates $c \in C_t$

c. count++；}

$L_k = \{C \in C_k \mid c.\ count / |\tilde{\vartheta}| \geqslant minsup\}$ }

return $L = U_k L_k$

Procedure Apriori-gen（L_{k-1}）

for each $p \in L_{k-1}$

for each $q \in L_{k-1}$

if　　（$p.\ item_1 = q.\ item_1$）$\wedge \cdots \wedge$　　（$p.\ item_{k-2} = q.\ item_{k-2}$）$\wedge$（$p.\ item_{k-1} = q.\ item_{k-1}$）{

　　　　c=p$\oplus$q；//连续项集

　　　　　　if Has-Infrequent- Itemset（c，L_{k-1}）

　　　delete c；//消除不可产生频繁项集的候选集

　　　　else $C_k = C_k \cup \{c\}$

}

　　return C_k

Proeedure Has-Infrequent-Itemset（c，L_{k-1}）

　　　　for each　　（$k-1$）subsets of c

　　　　if $s \notin L_{k-1}$ return TRUE；

　　　　　　else return FALSE

实际应用中，Aproiri 算法基于频集及候选项集可取得全部频集，进而对候选项集进行剪枝处理后降低候选项集大小，取得相对较为理想的结果。但是当处理具有繁多的频繁模式或者面对最小阈值偏低时，该算法通常会出现数据扫描冗长、运行困难等问题，需在具体运用中根据问题进行修正补充，对此一些操作人员尝试通过减少候选项集中的候选项数量、降低扫描数据库次数、基于分类与抽样提高搜索效率等途径优化传统 Aproiri 算法，但是其适用性与可推广性仍有待检验。

（三）灰色系统理论建模技术

灰色系统（Grey System）理论是 20 世纪 80 年代发展起来的一门新学科。灰色系统是指信息部分明确、部分不明确的系统，其中包括元素或参数信息不完全、结构信息不完全、边界信息不完全、运行的行为信息不完

全等。灰色系统一般可分为本征灰色系统和非本征灰色系统，前者主要是指缺乏物理原型、没有明确的关系信息，但其系统是由多个相互依存、相互作用的部分组成，并具有相应的功能，而对于一些不确知信息物理系统则可认为是非本征灰色系统。[①] 对于该类灰色系统，常用混合法对其所含信息进行处理，例如演绎法与归纳法的结合，另一种本征灰色系统国内常用邓聚龙教授在 1982 年提出的灰色系统理论进行处理，其主要研究的对象为不确定的信息，其基本理念在于通过对事物"部分"已知信息的生成、开发完成的分析进而实现对事物整体的认知。[②]

灰色系统理论的提出试图克服传统概率统计的部分弱点，从杂乱无章的、有限的、离散的数据中找出规律，建立灰色系统模型，然后用其来做相应的分析、预测、决策和规划。目前对其研究主要集中于灰色系统的数学问题、灰色因素的关联分析、灰色建模理论、灰色预测、灰色决策和规划、灰色系统分析、灰色系统控制和优化和灰色聚类与灰色统计评估等。以灰色预测模型为例，其又可划分为 GM（1，n）模型、DGM（n，1）模型、Verhulst 模型等，灰色聚类分析涵盖灰色变权聚类、灰色定权聚类、三角白化权聚类等，灰色关联分析涉及邓氏关联度分析、绝对关联度分析、相对关联度分析、综合关联度分析等。随着对灰色系统研究的持续深入，其理论建模技术及应用领域不断被拓展。以下仅以部分典型的 GM（1，1）模型、Verhulst 模型、系统云灰色 SCGM（1，1）c 灰色建模方法进行介绍。[③]

1. GM（1，1）模型

GM（1，1）模型是灰色系统相关理论中最具有代表性、应用范畴最高的预测模型之一。其模型构建基本步骤如下。

设数据原始序列为：$x^{(0)}(t) = \{x^0(t), x^{(0)}(2), \cdots, x^{(0)}(N)\}$。其中，$N$ 指序列长度。将上述序列做累加处理，取得序列 $x^{(1)}(t)$，即 $x^{(1)}(t) = \{x^{(1)}(1), x^{(2)}(2), \cdots, x^{(1)}(N)\}$，且 $x^{(1)}(k) = \sum_{t=1}^{k} x^{(0)}(t)$。序列 $x^{(1)}(t)$ 白

① 周志刚：《灰色系统理论与人工神经网络融合的时间序列数据挖掘预测》，硕士学位论文，成都理工大学，2006 年。

② 转引自邓聚龙《灰理论基础》，华中科技大学出版社 1982 年版。

③ 张峰、殷秀清、董会忠：《组合灰色预测模型应用于山东省碳排放预测》，《环境工程》2015 年第 2 期。

化微分方程为：

$$\frac{\mathrm{d}x^{(1)}(t)}{\mathrm{d}t} + ax^{(1)}(t) = \varepsilon$$

其中，a、ε 为待辨识参数。

设以下参数向量：

$$\Pi = [au]$$

$$Y_n = [x^{(0)}(2),\ x^{(0)}(3),\ \cdots,\ x^{(0)}(N)]$$

$$\Gamma = \begin{bmatrix} -\dfrac{x^{(1)}(2) + x^{(1)}(1)}{2} & 1 \\ -\dfrac{x^{(1)}(3) + x^{(1)}(2)}{2} & 1 \\ \vdots & \vdots \\ -\dfrac{x^{(1)}(n) + x^{(1)}(n-1)}{2} & 1 \end{bmatrix}$$

利用最小二乘法，得 $\Pi = (\Gamma^T \Gamma)^{-1}(\Gamma^T Y_n)$，取序列 $x^{(1)}(t)$ 白化微分方程的解：

$$\hat{x}^{(1)}(k+1) = \left(x^{(0)}(1) - \frac{\varepsilon}{a}\right)e^{-ak} + \frac{\varepsilon}{a}$$

考虑到上述方程是通过数据的列累加构建取得，故而需逆向累减还原，即取得原始序列的预测值：

$$\hat{x}^{(0)}(k+1) = \hat{x}^{(1)}(k+1) - \hat{x}^{(1)}(k) = (1 - e^a)\left(x^{(0)}(1) - \frac{\varepsilon}{a}\right)e^{-ak}$$

2. DGM（1，1）模型

灰色模型短期内可利用相对较少的数据取得较好的预测效果，但 GM（1，1）模型中存在离散形式到连续形式跳变的问题，影响物流需求预测的稳定性。DGM（1，1）模型较好地解决了该问题。其基本模型如下。

定理1：设系统特定行为特征序列的原始数值（非负序列）为：

$$X^{(0)} = \{x^{(0)}(1),\ x^{(0)}(2),\ \cdots,\ x^{(0)}(n)\}$$

$X^{(0)}$ 一次累加生成序列：$X^{(1)} = \{x^{(1)}(1),\ x^{(1)}(2),\ \cdots,\ x^{(1)}(n)\}$

其中，$x^{(1)}(k) = \sum_{i=1}^{k} x^{(0)}(i)$，$k = 1,\ 2,\ \cdots,\ n$。若 $\beta' = (\beta_1,\ \beta_2)^T$ 为参数序列，且满足下列要求：

$$Z = \begin{bmatrix} X^{(1)}(1) \\ X^{(1)}(2) \\ \vdots \\ X^{(1)}(n) \end{bmatrix}, \quad G = \begin{bmatrix} X^{(1)}(1) & 1 \\ X^{(1)}(2) & 1 \\ \vdots & 1 \\ X^{(1)}(n-1) & 1 \end{bmatrix}$$

则灰色微分方程 $x^{(1)}(k+1) = \beta_1 x^{(1)}(k) + \beta_2$ [DGM（1，1）模型] 的最小二乘估计参数序列符合：

$$\beta = (G^T G)^{-1} G^T Z$$

定理2：按照定理1可知，$\beta' = (\beta_1, \beta_2)^T = (G^T G)^{-1} G^T Z$，取 $x^{(1)}(1) = x^{(0)}(1)$，则：

$$X^{(1)}(k) = \beta_1^{k-1} x^{(0)}(1) + \frac{1 - \beta_1^{k-1}}{1 - \beta_1} \beta_2, \quad k = 2, 3, \cdots, n$$

还原值为：$\tilde{x}^{(0)}(k) = \alpha^{(1)} X^{(1)}(k) = \tilde{x}^{(1)}(k) - \tilde{x}^{(1)}(k-1)$，$k = 2$，$3, \cdots, n$，即 $\tilde{x}^{(0)}(k) = \beta_1^{k-2}(\beta_1 - 1) x^{(0)}(1) + \beta_2$，$k = 2, 3, \cdots, n$。

根据上述分析得到 DGM（1，1）模型，并可利用该模型进行相关序列预测。

3. Verhulst 模型

Verhulst 模型是德国生物学家费尔哈斯于1837年提出的一种生物生长模型，该模型常用于描述具有饱和状态的 S 形过程。其模型构建基本步骤如下。

设数据原始数据序列：$X^{(0)} = \{x_1^{(0)}, x_2^{(0)}, \cdots, x_n^{(0)}\}$。其中，$n$ 为序列长度。把上述序列累减取得新序列 $X^{(1)} = \{x_1^{(1)}, x_2^{(1)}, \cdots, x_n^{(1)}\}$，且 $x_k^{(1)} = x_k^{(0)} - x_{k-1}^{(0)}$，$k = 1, 2, \cdots, n$。将 $X^{(0)}$ 作紧邻均值再次取得新序列：$G^{(1)} = \{g_2^{(1)}, g_3^{(1)}, \cdots, g_n^{(1)}\}$，其中，$g_k^{(1)} = \frac{x_k^{(0)} + x_{k-1}^{(0)}}{2}$，$k = 2, 3, \cdots, n$，称 $X^{(0)} + \alpha G^{(1)} = \beta (G^{(1)})^2$ 是 Verhulst 模型。其中，α、β 为参数。

定义模型白化方程为 $\frac{\mathrm{d}x^{(0)}}{\mathrm{d}t} + \alpha x^{(0)} = \beta (x^{(0)})^2$，设参数向量 $\Phi = [\alpha \ \beta]^T$，$Y = [x_2^{(1)}, x_3^{(1)}, \cdots, x_n^{(1)}]^T$ 和 $Z = \begin{bmatrix} -g_2^{(1)} & (g_2^{(1)})^2 \\ -g_3^{(1)} & (g_3^{(1)})^2 \\ \vdots & \vdots \\ -g_n^{(1)} & (g_n^{(1)})^2 \end{bmatrix}$。

利用最小二乘法取得 $\Phi = (Z^T Z)^{-1}(Z^T Y)$，生成 Verhulst 模型动态响应序列：

$$\hat{x}_{(k+1)}^{(0)} = \frac{\alpha x_1^{(0)}}{\beta x_1^{(0)} + (\alpha - \beta x_1^{(0)}) e^{\alpha k}}, \quad k = 0, 1, \cdots, n-1$$

4. 系统云灰色 SCGM（1, 1）c 模型

SCGM（1, h）模型是以系统云为背景，按基于积分生成变换和趋势关联分析的灰色动态建模原理构造而成，是 GM（1, 1）模型最有力的发展模型，单因子系统云灰色 SCGM（1, h）c 模型由 SCGM（1, h）模基本型演化而来，当 $h = 1$ 时即为 SCGM（1, 1）c 模型。SCGM（1, 1）c 模型能够最大限度地通过其本身的动态数据序列挖掘具有价值的信息，透析其内部发展规律，因此，同比其他灰色预测，该方法具有理论更加可靠、信息需求量更少、运算过程更加简便等特点。其模型构建基本步骤如下。

设数据的原始数据序列为：$X^{(0)} = \{X^{(0)}(1), X^{(0)}(2), \cdots, X^{(0)}(n)\}$。其中，$n$ 指序列长度。

积分变换 $X^{(0)}$ 序列，取得新序列 $\bar{X}^{(1)} = \{\bar{X}^{(1)}(2), \bar{X}^{(1)}(3), \cdots, \bar{X}^{(1)}(n)\}$，则有：

$$\bar{X}^{(1)}(k) = \sum_{m=2}^{k} \bar{X}^{(0)}(m), \quad k = 2, 3, \cdots, n$$

其中，$\bar{X}^{(0)}(k+1) = \dfrac{X^{(0)}(k+1) + X^{(0)}(k)}{2}$。

设数据原始序列的积分生成序列 $\bar{X}^{(1)}(k)$ 与非齐次指数离散函数 $F_r(k) = \omega e^{\eta(k-1)} - \rho$ 满足趋势关联，则 SCGM（1, 1）c 模型如下：

$$\frac{\mathrm{d}X^{(1)}(k)}{\mathrm{d}k} = \eta X^{(1)}(k) + U$$

相对一次响应函数如下：$X^{(1)}(k) = \left(X^{(1)}(1) + \dfrac{U}{\eta}\right) e^{\eta k} - \dfrac{U}{\eta}$

其中，$\eta = \ln \dfrac{\displaystyle\sum_{k=3}^{n} \bar{X}^{(0)}(k-1)\bar{X}^{(0)}(k)}{\displaystyle\sum_{k=3}^{n} (\bar{X}^{(0)}(k-1))^2}$。

$$\omega = \frac{(n-1) \sum_{k=2}^{n} e^{\eta(k-1)} \bar{X}^{(1)}(k) - \left(\sum_{k=2}^{n} \bar{X}^{(1)}(k) \right) \left(\sum_{k=2}^{n} e^{\eta(k-1)} \right)}{(n-1) \sum_{k=2}^{n} e^{2\eta(k-1)} - \left(\sum_{k=2}^{n} e^{\eta(k-1)} \right)^2}$$

$$\rho = \frac{\omega \sum_{k=2}^{n} e^{\eta(k-1)} - \sum_{k=2}^{n} \bar{X}^{(1)}(k)}{n-1}$$

则有 $X^{(1)}(k) = \omega - \rho$，$U = \eta\rho$。

还原 $X^{(1)}(k)$，可取得原始数据序列的 SCGM（1，1）c 预测模型：

$$X^{(0)}(k) = 2e^{\eta(k-1)} \cdot \frac{\omega(1 - e^{-\eta})}{1 + e^{-\eta}}$$

（四）人工神经网络建模技术

现代对人工神经网络的研究可追溯到 20 世纪 40 年代美国心理学家 Warren McCulloch 和数学家 Walter Pitts 的工作，尤其是在 1943 年时他们提出神经元网络对信息进行处理的数学模型，即 M-P 模型，开启了神经网络研究的快速研究阶段。[1] 其后，Hebb 在 1949 年提出了分析神经元之间连接强度的 Hebb 学习规则[2]，而到 20 世纪 50 年代后期，神经网络开始了其实际应用的进程，1956 年 Rochester 在第一届人工智能会议上展示其构建的神经网络模型，这也被人们认为是第一个软件模拟神经网络；美国心理学家 Rosenblatt 在上述基础上进一步提出了感知机（Perceptron）模型和联想学习规则，掀起了人工神经网络研究的首次热潮[3]；1959 年斯坦福大学 Widrow 教授研发了自适应线形单元——Adaline。[4] 到 80 年代

---

[1] McCulloch, W. S., Pitts, W., "A Logical Calculus of the Ideas Immanent in Nervous Activity", *Bulletin of Mathematical Biology*, Vol. 5, No. 4, 1943.

[2] Hebb, D. O., *The Organization of Behavior: A Neuropsychological Approach*, New Jersey: John Wiley & Sons, 1949.

[3] Rosenblatt, F., "The Perceptron: A Probabilistic Model for Information Storage and Organization in the Brain", *Psychological Review*, Vol. 65, No. 6, 1958.

[4] Pincus, G., Garcia, C. R., Rock, J., et al., "Effectiveness of an Oral Contraceptive: Effects of a Progestin-Estrogen Combination upon Fertility Menstrual Phenomena and Health", *Science*, No. 130, 1959.

初，Fukushima 提出用于视觉识别的神经网络——Neocognitron[①]；在 1982 年斯坦福大学 Rumelhart 教授等开发了后期应用较为广泛的一种反向传播神经网络，与此同时，物理学家 Hopfield 提出一种仿人脑的神经网络模型，也就是后来被称为"Hopfield 模型"[②]，该模型通过引入 Lyapunov 函数，较好地解决了复杂的 NP（推销员旅行路径）问题，这也被认为是人工神经网络研究的第二次热潮。其后，人工神经网络先后出现了多种分析模型，包括随机型神经网络、竞争型神经网络、自组织特征映射神经网络、对向传播神经网络等。以下将对基本的 BP 神经网络和贝叶斯神经网络进行介绍。

1. 神经网络基本原理

人工神经网络（Artificial Neural Network，ANN）是一种较为典型的仿生物神经系统功能数学模型。生物神经系统由大量的神经细胞（也称"神经元"）高度组织而成。每个神经元都由树突、轴突、突触及细胞体构成，其基本结构如图 3-13 所示。信号通过前一个神经元的轴突传递至后一个神经元的树突，后一个神经元的树突将信号接收后，由细胞体对所有接收的信号进行简单处理后传至轴突进行输出，上一个神经元的轴突末梢与下一个神经元的树突的连接处称为突触。

人工神经网络由大量神经元组合形成一个复杂的拓扑网络，其信息传递与处理机制是上一个神经元将接收到的所有信号乘以与之对应的连接权值，再与阈值比较后输入激活函数进行处理，处理后的结果输出传递至下一个神经元。因此，网络的功能特性主要取决于网络的基本结构、神经元的阈值与激活函数、神经元间的连接权值。神经元是人工神经网络的基本组成单元，每个神经元都是一个多输入、单输出的非线性信号处理器，其结构模型如图 3-14 所示。

其中，u_1，u_2，$\cdots$，u_n 为第 j 个神经元的输入值，也是与第 j 个神经元相连接的各神经元的输出值，w_{1j}，w_{2j}，$\cdots$，w_{nj} 表示第 j 个神经元与各输入神经元的连接权值，y_j 为第 j 个神经元的输出信号，θ_j 为其阈值。因此，

① Fukushima, K., "Neocognitron：A Hierarchical Neural Network Capable of Visual Pattern Recognition", *Neural Networks*, Vol. 1, No. 2, 1988.

② Hopfield, J. J., "Neural Networks and Physical Systems with Emergent Collective Computational Abilities", *Proceedings of the National Academy of Sciences*, Vol. 79, No. 8, 1982.

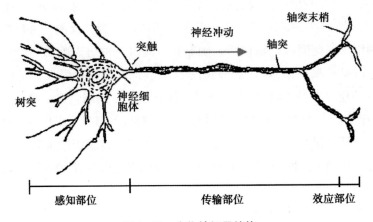

图 3-13　生物神经元结构

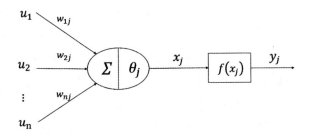

图 3-14　神经元的一般结构

该神经元的数学变换可表示为：

$$y_j = f(\sum_i w_{ij} x_i - \theta_j)$$

其中，$f(x)$ 称为神经元的激活函数，函数的非线性决定了神经元的非线性性质，常用的有阶跃函数、Sigmoid 型函数或分段函数。两个神经元间的连接权值若为正，可称为激发连接；反之则为抑制连接。人工神经网络通过神经元间权值调整实现信号的调节，最终输出满足网络要求的信号，这是人工神经网络的学习或识别的本质。

2. 神经网络的拓扑结构

网络的结构是神经网络的重要特性之一，按照神经元间不同的连接方式可将神经网络分为以下几类。[1]

（1）前向神经网络。前向神经网络的特征是神经网络内部分为多个层级，每层分布着不同数量的神经元，上一层神经元的输出只与下一层的各个神经元相连，信号在网络中只能从上一层传播至下一层，无反馈回路，层内神经元间无连接。一般来说，前向网络可分为输入层、传递层（也称隐含层）与输出层，网络的输入层与输出层只有一个，隐含层可以有多个，图3-15为三层的前馈式网络结构。目前，应用较为广泛的前向神经网络有BP（Back Propagation）神经网络和RBF径向基函数网络（Radial Basis Function Neural Network）。

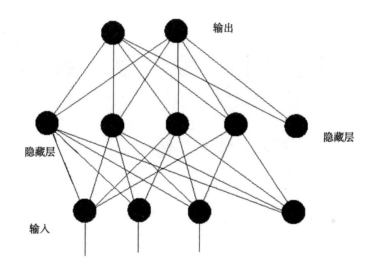

图 3-15　前馈神经网络

（2）反馈式前向网络。若前向网络的输出端对输入端有信息的反馈，则称为反馈式前向网络。

（3）层内相连接的前向网络。层内相连接的前向网络是指前向网络的同层间的神经元之间相互连接的网络，该网络层内神经元之间可以实现抑制或兴奋作用。

（4）相互结合型网络。相互结合型网络主要是指网络中任意两个神

① Hsu, K., Gupta, H. V., Sorooshian, S., "Artificial Neural Network Modeling of the Rainfall-Runoff Process", *Water Resources Research*, Vol. 31, No. 10, 1995.

经元都可能相互连接，包括神经元间全部相互连接与部分相互连接的网络，每个神经元都可能是计算单元，都可能是既能接受输入也能向外输出，该网络将其输出反馈至输入端，所有节点都是计算单元，同时也可接受输入，并向外界输出。基本的反馈神经网络结构如图 3-16 所示，网络从初始状态开始将处于不断变化中，信息在神经元之间需要反复传递，直至网络达到某种平衡结束，最典型的反馈神经网络就是 Hopfield 神经网络。

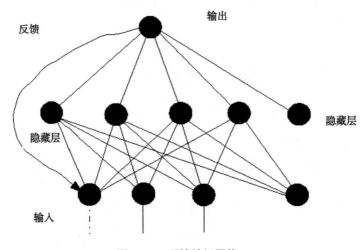

图 3-16　反馈神经网络

3. 神经网络的学习方法

神经网络的拓扑结构确定后，需要有一套相应的学习规则使网络具备一定的智能特性。不同的网络结构对应不同的学习规则，网络通过学习来确定满足输出结果的网络连接权值，权值确定后网络即可进行工作。神经网络的一种学习方式叫导师学习，即在给出网络的输入与对应的输出条件下，网络通过调整取值达到预设效果，该学习方法的目的是减少网络输出与实际输出的误差[1]；另一种学习方式叫网络的无导师学习，即只给出网络输入，并在预设的学习规则下进行权值调整，最终使网络达到一种平衡

---

① Jain, A. K., Mao, J., Mohiuddin, K. M., "Artificial Neural Networks: A Tutorial", *Computer*, Vol. 29, No. 3, 1996.

状态，其目的是找到输入数据的内在规律。[①]

（1）BP 神经网络。BP 神经网络算法是一种将误差反向传播进行训练的神经网络算法，其核心主要是将学习过程分为信息的正向传播与误差的反向传播阶段，经过不断迭代确定满足误差要求的连接权值。具体步骤为，在正向传播阶段，神经网络的输入神经元接收外界的信号，然后将其传送至网络的隐含层，网络隐含层各神经元经过激励函数计算处理后将信息映射至网络的输出端，将输出结果与期望输出结果比较，若满足要求，则网络结束训练。否则，将训练后网络的输出误差逐层反向传播至网络的输入层，再重新进入正向传播过程，利用该误差重新校正网络各神经元间的连接权值，如此反复迭代，直至满足网络输出要求。[②] 基于 BP 算法的前向神经网络的结构如图 3-17 所示。

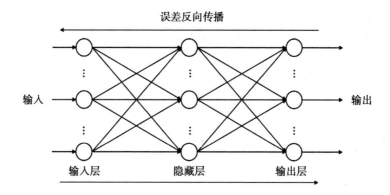

图 3-17　BP 神经网络结构

BP 算法的学习是建立在梯度下降法基础上有导师的学习方式，它不局限于单层前向神经网络，现实中可根据需要设置网络隐含层的层数与相应神经元的个数。目前研究已经证明，当网络的隐含层的个数为 1 时，网络就可以实现对任意非线性连续函数的逼近。

建立一个 L 层的神经网络，设网络每层的神经元的输入全部来自前一层神经元输出，且其输出结果只向后一层传递，作为后一层神经元的一个

① Ramos，C.，Augusto，J. C.，Shapiro，D.，"Ambient Intelligence—The Next Step for Artificial Intelligence"，*IEEE Intelligent Systems*，Vol. 23，No. 2，2008.

② Basheer，I. A.，Hajmeer，M.，"Artificial Neural Networks：Fundamentals, Computing, Design, and Application"，*Journal of Microbiological Methods*，Vol. 43，No. 1，2000.

输入，每个神经元的特性都是 Sigmoid 型。为演算方便，设网络的输出层只有一个神经元，网络现有 n 个样本 $D(x_k,\ y_k)(k=1,\ 2,\ \cdots,\ n)$，其中 x_k 为输入向量，y_k 为对应的输出值；网络的第 $(l-1)$ 层的神经元个数为 t，第 $(l-1)$ 层的神经元个数为 t，该层第 i 个神经元的输出为 O_{ik}^{l-1}，其与第 l 层的第 j 个神经元的连接权值为 w_{ij}^l。设第 l 层的第 j 个神经元的输入为 net_{jk}^l，则有：

$$net_{jk}^l = \sum_{i=1}^{t} w_{ij}^l O_{ik}^{l-1}$$

$$O_{jk}^l = f(net_{jk}^l)$$

设网络的误差函数为：

$$E_{jk} = \frac{1}{2} \sum_l (\bar{y}_{lk} - y_{lk})^2$$

其中，$\bar{y}_{lk}$ 是该神经元运算后的输出结果。该神经元对 N 个样本的总误差为：

$$E_j = \frac{1}{2n} \sum_{k=1}^{n} E_k$$

设 $\delta_{jk}^l = \dfrac{\partial E_{jk}}{\partial net_{jk}^l}$，则有：

$$\frac{\partial E_{jk}}{\partial w_{ij}^l} = \frac{\partial E_{jk}}{\partial net_{jk}^l} \frac{\partial net_{jk}^l}{\partial w_{ij}^l} = \frac{\partial E_{jk}}{\partial net_{jk}^l} O_{ik}^{l-1} = \delta_{jk}^l O_{ik}^{l-1}$$

根据该神经元是否为输出单元的情况，现分别进行讨论：

Ⅰ. 若该神经元为网络的输出神经元，则 $O_{jk}^l = \bar{y}_{jk}$

$$\delta_{jk}^l = \frac{\partial E_{jk}}{\partial net_{jk}^l} = \frac{\partial E_{jk}}{\partial \bar{y}_{jk}} \frac{\partial \bar{y}_{jk}}{\partial net_{jk}^l} = (\bar{y}_k - y_k) f'(net_{jk}^l)$$

Ⅱ. 若该神经元不为网络的输出神经元，则：

$$\delta_{jk}^l = \frac{\partial E_{jk}}{\partial net_{jk}^l} = \frac{\partial E_{jk}}{\partial \bar{y}_{jk}} \frac{\partial O_{jk}^l}{\partial net_{jk}^l} = \frac{\partial E_{jk}}{\partial O_{jk}^l} f'(net_{jk}^l)$$

其中，O_{jk}^l 是其下一层的 s 个输入之一，若要求得 $\dfrac{\partial E_{jk}}{\partial O_{jk}^l}$，需从 $(l+1)$ 层进行计算，当其作为 $(l+1)$ 层第 m 个神经元的输入时，有：

$$\frac{\partial E_{jk}}{\partial O_{jk}^l} = \sum_{j=1}^s \frac{\partial E_{jk}}{\partial net_{mk}^{l+1}} \frac{\partial net_{mk}^{l+1}}{\partial O_{jk}^l} = \sum_{j=1}^s \frac{\partial E_{jk}}{\partial net_{mk}^{l+1}} w_{mj}^{l+1} = \sum_{j=1}^s \delta_{mk}^{l+1} w_{mj}^{l+1}$$

上式联立，可求得：

$$\delta_{jk}^l = \sum_{j=1}^s \delta_{mk}^{l+1} w_{mj}^{l+1} f'(net_{jk}^l)$$

根据上述计算，可得到以下结果：

$$\begin{cases} \delta_{jk}^l = \sum_{j=1}^s \delta_{mk}^{l+1} w_{mj}^{l+1} f'(net_{jk}^l) \\ \dfrac{\partial E_{jk}}{\partial w_{ij}^l} = \delta_{jk}^l O_{jk}^{l-1} \end{cases}$$

基于上述结果，可将误差反传算法的工作步骤概括如下：

第一步：初始化连接权值。

第二步：正向对每层的神经元的 O_{jk}^{l-1}、net_{jk}^l 与 $\bar{y}_k$ 进行计算，$k=2,\cdots,n$。

第三步：判断 $E_D = \dfrac{1}{2n} \sum_{k=1}^n E_k < \varepsilon$ 是否成立，ε 为允许误差。

第四步：判断第三步是否成立，若成立则结束，否则将误差逐层反传，计算每层神经元的 δ_{jk}^l，并修正连接权值 $w_{ij} = w_{ij} - \mu \dfrac{\partial E_D}{\partial w_{ij}}$（其中，$\mu$ 为步长，$\mu > 0$，$\dfrac{\partial E_D}{\partial w_{ij}} = \sum_{k=1}^n \dfrac{\partial E_k}{\partial w_{ij}}$）。

第五步：重复第二步至第四步。

BP 神经网络本质上是一个复杂的非线性映射前向神经网络，其收敛规则一般为梯度下降法，即网络按均方误差梯度下降的方向进行收敛，直到满足误差要求为止。但是，误差梯度曲线可能存在多个局部极小点，因此，网络按梯度下降法训练时可能最终会寻得一个局部最优点而不是全局最优点；网络在训练时，一般目标函数为均方误差，该条件下网络只注重对训练样本的拟合，但是实际应用时，训练样本难免存在误差，因此，过度强调对训练样本的匹配可能会因样本误差而无法寻找数据背后的真正规律，造成网络对训练样本的拟合精度高而对未知数据的判断能力差，即网络的过拟合问题。

（2）贝叶斯神经网络。泛化能力是衡量神经网络性能的重要标志。泛化能力即推广能力，指对未知事物的判断能力，其主要影响因素有网络结构与训练样本。实际操作中，样本一般确定不变，因此，网络的泛化能力依赖于网络结构。由于 BP 神经网络过度追求对训练样本的拟合，而现实中样本难免出现误差，因此 BP 神经网络容易出现过拟合现象。而根据 Moody 原则①，过拟合现象是由于网络结构冗余而造成的，在样本出现较小误差时，可能会因冗余度过高而输出误差较大的结果。因此，要提高 BP 神经网络的泛化能力，关键在于在精度达到要求的条件下减小网络复杂度，去除网络结构冗余。在上述网络的框架为 H、网络参数 W 初始值平的条件下，网络误差函数 E_D 表示为：

$$E_D = \frac{1}{2} \sum_i^n \left[\bar{y}(x_i, W, H) - y_i \right]^2$$

其中，符号 i 为样本的个数。

对于网络的过拟合问题，前述提到减少网络复杂度是有效途径之一。目前较常使用的方法是正则化方法，即在网络的目标误差函数上再加一个正则化项 E_W：

$$E_W = \frac{1}{2} \sum_i^m w^2$$

其中，w 为网络的连接权值，其取值与网络的复杂度直接相关，m 为其个数。因此，加正则化项后的网络目标误差函数可以表示为：

$$M_w = \beta E_D + \alpha E_W$$

其中，α、β 为超参数，用来控制网络连接权值及阈值的分布，权衡均方误差与网络复杂度。通常 α 与 β 的比较情况可说明训练样本是否会出现过拟合问题及训练误差大小。对此，寻找一种有效的方法，在保证网络对训练样本的拟合满足精度的条件下尽可能降低网络的复杂度是关键。

贝叶斯方法是利用概率语言对客观事件进行描述的一种不同于经典统计学的新方法，其主要区别在于贝叶斯方法充分利用了先验知识。贝叶斯理论将一个未知量看成是具有不确定性的随机变量，将其不确定性用概率分布进行描述，在未知量还没有已知数据前，贝叶斯理论预先给定未知量的概率分布，该分布被称为先验分布。贝叶斯公式表示如下：

$$\pi(\theta \mid x) = \frac{p(x \mid \theta)\pi(\theta)}{\int_\theta p(x \mid \theta)\pi(\theta)\mathrm{d}\theta}$$

---

① Kononenko, I., "Bayesian Neural Networks", *Biological Cybernetics*, Vol. 61, No. 5, 1989.

其中，θ 是未知变量，x 为其样本，$\pi(\theta \mid x)$ 为后验分布，表示对未知量 θ 进行抽样后，根据样本 x，对变量在先验分布的基础上加以调整。由贝叶斯公式可以看出，后验分布 $\pi(\theta \mid x)$ 可被认为是总体信息与样本信息对先验分布 $\pi(\theta)$ 综合影响而作出整的结果。

贝叶斯方法的出现为利用正则化方法中超参数的确定提供了新思路，把贝叶斯方法应用至神经网络的学习中，能有效调整超参数的取值，在网络训练精度与泛化能力间取得一个新平衡点，使网络既能满足精度要求，还具有较高的泛化能力。按贝叶斯方法，神经网络的参数可视为随机变量，网络的初始目标函数则视为训练样本的似然函数，正则化项则相当于网络各参数的先验概率分布，根据贝叶斯公式，给定网络参数一个先验分布，在样本出现之后根据样本对其后验分布加以调整，因此，贝叶斯神经网络能自动调整超参数的值，在理论上能让网络在满足精度的基础上提高其泛化能力。采用由 Macaky 提出的基于高斯逼近法的贝叶斯神经网络进行数学推导，具体如下。

神经网络的训练集为 $D=(x_i, y_i)$，其中 $i=1, 2, \cdots, n$，n 为训练样本总体数量。设定好网络框架 H 的条件，有导师学习方式下的神经网络 $\bar{y}=f(x_i, W, H)$。在无样本时，网络参数的先验分布为 $P(w \mid D, \alpha, \beta, H)$，当有了样本集 D 后，其后验分布为 $P(w \mid \alpha, H)$，按贝叶斯定理：

$$P(w \mid D, \alpha, \beta, H) = \frac{P(D \mid w, \beta, H)P(w \mid \alpha, H)}{P(D \mid \alpha, \beta, H)}$$

其中，$P(D \mid w, \beta, H)$ 为似然函数，$P(D \mid \alpha, \beta, H)$ 为归一化因子，即：

$$P(D \mid \alpha, \beta, H) = \int_{-\infty}^{+\infty} P(D \mid w, \beta, H)P(w \mid \alpha, H)\mathrm{d}w$$

先验分布 $P(w \mid \alpha, H)$ 通常取指数族分布，高斯分布是常见的分布之一。其分布形式如下：

$$P(w \mid \alpha, H) = \frac{1}{Z_W(\alpha)}\exp(-\alpha E_W)$$

从给定的网络参数的先验分布中可以看出其服从均值为 0、方差为 $1/\alpha$ 的高斯分布。其中的 Z_W 为归一化因子，具体表达式如下：

$$Z_W = \int \exp(-\alpha E_W)\mathrm{d}w = \left(\frac{2\pi}{\alpha}\right)^{m/2}$$

假设训练样本都服从同一独立分布，则样本 D 的似然概率可表示为：

$$P(D \mid w, \beta, H) = \prod_{i=1}^{n} P(y_i \mid x_i, w, H)$$

神经网络的输出误差也可表示为：$\varepsilon = \bar{y}(x_i \mid w, H) - y_i$。

设输出误差 ε 服从均值为 0、方差为 $1/\beta$ 的高斯分布，则样本 D 的似然概率对应于神经网络的真实误差：

$$P(D \mid w, H) = \frac{1}{Z_D(\beta)} \exp(-\beta E_D)$$

其中，$Z_D(\beta)$ 是归一化因子，为：

$$Z_D(\beta) = (\frac{2\pi}{\beta})^{n/2}$$

由上述推导可得网络参数的后验分布 $P(w \mid D, \alpha, \beta, H)$，为：

$$P(w \mid D, \alpha, \beta, H) = \frac{1}{Z_F(\alpha, \beta)} \exp(-\beta E_D - \alpha E_W)$$

$$= \frac{1}{Z_F(\alpha, \beta)} \exp(-F(W))$$

其中，$Z_F(\alpha, \beta) = \int \exp(-\beta E_D - \alpha E_W) \mathrm{d}w$。$Z_F(\alpha, \beta)$ 与 W 无关，因此，对 $F(W)$ 最小化处理能求得后验分布的最大值。$P(w \mid D, \alpha, \beta, H)$ 为一个高维积分，利用解析方法无法得到，Macaky 提出将高斯分布作为后验分布 $P(w \mid D, \alpha, \beta, H)$ 的近似，将 M_W 在其最小值点按 Taylor 级数展开。

采用贝叶斯方法对 α、β 进行自动优化，可以在网络参数最大化给定的条件下，求出 α、β 后验概率最大时的值，并将该值作为网络训练的确定参数。用贝叶斯定理优化 α、β，具体如下：

$$P(\alpha, \beta \mid D, H) = \frac{P(D, H \mid \alpha, \beta) P(\alpha, \beta)}{P(D, H)}$$

先验分布与 β 的取值无关，似然函数与 α 的取值无关，因此：

$$P(D, H \mid \alpha, \beta) = \int P(D, H \mid w, \alpha, \beta) P(w \mid \alpha, \beta) \mathrm{d}w$$

$$= \int P(D, H \mid w, \beta) P(w, \alpha) \mathrm{d}w$$

$$= \frac{Z_F(\alpha, \beta)}{Z_W(\alpha) Z_D(\beta)}$$

设网络的训练样本集与权集的先验概率都服从高斯分布，根据贝叶斯理论、后验概率的最大化解得目标函数 E 最小点 W 处的 α 与 β：

$$\alpha = \frac{m}{2E_W}, \quad \beta = \frac{n}{2E_D}$$

α 与 β 的具体计算步骤如下：

第一步：初始化 α、β 与神经网络连接权值；

第二步：进行一次误差反向传导，用最速下降法进行权值调整以减小代价函数 E；

第三步：计算有效权值数 m；

第四步：重新对 α、β 进行计算；

第五步：重复第二步至第四步，直到满足要求。

以上是对 BP 神经网络与贝叶斯神经网络的建模过程的概述，其他神经网络算法在功能上与其会有差异，但在演化机理上具有或多或少的相似性，在此不过多赘述。以下给出 BP 神经网络的操作代码构架，具体见表 3-6。

表 3-6　　　　　　　　　BP 神经网络的操作代码构架

```
%读取训练数据
[docum, class] = textread ('trainData. txt', '%number', n);
%特征值归一化
[input, minI, maxI] = premnmx ([docum]');
%构造输出矩阵
s = length (class);
output = zeros (s, 3);
for i = 1 : s
output (i, class (i)) = 1;
end
%创建神经网络
net = newff (minmax (input), [a b], {'logsig' 'purelin'}, 'traingdx');
%设置训练参数
net. trainparam. show = 40;
net. trainparam. epochs = 400;
net. trainparam. goal = 0. 01;
net. trainParam. lr = 0. 01;
%开始训练
net = train (net, input, output');
%读取测试数据
[adocum c] = textread ('testData. txt', '%number', n);
%测试数据归一化
```

```
testInput = tramnmx（［adocum］′, minI, maxI）;


%仿真
Y = sim（net, testInput）
%统计识别正确率
［s1, s2］= size（Y）;
hitNum = 0;
for i = 1: s2
    ［m, Index］= max（Y（:, i））;
    if（Index = c（i））
        hitNum = hitNum+1;
    end
end
sprintf（′识别率是 %ptint%%′, 100 * hitNum/s2）
```

注：以上仅为 Matlab 操作的基本构架，实际操作需要根据具体情况对参数等进行调整。

（五）遗传算法建模技术

通常在很多研究中可以发现人工神经网络常会与遗传算法（Genetic Algorithm，GA）相结合使用。实质上，遗传算法是一种模拟自然界进化机制发展起来的优化方法，在理论上借鉴了达尔文的"进化论"与孟德尔的"遗传学说"，本质上来讲是一种高效并行全局搜索方法，其能在搜索的过程中自动获取和积累有关搜索空间的知识，并自适应地控制搜索过程以求得最优解。该算法是由美国密歇根大学的 Holland 教授及其学生提出的，用于处理复杂系统优化自适应概率优化的技术。[①] 遗传算法在经历了 20 世纪 80 年代的快速发展期后，到 90 年代时已达到了高潮阶段，其较好的实用性能与鲁棒性特点受到了学者的关注。

1. 遗传算法要素与结构

根据生物学进化原理中的全局搜索算法，遗传算法的运算过程是利用计算机模拟生物进化过程，不断对样本群体进行小断优化，从而寻找到最优解。其中，该算法将需要解决或研究的参数对象编制为二进制码或十进制码等，也就是遗传算法中常提到的"基因"（Gene），再由若干携带基

[①] Goldberg, D. E., Holland, J. H., "Genetic Algorithms and Machine Learning", *Machine Learning*, Vol. 3, No. 2, 1988.

因信息构成数据结构，也就是"染色体"（Chromosome），通过诸多染色体进行自然选择与配对交叉等，经反复迭代取得最终优化结果。在使用遗传算法分析实际问题时，所涉及的基本要素包括以下内容。

（1）染色体编码。遗传算法对问题空间中的参数进行直接分析处理，需要将其编码为遗传空间中的基因串型结构数据。因此，采取何种科学、合理和通用性较强的编码方式对遗传算法的应用至关重要。现阶段可供选择的编码方式有多种，例如二进制编码、格雷码编码、浮点数编码、多参数编码等，其中定长二进制是遗传算法的主要编码方式，它按照一个基因链码对应一个参数变量，其取值范围与编码精度共同影响了染色体的长度，即：

$$\Delta Q = [\max(q) - \min(q)] / (2^\kappa - 1)$$

其中，ΔQ 表示二进制编码精度，κ 指二进制串的长度，$\max(q)$、$\min(q)$ 分别表示解域参数的上限和下限。二进制编码相对于其他编码方式具有操作简单易行、交叉与变异等遗传操作较易实现等特点，但在实际应用中还需要根据具体情况进行选择。

（2）种群初始化。在完成编码的基础上，进行初始种群工作，而这也是遗传算法进行种群分析的起始点，其后开始进化。通常初始化种群的个体采取的是随机性产生，直到达到种群进化的终止准则才能终止。

（3）适应度函数。适应度是评判遗传算法中对种群个体于优化是否能够符合或接近寻求到最优解的趋势程度，对于适应度较高的种群个体，其遗传到下一代的概率相对较大，而适应度较低的个体被遗传的概率偏小，对适应度进行测度的函数被称为适应度函数。一般情况下，认为适应度函数值越大越好，且其值均为非负值，而所求问题的目标函数可能为负，适应度函数则需要依据目标函数进行评估。以下为几种常见的适应度函数定义[①]（对目标函数 $f(x)$ 取系数 t_{max}、t_{min}，分别使 $t_{max} > \max\{f(x)\}$，$t_{max} > 0$，$t_{min} < \min\{f(x)\}$）。

◆情景 1：转化需求的目标函数作为适应度函数。

当求解目标函数是最大化问题时，$F(x) = f(x)$；

当求解目标函数是最小化问题时，$F(x) = -f(x)$。

◆情景 2：求解目标函数是最大问题。

---

① 王颖：《基于遗传算法的数据挖掘技术的应用研究》，硕士学位论文，浙江理工大学，2012 年。

$$F(x) = \begin{cases} f(x) - t_{\min}, & f(x) > t_{\min} \\ 0, & \text{其他} \end{cases}, \quad \text{或 } F(x) = \frac{1}{t_{\max} - f(x)}$$

◆情景 3：求解目标函数是最小问题。

$$F(x) = \begin{cases} t_{\max} - f(x), & f(x) < t_{\max} \\ 0, & \text{其他} \end{cases}, \quad \text{或 } F(x) = \frac{1}{f(x) - t_{\min}}$$

（4）遗传操作。该过程主要包括选择、交叉和变异三类。其中，选择算子与编码方式没有必然的关系（算法见表 3-7)[1]，其主要是通过模仿自然选择的现象，从群体中优胜劣汰选取出优良个体并组成新种群的过程，这需要对种群个体的适应度进行评价分析，将适应度较高的个体遗传至下一代群体，从而避免遗传信息的丢失，促进全局收敛，而选择次数则可通过适应度比例方法进行确定。假设种群中所含个体数量为 N，个体 p 的适应度值为 f_p，则个体 p 被选择的可能性可用概率表示为：

$$P(f_p) = f_p / \sum_{p=1}^{N} f_p$$

表 3-7 　　　　　　　　　　　选择算子操作代码构架

```
int RSeleet（）
    {
        calculate total fitness sum_ f;
        m<-population_ size;
        pick = rand（0，1）;
        sum = 0;
        if（sumfitness！= 0）
            {
                for（i = 0; (sum<pick) && (i<popsize); i++)
                sum += oldpop [i] .fitness/sum_ f;
            }
        else i = rand（1，popsize）;
        return（i-1）;
    }
```

在遗传学中，同源染色体之间相互交配重组形成新的染色体，进而产生新的物种。交叉算子就是模仿该过程产生新的种群个体，其基本思路是按照概率大小选取种群个体，并交换其相关部分基因，该环节涉及交叉点的选取及基因交换方式等。对于一个长度为 S 的染色体，其可供交叉的位

---

① 杨丽娜：《基于遗传算法的数据挖掘技术研究》，硕士学位论文，西安建筑科技大学，2007 年。

置数量为 $S-1$ 个，若以单点交叉（算法见表 3-8）的方式则可以出现 $S-1$ 种不同交叉结果。除了单点交叉，常用的交叉方式还有两点交叉、多点交叉、均匀交叉等。

表 3-8　　　　　　　　　　　交叉算子操作代码构架

```
Int crossover (Chromosome parent1, Chromosome parent2, Chromosome child1, Chromosome child2)
            {
                int j, cj;
                if (flip (pcross) )
                    {
                      cj = md (0, 1 chrom−1);
                      ncross += 1;
                    }
                else
                cj = lchrom;
                for (j = 0; j<cj; j++)
                    {
                        child 1 [j] = mutation (parent 1 [j], pmutation. nmutation);
                        child 2 [j] = mutation (parent 2 [j], pmutation. nmutation);
                    }
                  if (cj! = 1chrom)
                      for (j = cj; j<1chrom; j++)
                        {
                            child 1 [j] = mutation (parent 2 [j], pmutation. nmutation);
                            child 2 [j] = mutation (parent 1 [j], pmutation. nmutation);
                        }
                  return cj;
                }
```

当遗传算法陷入局部最优时，由于种群个体之间具有相对较强的相似性，仅依靠交叉无法摆脱这种困境，这就需要进行变异操作。从某种程度上来说，变异算子的设置是参照了生物进化中的基因突变现象，其作用是使种群中的某些个体所含基因产生突变从而引入原有种群个体中不包括的基因，从而使形成的种群个体有别于原种群个体。通过变异算子强化局部随机搜索能力，防止出现早熟收敛的现象，同时还能保障种群的多样性。以下将举几个二进制变异算子例子进行补充说明。[①]

◆ 变异算子类型 1：基本变异算子。种群个体中按照某一变异概率 $P(f_p)$ 进行取反运算。

---

① 余小双：《遗传算法及其在数据挖掘中的应用研究》，硕士学位论文，武汉纺织大学，2010 年。

变异前个体 10001000111——→10000000111 变异后个体

◆ 变异算子类型 2：逆转算子。主要指种群个体编码中对随机性抽取的字串按照逆转概率 $P'(f_p)$ 进行逆向排序。

变异前个体 1000 | 1010 | 00111——→1000 | 0101 | 00111 变异后个体

◆ 变异算子类型 3：对种群个体编码上的基因串内的基因排列次序进行打乱，形成新的排列组合。

（5）控制参数设置。控制参数的设定对于遗传算法的使用非常关键，尤其是可对算法的收敛性能产生影响，包括染色体长度、种群规模、交叉概率、变异概率、终止条件等。

◆ 控制参数 1：染色体长度。染色体编码长度受优化函数的维数和求值精度的影响，其取值范围越大，所求值的精度越高，其编码长度也会越长。

◆ 控制参数 2：种群规模。遗传算法中对种群规模的控制需要界定一个合理的范畴，过小的种群规模易导致种群进化代数增多，容易产生早熟收敛问题，同时降低了种群的多样性，而当种群规模设置过小时，其运算时间会相应地增多，复杂度越高，运行效率越低。通常在实际应用中，种群规模的设置范围一般为 10—200。

◆ 控制参数 3：交叉概率。此概率是对遗传交叉频率进行控制的参数，其值也需要合理规定。交叉概率过小会造成算法搜索迟钝，而其值过大则易使适应度较高的基因产生不同程度的破坏。通常交叉概率可控制于 0.25—1。

◆ 控制参数 4：变异概率。与交叉概率相似，其功能在于对遗传算法中的变异操作强度进行控制。过小的变异概率难以产生较好的种群个体，而过大的变异概率直接造成算法随机性偏大，通常可设置其取值范畴为 0.001—0.1。

◆ 控制参数 5：终止条件。通过反复迭代与多次优化，遗传算法可逐步逼近最优解，但这并不意味着让其无休止的进化，而需要设置相应的终值条件使其退出进化。例如设置终止代数，若达到了预设终止代数则需要退出算法；当连续多代适应值均趋于一个数值或连续 2 代的适应值均值之差低于给定阈值时，认为算法达到预设收敛状态。

2. 基本应用流程

基于对生物进化过程中遗传的模仿，越来越多的学者在经典遗传算法的基础上再次设计不同的编码方法用于分析问题，但其基本过程都涵盖了选择、交叉、变异等机理，进而完成对最优解的搜索。概括表述遗传算法的基本流程见图 3-18，基本遗传算法操作伪代码框架见表 3-9。

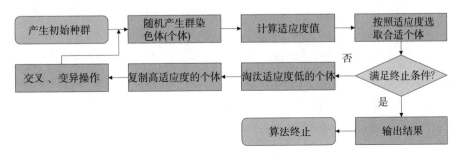

图 3-18 基本遗传算法流程

表 3-9 基本遗传算法操作伪代码框架

```
Procedure SGA
    {
        int, t=0;      /*t 为进化代数统计*/
        initialize P（0）;   /*种群初始化*/
        while（t≤maxgen）   /*种群个体操作，终止条件 maxgen*/
        {
            for i=1: popsize
                evaluate fitness（）; /*种群个体适应度计算*/
            for i=1: popsize
                selcet operation（）; /*择优选取种群个体，并对适应度高的个体进行复制*/
            for i=1: popsize
                crossover operation（）; /*交叉运算*/
            for i=1: popsize
                mulation operation（）;    /*变异算子实现*/
            for i=1: popsize
                P（t+1）=P（t）;    /*产生后代*/
            t=t+1;    /*运算终止*/
        }
    }
```

注：以上仅为基本遗传算法构架，实际操作需要根据具体情况对参数等进行调整。

（六）粒子群优化算法建模技术

美国学者 Eberhat 与 Kennedy 启发于鸟群觅食活动，于 1995 年提出了一种具有较强全局搜索能力、较高分类效率的群智能算法——粒子群优化算法（Particle Swarm Optimization，PSO）。在鸟群觅食活动中，假如有一群鸟在随机性地寻找食物，但该区域内仅有一块食物，最简单易行的策略为搜索距离食物最近的鸟的周围区域，由此产生鸟群在单点控制下的复杂觅食活动。PSO 算法即是如此, 在求解优化问题时其问题的解对应搜索空间内鸟的位置, 而这些鸟则被称为粒子 (Particle) 或主体 (Agent), 各粒子均分配了自身的速度与位置, 并有一个被优化函数决定的适应度。在解空间的持续搜索中, 各粒子追随当前最优粒子进行搜寻求解, 而当发现更好的解时, 将以此为依据进行迭代求解。

现阶段对于粒子群优化算法的改进方法已有很多学者进行了探索, 但其基础理论依然是基本粒子群算法。据此, 此处仅对基本粒子群算法进行概述。其建模思路如下。[①]

设在 n 维目标空间内存在 m 个粒子构成的一个粒子群 U, 其中, 第 i 个粒子的空间位置记为 $L_i = (l_{i1}, l_{i2}, \cdots, l_{in})$, $i = 1, 2, \cdots, m$, 粒子 i 在第 j 维空间的位置则可记为 l_{ij}, 对于粒子 i 的飞行速度 $V_i = (v_{i1}, v_{i2}, \cdots, v_{in})$ 同属于 n 维向量, 各粒子的位置则表征了一个 n 维向量的可行解, 将其代入适应度函数进行适应度值计算, 对此可找到粒子搜索过程中具有最佳适应度值的位置, 也就是单粒子的历史最优解, 记为 $pbest_i = (pb_{i1}, pb_{i2}, \cdots, pb_{in})$, $i = 1, 2, \cdots, m$。整个粒子进行飞行过程中的最佳适应度位置, 被称为全局历史最优解, 记为 $gbest_g = (pb_{g1}, pb_{g2}, \cdots, pb_{gn})$, $g = 1, 2, \cdots, m$。粒子群体速度及位置的更新方程为:

$$v_{ij}^{t+1} = v_{ij}^t + c_1 rand_1^t (pb_{ij}^t - l_{ij}^t) + c_2 rand_2^t (gb_{gi}^t - l_{ij}^t)$$
$$l_{ij}^{t+1} = l_{ij}^t + v_{ij}^{t+1}$$

其中, t 指迭代代数; c_1 和 c_2 表示加速常数 (即学习因子), 分别用于调整粒子向自身及群体靠近的最优解步长; $rand \in [0, 1]$ 指随机数。各粒子、群体的历史最优解的计算公式如下:

$$pbest_i^{t+1} = \begin{cases} l_i^{t+1}, & f[l_i^{t+1} \leqslant f(pb_i^t)] \\ pb_i^t, & f[l_i^{t+1} > f(pb_i^t)] \end{cases}$$

$$gbest_g^{t+1} = \mathrm{argmin}[f(pb_1^t), f(pb_2^t), \cdots, f(pb_m^t)]$$

考虑对上述过程的优化, Yuhui Shi 等将惯性权重系数纳入该算法, 并将其作为全局搜索能力的制约系数, 即:

---

① 温凤文:《粒子群优化 K - 均值聚类算法研究》, 硕士学位论文, 重庆师范大学, 2014 年。

$$v_{ij}^{t+1} = wv_{ij}^t + c_1 rand_1^t (pb_{ij}^t - l_{ij}^t) + c_2 rand_2^t (gb_{gi}^t - l_{ij}^t)$$

类似于惯性权重系数对粒子群算法进行优化的方法还有很多，如模糊惯性权重法、压缩因子法、选择法等，形成了带收缩因子的标准粒子群算法、免疫粒子群算法、协同粒子群算法和混合粒子群算法等（以混合粒子群算法求解经典的旅行商 TSP 问题为例，其操作伪代码见表 3-10)[1]，其适用的情景也存在差异。相比于基本遗传算法，两者均具有随机初始化种群的特点，但遗传算法对前期迭代信息是进行非保留处理，而粒子群算法对种群大小的依赖性并没有那么明显。

表 3-10　　　　基于混合粒子群的旅行商搜索算法操作伪代码构架

```
%%基于混合粒子群的旅行商搜索算法
    clc; clear

    %%下载数据
    data = load ('eil51. txt');
    cityCoor = [data (:, 2) data (:, 3)];%坐标矩阵

    figure
    plot (cityCoor (:, 1), cityCoor (:, 2), 'ms', 'LineWidth', 2, 'MarkerEdgeColor', 'k', '
MarkerFaceColor', 'g')
    legend ('位置')
    ylim ([4 78])
    title ('分布图', 'fontsize', 12)
    xlabel ('km', 'fontsize', 12)
    ylabel ('km', 'fontsize', 12)
    %ylim ([min (cityCoor (:, 2)) -1 max (cityCoor (:, 2)) +1])
    grid on
    %%计算距离
    n = size (cityCoor, 1);                  %数目
    cityDist = zeros (n, n);              %距离矩阵
    for i=1: n
```

---

① 史峰、王辉、胡斐等：《MATLAB 智能算法 30 个案例分析》，北京航空航天大学出版社 2011 年版。

```
    for j=1: n
            if i~=j
                cityDist (i, j) = ( (cityCoor (i, 1) -cityCoor (j, 1) ) ^2+…

(cityCoor (i, 2) -cityCoor (j, 2) ) ^2) ^0.5;
            end
            cityDist (j, i) =cityDist (i, j);
        end
    end
    nMax=200;                        %进化次数
    indiNumber=1000;                 %个体数目
    individual=zeros (indiNumber, n);
    %^初始化粒子位置
    for i=1: indiNumber
        individual (i,:) =randperm (n);
    end
    %%计算种群适应度
    indiFit=fitness (individual, cityCoor, cityDist);
    [value, index] =min (indiFit);
    tourPbest=individual;                                    %当前个体最优
    tourGbest=individual (index,:);          %当前全局最优
    recordPbest=inf*ones (1, indiNumber);                    %个体最优记录
    recordGbest=indiFit (index);                            %群体最优记录
    xnew1=individual;
    %%循环寻找最优路径
    L_ best=zeros (1, nMax);
    for N=1: nMax
        N
        %计算适应度值
        indiFit=fitness (individual, cityCoor, cityDist);

        %更新当前最优和历史最优
        for i=1: indiNumber
            if indiFit (i) <recordPbest (i)
recordPbest (i) =indiFit (i);
                tourPbest (i,:) =individual (i,:);
            end
```

```
if indiFit (i) <recordGbest
        recordGbest=indiFit (i);
        tourGbest=individual (i,:);
    end
end
[value, index] =min (recordPbest);
recordGbest (N) = recordPbest (index);


%%交叉操作
for i=1: indiNumber
   %与个体最优进行交叉
    c1=unidrnd (n-1); %产生交叉位
    c2=unidrnd (n-1); %产生交叉位
    while c1= =c2
        c1=round (rand * (n-2) ) +1;
        c2=round (rand * (n-2) ) +1;
    end
    chb1=min (c1, c2);
    chb2=max (c1, c2);
    cros=tourPbest (i, chb1: chb2);
    ncros=size (cros, 2);
   %删除与交叉区域相同元素
    for j=1: ncros
        for k=1: n
            if xnew1 (i, k) = =cros (j)
                xnew1 (i, k) = 0;
                for t=1: n-k
                    temp=xnew1 (i, k+t-1);
                    xnew1 (i, k+t-1) = xnew1 (i, k+t);
                    xnew1 (i, k+t) = temp;
                end
            end
        end
    end
   %插入交叉区域
    xnew1 (i, n-ncros+1: n) = cros;
   %新路径长度变短则接受
```

```
        dist=0;
            for j=1: n-1
                dist=dist+cityDist (xnew1 (i, j), xnew1 (i, j+1));

            end
            dist=dist+cityDist (xnew1 (i, 1), xnew1 (i, n));
            if indiFit (i) >dist
                individual (i,:) =xnew1 (i,:);
            end
        %与全体最优进行交叉
        c1=round (rand * (n-2)) +1;      %产生交叉位
        c2=round (rand * (n-2)) +1;      %产生交叉位
        while c1==c2
            c1=round (rand * (n-2)) +1;
            c2=round (rand * (n-2)) +1;
        end
        chb1=min (c1, c2);
        chb2=max (c1, c2);
        cros=tourGbest (chb1: chb2);
        ncros=size (cros, 2);
        %删除与交叉区域相同元素
        for j=1: ncros
            for k=1: n
                if xnew1 (i, k) ==cros (j)
                    xnew1 (i, k) =0;
                    for t=1: n-k
                        temp=xnew1 (i, k+t-1);
                        xnew1 (i, k+t-1) =xnew1 (i, k+t);
                        xnew1 (i, k+t) =temp;
                    end
                end
            end
        end
        %插入交叉区域
        xnew1 (i, n-ncros+1: n) =cros;
        %新路径长度变短则接受
        dist=0;
```

```
    for j=1: n−1
            dist＝dist+cityDist（xnew1（i, j）, xnew1（i, j+1））;
        end
        dist＝dist+cityDist（xnew1（i, 1）, xnew1（i, n））;
        if indiFit（i）>dist
            individual（i,:）＝xnew1（i,:）;
        end
        %%变异操作
        c1＝round（rand＊（n−1））+1;        %产生变异位
        c2＝round（rand＊（n−1））+1;        %产生变异位
        while c1＝＝c2
            c1＝round（rand＊（n−2））+1;
            c2＝round（rand＊（n−2））+1;
        end
        temp＝xnew1（i, c1）;
        xnew1（i, c1）＝xnew1（i, c2）;
        xnew1（i, c2）＝temp;
        %新路径长度变短则接受
        dist＝0;
        for j=1: n−1
            dist＝dist+cityDist（xnew1（i, j）, xnew1（i, j+1））;
        end
        dist＝dist+cityDist（xnew1（i, 1）, xnew1（i, n））;
        if indiFit（i）>dist
            individual（i,:）＝xnew1（i,:）;
        end
    end
    [value, index]＝min（indiFit）;
    L_ best（N）＝indiFit（index）;
    tourGbest＝individual（index,:）;

end

%%结果作图
figure
plot（L_ best）
title（'算法训练过程'）
```

```
xlabel ('迭代次数')
    ylabel ('适应度值')
    grid on
    figure
    hold on
    plot ([cityCoor (tourGbest (1), 1), cityCoor (tourGbest (n), 1)], [cityCoor (tourGbest
(1), 2), ...
        cityCoor (tourGbest (n), 2)], 'ms-', 'LineWidth', 2, 'MarkerEdgeColor', 'k', '
MarkerFaceColor', 'g')
    hold on
    for i=2: n
        plot ([cityCoor (tourGbest (i-1), 1), cityCoor (tourGbest (i), 1)], [cityCoor
(tourGbest (i-1), 2), ...
            cityCoor (tourGbest (i), 2)], 'ms-', 'LineWidth', 2, 'MarkerEdgeColor', 'k', '
MarkerFaceColor', 'g')
        hold on
    end
    legend ('规划路径')
    scatter (cityCoor (:, 1), cityCoor (:, 2));
    title ('规划路径', 'fontsize', 10)
    xlabel ('km', 'fontsize', 10)
    ylabel ('km', 'fontsize', 10)
    grid on
    ylim ([4 80])
```

注：以上仅可用于算法构架参考，实际操作需要根据具体情况对参数等进行调整。

（七）其他相关数据挖掘建模技术

在人工智能算法应用愈加普遍的情况下，除了上述介绍的数据挖掘技术与建模方法，还有其他诸多可用于支撑数据系统工程建模的技术用于处理多维数据及复杂数据系统问题，例如蚁群算法（Ant Colony Optimization）、模拟退火算法（Simulated Annealing Algorithm）、禁忌搜索算法（Tabu Search Optimization）等。其中，蚁群算法与粒子群算法相似，它的创建灵感源于蚂蚁在寻找食物过程中发现路径的行为，是一种基于种群寻优的启发式搜索算法，其充分利用了蚁群能够通过个体间简单的信息传递，搜索从蚁巢到食物间最短路径的集体寻优特征。模拟退火算法的核心思想类似于热力学的原理，是一种基于 Monte-Carlo 迭代求解策略的随机寻优算法[1]，其出发点在某一较高初温，随着温度参数的下降，结合概率突跳特性在解空间中随机寻找目标函数的全局最优解。而禁忌搜索算法是模拟人类的记忆功能进行记忆搜索，是一种全局优化智能搜索算法，其通过局部邻域移动机制和相应的禁忌表来避免迂回重复搜索，并利用藐视准则激活一些被禁忌的优良状态，进行多邻域方向的探索，达到全局最优解的搜索。这些算法在目前已被广泛应用到解决控制工程、机器学习、信号处理等相关领域问题的分析，其算法的有效性得到了验证，但面对愈加复杂的数据系统及数据之间的关联属性，可尝试转变这些算法应用的传统视角，将其作为数据系统工程建模技术与方法，探索其在处理数据和数据系统问题上的适用性具有必要的现实意义。

三 数据融合技术与建模方法

数据融合（Data Fusion）是 20 世纪 80 年代诞生的信息处理技术，主要是为解决由于一个系统中使用多个传感器或多个系统中使用多个传感器的信息处理问题而提出来的，其最早起源于军事应用领域。目前对数据融合概念的普适性界定是指利用计算机对按时序获得的若干观测信息，在一定准则下加以自动分析、综合，以完成所需的决策和评估任务而进行的信息处理技术。数据融合技术包括各种信息源给出的有用信息的采集、传输、综合、过滤、相关及合成处理，以便辅助决策人员进行态势的判定、规划、探测、验证、诊断。按照美国国防部实验室联合指导委员会数据融合小组（DFS）对数据融合系统的一般处理模型（见图 3-19）[2]，可认为数据融合的过程涉及多个阶段，各阶段均有自己的数据融合输出状态，而再结合对数据融合的定义来看，数据融合源于传感器技术的发展，是帮助人们处理复杂多变的外部环境产生的信息、评估环境状态和目标信息，对事物的状态分析提供全面及时的信息处理技术，而数据挖掘则是用以帮助人们从现有积累的"过量信息"中，挖取事先未知的潜在有用的信息和

① Binder, K., Heermann, D., Roelofs, L., et al., "Monte Carlo Simulation in Statistical Physics", *Computers in Physics*, Vol. 7, No. 2, 1993.

② 陈淑娟：《基于 D-S 证据理论的多传感器数据融合危险预警系统》，硕士学位论文，北京化工大学，2010 年。

知识的信息处理技术。两者关系相对紧密，还有一些学者认为数据融合可视为数据挖掘的数据准备阶段工作。因此，将数据融合技术与建模方法作为数据系统工程的重要应用手段之一具有现实性和必要性。

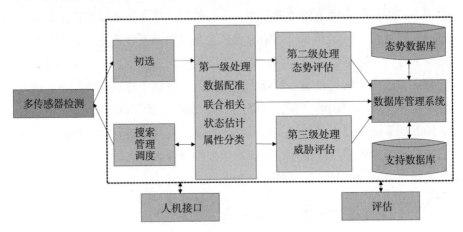

图 3-19　数据融合系统的一般功能模块

　　数据融合结构的分类方法已经多样化，其中，一种较为典型的即为根据传感器数据的输入至数据融合处理器实施数据融合前的处理程度，将数据融合结构划分成传感器级数据融合、中央级数据融合、混合式数据融合（见图 3-20）。[①] 具体而言，传感器级数据融合是针对独立不同的物理信号，其所接收信号具有物理特性，对一个目标不易产生虚警；中央级数据融合中各传感器均是要利用最低程度处理（如滤波处理、基线估计等）的量测数据传递于数据融合处理器；相比于中央级数据融合，混合式数据融合则增加了传感器信号处理算法，同时各传感器的测量信号并不完全独立，该方式在应对数据的复杂处理、高速传输率等方面具有适用性。

　　除此之外，还存在另外一种分类方法是依据数据抽样的不同层次，划分成像素级融合、特征级融合与决策级融合（见图 3-21）。其中，像素级融合也被称为数据级融合，主要指对采集到的原始数据进行融合，即通过传感器原始测报未经过预处理，其优点在于保证尽可能多的现场数据；特征级融合是对传感器测报中的原始数据进行特征信息提取，这类特征信息一般为像素信息的充分表征量；决策级融合是指各传感器在对自身所接收

---

　　① 黄为勇：《基于支持向量机数据融合的矿井瓦斯预警技术研究》，博士学位论文，中国矿业大学，2009 年。

1

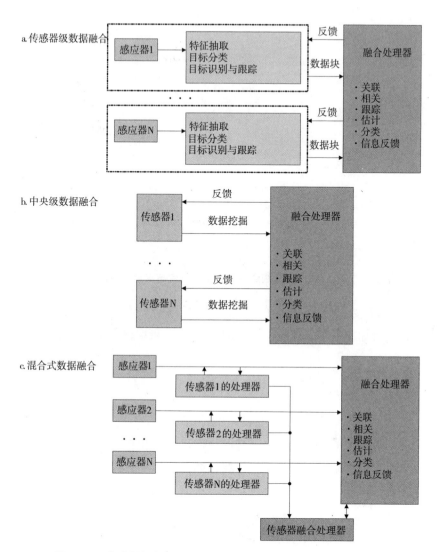

图 3-20　传感器级数据融合、中央级数据融合和混合式数据融合

到的数据进行目标检测与分类的基础上，再将其结果输入一个融合算法进行相关决策。

以下将举例介绍部分典型的数据融合技术与建模方法，以供参考。

（一）加权平均方法

加权平均方法是较为简单、直观的数据融合方法，利用该方法可对不同传感器的冗余信息进行加权平均，并作为数据融合值。其基本思路如下。

设有传感器的数量为 n，这些传感器对物理量 v 进行测量，其中，传

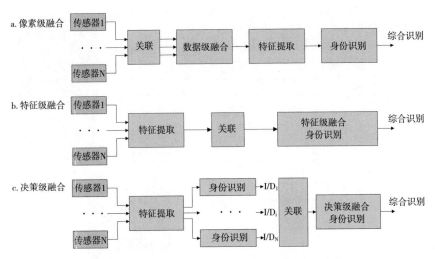

图3-21 像素级融合、特征级融合与决策级融合

感器 i 的输出数据定为 $S_i^{- \, data}$（$i = 1, 2, \cdots, n$），当对各传感器的输出测量数据进行加权平均处理时，利用加权系数 w_i 可取得数据加权平均结果：

$$\bar{S}_i^{- \, data} = \sum_{i=1}^{n} (w_i S_i^{- \, data})$$

（二）贝叶斯估计方法

贝叶斯估计是英国学者 Thomas Bayes 在 1763 年提出的一种对给定假设进行后验密度的推理方法，其基本原理是基于给定的似然估计，当新增加一个证据时，则需要对关于目标属性的似然估计进行更新。[1] 用数理模式表示如下。

设 $\lambda_1, \lambda_2, \cdots, \lambda_n$ 为 n 个互不相容的穷举假设事件，也就是存在具有属性 i 的一个目标，ζ 表示一个事件，其贝叶斯公式可描述为：

$$P(\lambda_i / \zeta) = \frac{P(\zeta / \lambda_i) P(\lambda_i)}{\sum_{j=1}^{n} P(\zeta / \lambda_j) P(\lambda_j)}, \quad \sum_{i=1}^{n} P(\lambda_i) = 1$$

$$\sum_{i=1}^{n} P(\zeta / \lambda_i) P(\lambda_i) = \sum_{i=1}^{n} P(\zeta, \lambda_i) = P(\zeta)$$

其中，$P(\lambda_i)$ 是事件 λ_i 出现的先验概率；$P(\lambda_i / \zeta)$ 是在既定证据 ζ 的

---

① Bayes, T., "An Essay towards Solving a Problem in the Doctrine of Chances", *Philosophical Transactions*, No. 53, 1763.

条件下，事件 λ_i 为真的后验概率；$P(\zeta/\lambda_i)$ 则是在事件 λ_i 为真的情况下，对证据 ζ 观测的可能性；$P(\zeta)$ 是证据 ζ 的先验分布密度。

将上述贝叶斯估计理论应用于多传感器测量数据融合，可对传感器传送数据为真的后验概率进行分析。假设存在 m 个传感器对同一目标进行数据探索，其需要探索与识别的目标属性有 l 个，即存在 l 个假设 λ_1，λ_2，$\cdots$，λ_l，其后操作（见图 3-22）包括以下几步[①]。

第一步：传感器级别处理。按照一定算法对采取数据的信息特征及目标属性进行分类，并据此给出基于目标属性的说明 ζ_1，ζ_2，$\cdots$，ζ_m。

第二步：函数计算。分别计算各传感器的"证据"于每个条件为真的情况下的似然函数。

第三步：概率确定。根据贝叶斯计算公式测算多测量证据下各假设为真的后验概率。在此过程中，需要先确定在各假设 λ_i 条件下 m 个证据的联合似然函数。对此，若 ζ_1，ζ_2，$\cdots$，ζ_m 具有相互独立性，则其联合似然函数可表示为：

$$P(\zeta_1, \zeta_2, \cdots, \zeta_m | \lambda_j) = P(\zeta_1 | \lambda_j) \cdots P(\zeta_m | \lambda_j)$$

其后采用贝叶斯计算公式取得相应的后验概率。

第四步：判定逻辑。通常可选取极大后验判定逻辑，依照最大后验联合概率的目标属性进行直接选择，其判定结果按照假设满足如下条件的原则进行确定：

$$P(\lambda_t | \zeta_1, \zeta_2, \cdots, \zeta_m) = \max_{1 \leqslant j \leqslant l} P(\lambda_t | \zeta_1, \zeta_2, \cdots, \zeta_m)$$

此外，在一些相关情景下需要对最大后验联合概率进行门限分析，其规则为：

$$P(\lambda_t | \zeta_1, \zeta_2, \cdots, \zeta_m) \geqslant P_v^{-\mathrm{int}}$$

其中，$P_v^{-\mathrm{int}}$ 表示判决门限。当上述条件满足时则 λ_t 可被接受，否则需要进行下一次观测，重复以上分析过程。

贝叶斯估计法利用设定的各种条件对融合信息进行优化处理，并使传感器信息依据概率原则进行组合，测量不确定性以条件概率表示。这种方法在静态的数据融合中已然是相对较为常用的方法，尤其是对处理可加高斯噪声的不确定数据信息具有一定的适用性。

---

① 王刚：《数据融合若干算法的研究》，硕士学位论文，西安理工大学，2006 年。

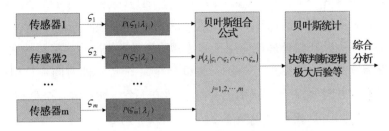

图 3-22　基于贝叶斯推理的数据融合

（三）卡尔曼滤波

卡尔曼滤波（Kalman Filtering）是一种利用线性系统状态方程，通过系统输入输出观测数据，对系统状态进行最优估计的算法，该方法最初在阿波罗飞船的导航电脑中使用。因为观测数据中包括系统中的噪声和干扰的影响，所以最优估计也可被看作滤波过程。传统的滤波方法，只能是在有用信号与噪声具有不同频带的条件下实现，20 世纪 40 年代，N. Wiener 和 A. H. Kolmo-Gorov 把信号和噪声的统计性质引进了滤波理论，在假设信号和噪声都是平稳过程的条件下，利用最优化方法对信号真值进行估计，达到滤波目的，从而在概念上与传统的滤波方法联系起来，被称为 Wiener 滤波。[1] 这种方法要求信号和噪声都必须是以平稳过程为条件。60 年代初，R. E. Kalman 和 R. S. Bucy 发表了一篇重要的论文 "New Results in Linear Filtering and Prediction Theory"，提出了一种新的线性滤波和预测理由论，被称为 Kalman 滤波[2]，特点是在线性状态空间表示的基础上对有噪声的输入和观测信号进行处理，求取系统状态或真实信号。基于此，Stanley Schmidt 还首次提出了卡尔曼滤波器。[3]

卡尔曼滤波不要求信号和噪声都是平稳过程的假设条件，对于每个时刻的系统扰动和观测误差（即噪声），只要对它们的统计性质作某些适当的假定，通过对含有噪声的观测信号进行处理，就能在平均的意义上，求

---

① Wiener, N., *Extrapolation*, *Interpolation*, *and Smoothing of Stationary Time Series*, Cambridge, MA: MIT Press, 1949.

② Kalman, R. E., Bucy, R. S., "New Results in Linear Filtering and Prediction Theory", *Journal of Basic Engineering*, Vol. 83, No. 1, 1961.

③ Schmidt, S. F., "Kalman Filter: Its Recognition and Development for Aerospace Applications", *J. Guid. and Contr.*, Vol. 4, No. 1, 1981.

得误差为最小的真实信号的估计值。因此，自从卡尔曼滤波理论问世以来，在通信系统、电力系统、航空航天、环境污染控制、工业控制、雷达信号处理等许多部门都得到了应用，取得了许多成功应用的成果。例如，在图像处理方面，应用卡尔曼滤波对受某些噪声影响而造成模糊的图像进行复原，在对噪声作某些统计性质的假定后，就可以用卡尔曼的算法以递推的方式从模糊图像中得到均方差最小的真实图像，使模糊的图像得到复原。

对于卡尔曼滤波而言，状态估计是其中的重要组成部分。通常根据观测数据对随机量进行定量推断就是估计问题，特别是对动态行为的状态估计，它能实现实时运行状态的估计和预测功能。状态估计对于了解和控制一个系统具有重要意义，所应用的方法属于统计学中的估计理论，最常用的是最小二乘估计、最小方差估计、递推最小二乘估计等。常规的卡尔曼滤波融合算法可描述为：

$$动态系统数学模型 \begin{cases} R_{k+1} = \Psi R_k + \varphi_k \\ S_k = \Lambda R_k + \gamma_k \end{cases}$$

其中，R 表示系统状态矢量；φ 表示系统噪声；Ψ 表示系统状态转移矩阵；S 表示观测矢量；Λ 表示系统观测矩阵；γ 表示观测噪声。

当采用最小方差估计系统状态时，则按照测量值矩阵 S 对状态矢量 R 进行卡尔曼滤波方程构建主要涉及时间更新（依据本阶段状态预估下一阶段状态）与测量更新（根据本次测量值与其上一阶段预估值的差值，实现对预估修正值作为本阶段预估值）。

时间更新为：

$$\tilde{R}_{k+1,\,k} = \Psi \tilde{R}_{k,\,k}$$

$$P_{k+1,k} = \Psi P_{k,\,k} \Psi^T + \Omega_k$$

测量更新为：

$$\tilde{R}_{k,\,k} = \tilde{R}_{k,\,k-1} + \Gamma_k [S_k - \Lambda \tilde{R}_{k,\,k-1}]$$

$$\Gamma_k = P_{k,\,k} \Lambda^T [\Lambda P_{k,\,k-1} \Lambda^T + \varepsilon_k]^{-1}$$

$$P_{k,\,k} = (I - \Gamma_k \Lambda) P_{k,\,k-1}$$

其中，$\tilde{R}$ 表示所产生的状态估计矢量；Ω 表示系统噪声 φ 的协方差矩阵；ε 表示观测噪声 γ 的协方差矩阵；P 表示估计误差协方差矩阵。

由上可见，卡尔曼滤波的实质是由量测值重构系统的状态向量。它以"预测—实测—修正"的顺序递推，根据系统的量测值来消除随机干扰，再现系统的状态，或根据系统的量测值从被污染的系统中恢复系统的本来面目。而卡尔曼滤波器对数据融合的操作则是对各个传感器的数据测量值进行加权平均，其权系数的确定是根据所测方差大小进行确定（与所测方差成反比关系），即通过修正传感器的方差值实现对传感器权系数的改变。表3-11给出一个卡尔曼滤波应用的简单操作伪代码作为参考。①

表3-11　　　　　　　　卡尔曼滤波操作伪代码构架

```
%Kalman Filtering
load initial_ track s; % y: initial data, s: data with noise
T=0.1;
% yp denotes the sample value of position
% yv denotes the sample value of velocity
% Y = [yp (n); yv (n)];
% error deviation caused by the random acceleration
% known data
Y=zeros (2, 200);
Y0= [0; 1];
Y (:, 1) = Y0;
A= [1 T
0 1];
B= [1/2 * (T) ^2 T] ';
H= [1 0];
C0= [0 0
0 1];
C= [C0 zeros (2, 2 * 199)];
Q= (0.25) ^2;
R= (0.25) ^2;
% kalman algorithm ieration
for n=1: 200
```

① 黄小平、王岩：《卡尔曼滤波原理及应用：MATLAB仿真》，电子工业出版社2015年版。

```
i= (n-1) *2+1;
    K=C (:, i: i+1) *H'*inv (H*C (:, i: i+1) *H'+R);
    Y (:, n) = Y (:, n) +K* (s (:, n) -H*Y (:, n) );
    Y (:, n+1) = A*Y (:, n);
    C (:, i: i+1) = (eye (2, 2) -K*H) *C (:, i: i+1);
    C (:, i+2: i+3) = A*C (:, i: i+1) *A'+B*Q*B';
end
% the diagram of position after filtering
figure (3)
t=0: 0.1: 20;
yp=Y (1,:); A
plot (t, yp, '+');
axis ( [0 20 0 20] );
xlabel ('time');
ylabel ('yp position');
title ('the track after kalman filtering');

% the diagram of velocity after filtering
figure (4)
yv=Y (2,:);
plot (t, yv, '+');
xlabel ('time');
ylabel ('yv velocity');
title ('the velocity caused by random acceleration');
```

注：以上仅为卡尔曼滤波应用代码参考构架，实际操作需要根据具体情况对参数等进行调整。

（四）Dempster-Shafer 证据理论

Dempster-Shafer 证据理论是数据融合建模技术中应用最为广泛的方法之一，其源于 20 世纪 60 年代的美国哈佛大学数学家 A. P. Dempster 教授对多值映射问题的探索，其发表的重要论述 "Upper and Lower Probabilities Induced by a Multivalued Mapping" 正式标志着证据理论的诞生。[1] 随后，Dempster 教授的学生 G. Shafer 对证据理论进行了进一步拓展研究，

① Dempster, A. P., "Upper and Lower Probabilities Induced by a Multivalued Mapping", *The Annals of Mathematical Statistics*, Vol. 38, No. 2, 1967.

并将信任函数引入其中，逐步完善并形成了一套针对不确定性问题的推理方法，被称为 Dempster-Shafer 证据理论，简称 D-S 证据理论。[①]

按照前面对数据融合依据数据抽样不同层次的分类模式，D-S 证据理论则属于决策层的融合，其具有对"不确定"和"不知道"进行直接表达的能力。相比于贝叶斯估计方法，D-S 证据理论不仅可对假设空间的单要素进行信度赋值，同时还基于信任区间实现对证据可信程度的量化，而不需要先验概率的支持。以下为其相关定义及理论。[②]

定义1：辨识框架。假设 δ 为辨识框架，该框架由互不相容的命题集合构成幂集 2^{δ}，据其定义基本信任指派函数（Basic Probability Assignment，BPA），即 $m(\alpha) \subseteq [0, 1]$，其中 α 表示辨识框架中的任一子集，$m(\alpha)$ 是命题 α 在证据支持下为真的程度，被称为 α 的基本数，且满足：

① $\sum\limits_{\alpha \subseteq \delta} m(\alpha) = 1$，即辨识框架全体集合的信任度之和等于1；

② $m(\varphi) = 0$，即对于不可能事件的可信度等于0。

另外，基本信任指派函数反映了对于命题的信任程度，性质如下：

① $m(\alpha) \geqslant 0$，$\alpha \in 2^{\delta}$；

② $m(\delta)$ 不一定等于1，且当 $\alpha \subset \beta$ 时，$m(\delta)$ 也不一定小于 $m(\beta)$。

定义2：信任函数（Belief Function）。采用该函数表征决策者对命题 α 的总信任度，记为 $Beli(\alpha)$，其定义如下：

$Beli : 2^{\delta} \rightarrow [0, 1]$

$$Beli(\alpha) = \sum\limits_{\beta \subseteq \alpha} m(\beta) \qquad \forall \alpha \subseteq \delta, \beta \neq \varphi$$

可知，$Beli(\varphi) = m(\varphi) = 0$。

定义3：焦元（Focal Element）。当 $\alpha \subseteq \delta$、$\alpha \neq 0$ 时，则可称 α 是 m 的一个焦元。

定义4：似然函数。在辨识框架 δ 下，基于 m 的似然函数可定义为：

$$Lik(\alpha) = 1 - Beli(\bar{\alpha}) = \sum\limits_{\alpha \cap \beta \neq \varphi} m(\beta)$$

其中，$Beli(\bar{\alpha})$ 表示对命题 δ 为假的信任程度；$Lik(\alpha)$ 表示对 δ 为非

[①] Shafer, G., *A Mathematical Theory of Evidence*, Princeton: Princeton University Press, 1976.

[②] Sentz, K., Ferson, S., *Combination of Evidence in Dempster-Shafer Theory*, Albuquerque: Sandia National Laboratories, 2002.

假的信任程度。而对于 δ 的不确定度可表示为：$\rho(\alpha) = Lik(\alpha) - Beli(\alpha)$。这里面可将 $(Beli(\alpha)，Lik(\alpha))$ 称为信任空间。综上，对辨识框架 δ 的某个假设 α，按照 BPA 可分别取得信任函数 $Bel(\alpha)$ 及似然函数 $Lik(\alpha)$。

　　在实际中，对于同一证据的测量数据可能来源于不同的数据源，所得的基本概率分配函数也可能存在差异，当对不确定性进行度量时，需要通过一定的合成法则对来自不同数据源的 BPA 合成一个 BPA。对此，定义 Dempster 合成法则（Dempster's Rule of Combination）作为反映证据的联合作用的法则可概括为：设有两个在辨识框架 δ 中的证据体 m_1 和 m_2，其分别含有焦元 α_1，α_2，$\cdots$，α_n 和 β_1，β_2，$\cdots$，β_n，其组合运算方式为求正交和 $m = m_1 \oplus m_2$，m 是组合产生的新证据体。

$$m(\alpha) = m_1(\beta) \oplus m_2(\theta) = K^{-1} \cdot \sum_{\beta_i \cap \theta_j} m(\beta_i)\, m(\theta_j)\ \alpha \neq \varphi$$

$$K = 1 - \sum_{\beta_i \cap \theta_j = \varphi} m(\beta_i)\, m(\theta_j)$$

　　其中，K 为冲突因子，表征两个证据体矛盾的程度。考虑空集的信任分配为 0，当将其从总信任度中去掉后需要对信任度进行归一化处理，保证总信任度为 1。对此，当 $K = 0$ 时，不需要进行归一化；当 $K = 1$ 时，表示证据体完全矛盾，即强冲突，无法采用 Dempster 组合规则。

　　当有多个信度函数需合成时，幂集 2^δ 上 n 个 BPA 的 m_1，m_2，$\cdots$，m_n 的正交和为：

$$m(\alpha) = m_1 \oplus m_2 \oplus \cdots \oplus m_n = K^{-1} \cdot \sum_{\cap \alpha_i = \alpha} \prod_{1 \leq i \leq n} (\alpha_i)\ \alpha \neq \varphi\ m(\varphi) = 0$$

$$K = 1 - \sum_{\cap \alpha_i = \Phi} \prod_{1 \leq i \leq n} m(\alpha_i)$$

　　由上式可知，对于多个证据的结合计算能够通过两个证据结合的计算递推取得，且多证据的结合与次序并无直接性的关联。据此，描述其数据融合的过程可用图 3-23 表示[①]，其操作伪代码构架见表 3-12[②]。

---

　　①　田佳霖：《基于 D-S 证据理论的融合算法及其在交通事件检测中的应用》，硕士学位论文，长安大学，2016 年。

　　②　《D-S 证据理论程序》，http：//www.ilovematlab.cn/thread-34514-1-1.html，2013-07-23/2018-09-12。

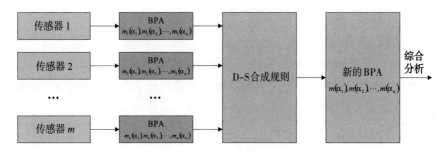

图 3-23　D-S 证据理论融合框架

表 3-12　　　　　　　　D-S 证据理论操作伪代码构架

```
function x = DS_ fusion（x, y）
%功能：融合 x, y 两行向量（经典 Dempster-Shafer 组合公式）
% x, y 的格式形如［m1 m2 m3，…, mk, m（全集）, m（空集）］
%要求 m1 m2 m3…之间互相无交集
% m（全集）可不为 0，表示不确定度
% m（空集）肯定是 0
［nx, mx］= size（x）;
if 1 ~ = nx
    disp（'x 应为行向量'）;
    return;
end
［ny, my］= size（y）;
if 1 ~ = ny
    disp（'y 应为行向量'）;
    return;
end
if mx ~ = my
    disp（'x, y 列数应相等'）;
    return;
end
temp = 0;
for i = 1: mx-1
    if i = = mx-1
        x（1, i）= x（1, i）* y（1, i）;    %对全集的特殊处理
    else
        x（1, i）= x（1, i）* y（1, i）+x（1, i）* y（1, mx-1）+y（1, i）* x
（1, mx-1）;
```

```
end
    temp＝temp+x（1，i）;
end
for i＝1：mx－1
    x（1，i）＝x（1，i）/temp;
end
x（1，mx）＝0;
```

注：以上仅为 Dempster-Shafer 证据理论应用代码参考构架，实际操作需要根据具体情况对参数等进行调整。

（五）模糊理论

模糊理论是基于模糊数学的一种方法，它的分析思路是建立关于分析因素的隶属函数，并且把隶属度的取值从原来的断点标度变为连续的区间范围，即把隶属区间扩展到整个［0，1］区间，使用上种方法的主要难点在于制定分析过程中的模糊规则和相应隶属度函数的构造。模糊推理方法自美国加州大学 Zadeh 教授于 1965 年提出以后[1]，其已在多领域得到推广应用。

按照传统经典集合论，任意一元素 α 与某个集合 Q 之间的关系只有两种：属于集合 L，即 $\alpha \in L$；不属于集合 L，即 $\alpha \notin L$。用特征函数值表示为 1 或 0，用函数描述为[2]：

$$L(\alpha) = \begin{cases} 1, & \alpha \in L \\ 0, & \alpha \notin L \end{cases}$$

但以模糊集合的理论，则可拥有部分属于它的元素，即满足亦此亦彼性，对象于模糊集合中的隶属度可为 0 和 1 之间的任何值。据此，对模糊集合定义如下：

设论域 U，对 $\forall \alpha \in U$，均可确定相应的函数 $\xi_L(\alpha)$ 表示论域 U 的一个模糊集合 L，即：

$$L = \{(\alpha, \xi_L(\alpha)) \mid \alpha \in U\}$$

其中，$\xi_L(\alpha)$ 为 α 对模糊子集 L 的隶属函数，表征事件的不确定程度，其值越是接近 1，说明 α 属于模糊子集 L 的贴近度越高，而其值越接近 0，

---

[1]　Zadeh, L. A., "Fuzzy Sets", *Information and Control*, Vol. 8, No. 3, 1965.

[2]　宋艳东：《基于模糊数据融合的室内舒适度评价方法研究》，硕士学位论文，燕山大学，2010 年。

说明 α 属于模糊子集 L 的贴近度越小。

模糊数据融合技术最大的优势之处在于能够综合分析和处理不同类型的数据信息，可根据传感器组输出的数据，对监测源进行三维甚至思维的多角度的综合分析，从而使得到的结果更加可靠。对于论域 U，若其中含有有限元素，则 U 为离散论域；若 U 为实数域，则其是连续论域，由此可进一步定义 U 上的模糊子集 L 为：

$$L = \begin{cases} \sum \xi_Q(\alpha_i)/\alpha_i, & U \text{ 是离散论域} \\ \int_U \xi_Q(\alpha)/\alpha, & U \text{ 是连续论域} \end{cases}$$

其中，上述数学运算符号表示模糊集合于论域 U 上整体和每个元素均定义隶属度函数 $\xi_L(\alpha)$。

隶属度函数是模糊理论应用的基础，合理构造隶属度函数是能否用好模糊理论的关键步骤之一。从本质上讲，隶属度函数是对客观事物概念外延的不确定性做出客观的、能反映事物本身特性的定量描述，因此，其函数确定过程需保证客观性，但是由于现阶段对于同一个模糊概念的认识理解存有差异，隶属度函数的确定通常又带有主观性。[1]

以三角模糊分布法定义隶属度函数为例，若用 $\gamma_i(j=1, 2, \cdots, m)$ 表示评语等价界定值，$\xi_i(\alpha)$ 表示隶属于 v_i 评语等级的隶属度函数，则当 $i = 5$ 时，其定义过程可表示为图 3-24，且计算过程如下：

$$\xi_1(\alpha) = \begin{cases} 1, & \alpha \geqslant \gamma_1 \\ \dfrac{\alpha - \gamma_2}{\gamma_1 - \gamma_2}, & \gamma_2 < \alpha < \gamma_1 \\ 0, & \alpha \leqslant \gamma_2 \end{cases} \qquad \xi_2(\alpha) = \begin{cases} 0, & \alpha \geqslant \gamma_1 \\ \dfrac{\gamma_1 - \alpha}{\gamma_1 - \gamma_2}, & \gamma_2 \leqslant \alpha < \gamma_1 \\ \dfrac{\alpha - \gamma_3}{\gamma_2 - \gamma_3}, & \gamma_3 < \alpha < \gamma_2 \\ 0, & \alpha \leqslant \gamma_3 \end{cases}$$

---

[1]　Zadeh, L. A., "Fuzzy Sets as a Basis for a Theory of Possibility", *Fuzzy Sets and Systems*, Vol. 1, No. 1, 1978.

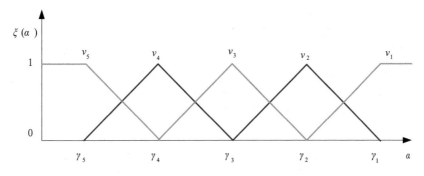

图 3-24　三角模糊分布法定义隶属度函数

$$\xi_3(\alpha) = \begin{cases} 0, & \alpha \geqslant \gamma_2 \\ \dfrac{\gamma_2 - \alpha}{\gamma_2 - \gamma_3}, & \gamma_3 \leqslant \alpha < \gamma_2 \\ \dfrac{\alpha - \gamma_4}{\gamma_3 - \gamma_4}, & \gamma_4 < \alpha < \gamma_3 \\ 0, & \alpha \leqslant \gamma_4 \end{cases} \qquad \xi_4(\alpha) = \begin{cases} 0, & \alpha \geqslant \gamma_3 \\ \dfrac{\gamma_3 - \alpha}{\gamma_3 - \gamma_4}, & \gamma_4 \leqslant \alpha < \gamma_3 \\ \dfrac{\alpha - \gamma_5}{\gamma_4 - \gamma_5}, & \gamma_5 < \alpha < \gamma_4 \\ 0, & \alpha \leqslant \gamma_5 \end{cases}$$

$$\xi_5(\alpha) = \begin{cases} 0, & \alpha \geqslant \gamma_4 \\ \dfrac{\gamma_4 - \alpha}{\gamma_4 - \gamma_5}, & \gamma_5 < \alpha < \gamma_4 \\ 1, & \alpha \leqslant \gamma_5 \end{cases}$$

另外，还有高斯型隶属函数（由参数 c 和 σ 决定）、Sigmoid 型隶属函数（由参数 s 和 c 决定）、钟形隶属函数、Π 形隶属函数、S 形隶属函数、梯形隶属函数等（见图 3-25）。各隶属度函数具有其自身实际特点，可依据测算需求选取。

通过对普通二值逻辑的拓展而形成的模糊逻辑，其涉及的模糊集合运算包括常规集合运算中的各类情况。而当模糊子集 L、R 分别源于论域 H、K 时，定义于积空间 $H \otimes K$ 上的模糊集合 $L \otimes R$ 则可称作该模糊子集的笛卡尔乘积，其隶属度函数为：

$$\xi_{L \otimes R}(\alpha, \beta) = \min[\xi_L(\alpha), \xi_R(\beta)]$$

在上述基础上进一步对模糊关系及模糊关系合成进行分析，通常在论域具有有限性时，可用模糊矩阵对模糊关系进行描述。设有论域 H、K，定义在笛卡尔乘积 $H \otimes K$ 上的模糊子集是 H 到 K 的模糊关系 $rels$，记为

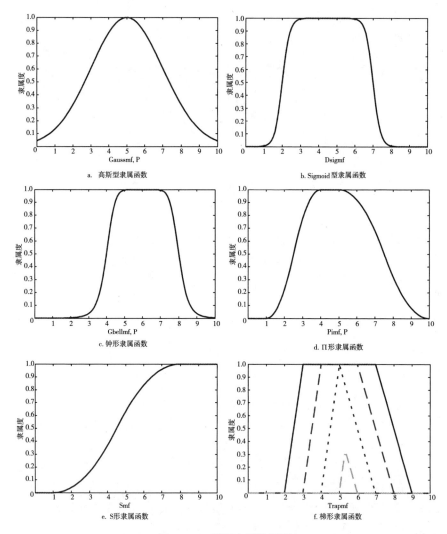

a. 高斯型隶属函数 b. Sigmoid 型隶属函数

c. 钟形隶属函数 d. Π形隶属函数

e. S形隶属函数 f. 梯形隶属函数

图 3-25　隶属度函数示意

$rels_{h⊗k}$，其内在模糊特性由隶属函数 $ξ_{rels}(h, k)$ 表征，即该函数描述了 H 中元素 h 与 K 中元素 k 具有模糊关系的程度。当论域都是有限集时，则 $H ⊗ K$ 上的模糊关系用矩阵形式表示为：

$$rels = \begin{bmatrix} \xi_{rels}(h_1, k_1) & \xi_{rels}(h_1, k_2) & \xi_{rels}(h_1, k_3) & \cdots & \xi_{rels}(h_1, k_m) \\ \xi_{rels}(h_2, k_1) & \xi_{rels}(h_2, k_2) & \xi_{rels}(h_2, k_3) & \cdots & \xi_{rels}(h_2, k_m) \\ \xi_{rels}(h_3, k_1) & \xi_{rels}(h_3, k_2) & \xi_{rels}(h_3, k_3) & \cdots & \xi_{rels}(h_3, k_m) \\ \vdots & \vdots & \vdots & \vdots & \vdots \\ \xi_{rels}(h_n, k_1) & \xi_{rels}(h_n, k_2) & \xi_{rels}(h_n, k_3) & \cdots & \xi_{rels}(h_n, k_m) \end{bmatrix}$$

将上述 $rels$ 标记为模糊关系矩阵，且矩阵中 $\xi_{rels}(h, k) \in [0, 1]$，其计算过程遵循常规模糊集合运算规则。而对于 L 与 R 两个分别源于 $H \otimes K$、$K \otimes T$ 上的模糊关系，要合成模糊集 $L \times R$ 时其采用隶属函数 $\xi_L(H, K)$ 与 $\xi_R(K, T)$ 描述为：

$$L \times R \leftrightarrow \xi_{L \times R}(H, T) = \max\{ [\xi_L(H, K) \cdot \xi_R(K, T)] \}$$

此外，模糊理论以模糊集合作为基础性描述工具，在应用其进行数据融合过程的建模分析时，可利用模糊系统实现对未知非线性动态的逼近，尤其是在数据融合建模中融入对目标系统的专门知识与经验，以克服传统统计方法中对复杂数据关系难以描述的弊端。

（六）粗糙集理论

1982 年波兰学者 Z. Pawlak 提出了粗糙集理论（Rough Set）——它是继概率论、模糊集和证据理论之后的又一个处理不确定性的数学工具，能有效地分析不精确、不一致、不完整等各种不完备的信息，还可以对数据进行分析和推理，从中发现隐含的知识（"知识"的概念在不同的范畴内有多种不同的含义，而在粗糙集理论中，"知识"被认为是一种分类能力），揭示潜在的规律。[1] 该理论与其他处理不确定和不精确问题理论的最显著的区别是：它无须提供问题所需处理的数据集合之外的任何先验信息，所以对问题的不确定性的描述或处理可以说是比较客观的，由于该理论未能包含处理不精确或不确定原始数据的机制，因此，其与概率论、模糊数学和证据理论等其他处理不确定或不精确问题的理论具有较强的互补性。以下对其相关理论与应用进行论述。[2]

---

① Pawlak, Z. , "Rough Sets", *International Journal of Parallel Programming*, Vol. 11, No. 5, 1982.

② 李泓波：《粗糙集理论在决策级数据融合的应用研究》，硕士学位论文，哈尔滨工程大学，2008 年。

1. 基本概念

基于对粗糙集理论中知识的理解，可设 $U \neq \varphi$ 为待研究对象构成的有限集合，即论域。其中的任何子集 $S \subseteq U$，可称 U 的一个概念，而论域 U 中的任何一个概念族可称作关于 U 的抽象知识（简称知识），而论域上划分的知识即为粗糙集理论研究的对象。对于划分 τ 可定义成：

$$\tau = \{S_1, S_2, \cdots, S_n\}, \quad S_i \subseteq U, \quad S_i \neq \varphi, \quad S_i \cap S_j \neq \varphi, \quad \bigcup_{i=1}^{n} S_i = U,$$
$$i, j = 1, 2, \cdots, n, \quad i \neq j$$

对于论域 U 上一族划分可称作关于 U 的知识库（Knowledge Base）κ。另外，为了便于表达分类情况，粗糙集理论中采用等价关系（Equivalence Relation）替代分类，即当 Rel 为 U 上的等价关系时，则 U/Rel 是 Rel 的所有等价类族，并将 $[a]_{Rel}$ 表示子集 A 属于 Rel 中的一个范畴，同时 Rel 包含元素 $a \in U$；当 Rel 为 U 上的划分 $Rel = \{a_1, a_2, \cdots, a_n\}$ 表达的等价关系时，(U, Rel) 称为近似空间，使用 $des\{a_i\}$ 表示 U 上关于 Rel 的一个等价关系 a_i 的描述；当 $Q \subset Rel$ 时，则 $\cap Q$ 也属于一种等价关系，称作 Q 上的不可分辨关系，记为 $ind(Q)$，即：

$$[a]_{ind(Q)} = \bigcap_{Rel \in Q} [a]_{Rel}$$

等价关系 $ind(Q)$ 的全体等价类族 $U/ind(Q)$ 是与等价关系 Q 的族相关的知识，称作 Q 的基本知识。通常为了便于表示，将 $U/ind(Q)$ 写为 U/Q，而 $ind(Q)$ 的等价类则称为知识 Q 的基本范畴或基本概念，即对于 Q 的基本范畴代表了 Q 的论域的基本特性，是知识的基本模块。

2. 粗糙集定义

粗糙集理论实现了对经典集合论的延拓，将用于分类的知识嵌入集合，并作为集合组成的一部分。令 $a \subseteq U$，Rel 是 U 上的一个等价关系，而当 a 可以表达为特定 Rel 基本范畴的并时，则称 a 为 Rel 可定义的（Rel Definable），否则认为 a 是 Rel 不可定义的（Rel Undefinable）。其中，Rel 可定义集为论域 U 的子集，且能够在知识库 κ 中进行精确定义，同时，Rel 不可定义集无法在知识库 κ 中定义。Rel 可定义集被称为 Rel 精确集，而 Rel 不可定义集则被称为 Rel 非精确集，即 Rel 粗糙集。

若存在一个等价关系 $Rel \in ind(\kappa)$，且 a 为 Rel 的精确集，则当 $a \subseteq U$ 时称其为知识库 κ 中精确集；若对于 $\forall Rel \in ind(\kappa)$，$a$ 均是 Rel 粗糙

集，则称 a 为 κ 中粗糙集。由此可以认为，粗糙集的定义可按照两个精确集结合的方式进行描述，其中包括粗糙集的上近似（Upper Approximation）及其下近似（Lower Approximation）。对于给定知识库 $\kappa =$ (U, Rel)，据其每一个子集 $a \subseteq U$ 及一个等价关系 $Rel \in ind(\kappa)$，可分别定义子集作为 a 的 Rel 下近似集于 Rel 上近似集：

$$\underline{Rela} = \cup\,\{Out \in U/Rel \mid Out \subseteq a\}$$

$$\overline{Rela} = \cup\,\{Out \in U/Rel \mid Out \cap a \neq \varphi\}$$

对于上面 Rel 下、上近似集也可采用另外一种表达等式：

$$\underline{Rela} = \{a' \in U \mid [a']_{Rel} \subseteq a\}$$

$$\overline{Rela} = \{a' \in U \mid [a']_{Rel} \cap a \neq \varphi\}$$

基于以上定义，认为集合 $Bl_{Rel}(a) = \overline{Rela} - \underline{Rela}$ 是 a 的 Rel 边界域，表征了根据知识 Rel 既不能判定其一定属于 a 又不可断定一定属于 $(U - a)$ 的 U 中元素集合；$Neg_{Rel}(a) = U - \overline{Rela}$ 可称为 a 的 Rel 负域，表征了根据知识 Rel 判定一定不属于 a 的 U 中元素集合；$Pos_{Rel}(a) = \underline{Rela}$ 可称为 a 的 Rel 正域。可见，$\overline{Rela} = Pos_{Rel}(a) \cup Bl_{Rel}(a)$。其主要概念可表示为图 3-26。

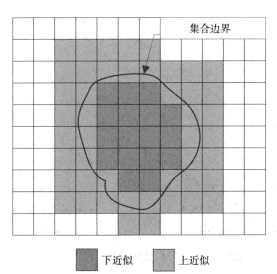

图 3-26 粗糙集理论主要概念示意

粗糙集的不确定性是由粗糙集的边界不确定而引起的，集合 a 的边界区域越大，其可定义性或确定性就越小，可利用近似精度和粗糙隶属函数

来描述粗糙集 a 的不确定性程度。由知识 Rel 定义的集合 a 的近似精度为：

$$Acur_{Bel}(a) = \frac{|\underline{Bela}|}{|\overline{Bela}|}$$

据其对 Rel 粗糙隶属函数定义：

$$\mu_a^{Bel}(a') = \frac{|[a']_{Bel} \cap a|}{|[a']_{Bel}|}$$

其中，$\mu_a^{Bel}(a')$ 的值表示 a' 隶属于集合 a 的不确定程度。

3. 属性约简与知识依赖

在数据分析与融合过程中，属性（知识）约简是其中重要的概念之一。考虑到知识库中属性的非均等重要性，可通过约去冗余的知识，再利用分辨函数获得核，在产生推理规则前，还可以对约简后的决策表进行属性约简。这其中包括两个核心概念：约简（Reduct）及核（Core）。

设 Rel 为一族等价关系，且 $r \in Rel$，若

$$ind(Rel) = ind(Rel - \{r\})$$

可称 r 是 Rel 中不必要的，否则称 r 为 Rel 中必要的。对 $\forall r \in Rel$ 均是 Rel 中必要的，则称 Rel 具有独立性，否则 Rel 是依赖的。而对于给定 $V \subseteq Rel$，$a \subseteq Rel$，$a' \in a$，则定义属性重要性为：

$$Sg(a', V) = \zeta_a - \zeta_{a-\{a'\}}(V)$$

其中，ζ 表示近似质量。因此，对于 U 上的等价关系 V、a，定义知识 a 的 V 约简 $Reds(a, V) \subseteq a$，而当对 $\forall V \subseteq a$ 满足 V 独立、$Sg(a', V)$ 条件时，则称 V 是 a 的一个约简，$V \in Reds(a)$。所有约简的交集称为核，其是所有等价关系中必要知识组成的集合，记为 $Core(a)$。约简与核之间的关系可表示为（见图 3-27）：

$$Core(a) = \cap Red(a)$$

4. 决策表

决策表示一类特殊而重要的知识表达系统。其中，知识表达系统通常由 $Sys = \langle U, H, Z, f \rangle$ 四元组进行表示。这里面 U 为论域，是非空有限集合；H 是属性的非空有限集合；Z 是属性值域；f 是信息函数。对于一般的知识表达系统 $Sys = \langle U, H, Z, f \rangle$，当 $H = \varpi \cup \sigma$，$\varpi \cap \sigma = \varphi$ 时，称 ϖ 为条件属性集，σ 为决策属性集，对于具有条件属性和决策属性的知识

表达系统则可称为决策表。采取决策表对知识简化的方式不仅能应用于决策分析，而且适用于信息处理。

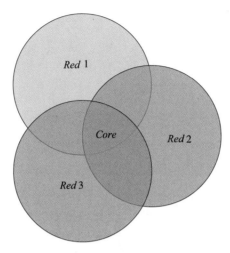

图 3-27 约简与核关系说明

5. 数据融合应用说明

将粗糙集理论应用到数据融合建模当中，能够避免传统推理算法中对先验知识的依赖，尤其是具有利用外部信息客观地处理不确定数据和海量数据的优势。其相对较为典型的操作步骤可概括为①：

第一步：对采集数据采取数据清洗，在对不同源的数据进行一致性处理后进行存储；

第二步：将预处理后的数据进行条件属性与决策属性的确定，建立其 $Sys = \langle U, H, Z, f \rangle$ 知识表达系统（$U = \{u_1, u_2, \cdots, u_n\}$ 为样本数据集合）；

第三步：通过离散化处理原有连续的条件属性，取得离散决策表；

第四步：按照属性约简流程对所得决策表进行约简，获得最简决策规则（核属性与属性约简操作伪代码框架见表 3-13）；

第五步：将所取得的决策规则视为数据融合模型，并利用该数据融合模型对传感器所采集到的相关数据进行分析。

---

① 宋胜娟：《基于粗糙模糊集的数据融合在传感器网络中的应用》，硕士学位论文，天津大学，2012 年。

表 3-13   **核属性与属性约简操作伪代码构架**

```
%求取决策表为x, 条件属性为c, 决策属性为d的核属性
function y=core (c, d, x)
[xp, xq] =size (x); [cp, cq] =size (c); [dp, dq] =size (d);
y= [ ]; q=ind (d, x); pp=ind (c, x); [b, w] =pospq (pp, q);
for u=1: cq
a {u} =setdiff (c, u); p {u} =ind (a {u}, x); [k {u}, kk {u} ] =pospq (p {u}, q);
    if k {u} ~=b, y=cat (2, y, u); end
end
%求取决策表为x, 条件属性为c, 决策属性为d的属性约简
function y=redu (c, d, x)%
y=core (c, d, x); q=ind (d, x); p=ind (c, x);
pos_ cd=pospq (p, q);    %求取决策表为x时, q的p正域
re=y; %核属性
red=ind (y, x);
pos_ red=pospq (red, q);
while pos_ cd~=pos_ red
    cc=setdiff (c, re); [c1, c2] =size (cc);
    for i=1: c2, yy (i) =sgf (cc (i), re, d, x); end
    cd=setdiff (c, y); [d1, d2] =size (cd);
    for i=d2: -1: c2+1, yy (i) = [ ]; end
     [zz, ii] =sort (yy);
    for v1=c2: -1: 1
v2=ii (v1); re=cat (2, re, cc (v2) ); red=ind (re, x); pos_ red=pospq (red, q);
    end
end
[re1, re2] =size (re);
for qi=re2: -1: 1
    if ismember (re (qi), core (c, d, x) ), y=re; break; end
    re=setdiff (re, re (qi) ); red=ind (re, x); pos_ red=pospq (red, q);
    if pos_ cd==pos_ red, y=re; end
end
[y1, y2] =size (y); j=1;
for i=1: y2, [y, j] =redu2 (j, y, c, d, x); end
```

注: 以上仅为核属性与属性约简操作应用代码参考构架, 实际操作需要根据具体情况对参数等进行调整。

（七）其他相关数据融合建模技术

目前数据融合技术还处于持续探索与发展阶段，迫切需要在理论和实现技术上进行开拓性研究，而除上述介绍的方法外，还存在一些其他相关算法，如神经网络算法、支持向量机（Support Vector Machine）等。其中，神经网络相关算法已在数据挖掘技术与建模方法部分介绍，而支持向量机建模是模式识别与机器学习领域中的重要工具之一，其核心内容由Vapnik等在1995年提出[①]，在解决非线性、高维模式识别中表现出许多特有的优势，其算法的实现是通过某种事先选择的非线性映射（核函数）将输入向量映射到一个高维特征空间，在这个空间中构造最优分类超平面（即使每一类数据与超平面距离最近的向量与超平面之间的距离最大的这样的平面），进而提高数据的维度，并把非线性分类问题转换成线性分类问题，较好地解决了传统算法中训练集误差最小而测试集误差仍较大的问题，算法的效率和精度相对较高。该方法在数据挖掘与数据融合建模应用等方面，已逐渐成为训练多层感知器、径向基函数（RBF）神经网络和多项式神经元网络等的替代性方法，但在处理海量数据时，支持向量机方法受本身依靠二次规划求解支持向量模式所限，会面临数据存储与计算将耗费大量机器内存和运算时间等显著问题，这也是限制该方法很好地应用于数据融合的一个"瓶颈"。如何将该方法与现有数据融合技术结合使用，或对传统支持向量机进行扩展，形成面向海量、多元数据的分类与回归支持向量机成为亟待解决的重点与难点。

---

① Cortes，C.，Vapnik，V.，"Support Vector Machine"，*Machine Learning*，Vol. 20，No. 3，1995.

实 证 篇

第四章　数据系统工程应用于数据质量测度

　　数据系统工程所涉及领域相对较广，而对于数据及数据系统而言，其中最核心的问题之一就是数据质量的保障，高质量的数据是实现数据集成与应用分析的先决条件。既然如此，该如何客观认识及评析数据质量？通过数据质量评价是对数据与数据系统状态的真实反映，是帮助决策者了解与掌握数据质量水平的必不可少的环节。据此，本部分选取数据质量评价作为数据系统工程应用案例分析的内容之一进行研究。

第一节　数据质量研究范畴

一　数据质量概念

　　从美国麻省理工学院提出全面数据质量管理计划（Total Data Quality Management），到美国阿肯色州大学设立首个数据质量博士与硕士学位授予点，再到 *ACM Journal of Data and Information Quality* 数据质量期刊的创办，数据质量问题研究已不再是信息科学领域的单一论题。而对于"数据质量"这一概念的理解，现阶段学术界还未给出一个共性的认识，其部分观点认为数据质量主要体现于对用户需求的匹配与满足程度，也有学者提出数据质量是适合实际应用的状况，还有认为数据质量是对信息系统实现模式与数据实例一致性的水平。

　　综合上述情况，数据质量的概念从整体上可分为狭义与广义层面上的理解。其中，狭义层面的数据质量主要指数据的精确性（Accuracy），其可通过数据误差（Error）进行衡量。而广义的数据质量是个多维度的综合性概念，其反映在数据与数据系统之间的关系上则是能够满足其系统的完整构建与正常运行，并能够全面支撑决策者进行科学决策的要求。

二 数据质量问题分类

影响数据质量相关要素的类别具有复杂多样性，而从不同维度上论析数据质量时也可挖掘出不同的现实问题。参考现有对数据质量的相关研究成果中数据质量问题的分类方法，选取数据源数目为划分原则，可将常见数据质量问题进一步分为单数据源模式层问题、单数据源实例层问题、多数据源模式层问题和多数据源实例层问题，其描述如图 4-1 所示。

图 4-1 按数据源划分数据质量问题

上述对数据质量问题的分类方法是从计算机数据库系统的角度进行论述的，认为模式层的数据质量问题主要体现于对系统框架的设计不够合理，或缺乏完整性的约束定义，而实例层的数据质量问题更多地出现于对数据处理的具体操作等环节。通常模式层的相关问题也会在实例层上产生，而相比于单数据源数据质量问题，多数据源数据由于其涉及的数据属性往往具有高度的复杂性，其易出现的数据质量问题也更加严重。

相比于图 4-1 中的分类方式，另一种较为全面的数据质量问题分类方法是从数据操作的基本流程入手，即数据采集问题、数据传输问题、数据存储问题、数据分析问题和数据应用问题（见图 4-2）。这种分类方式是基于影响数据质量要素的复杂多样性，满足对数据质量问题全面性概括的要求，但是同时也存在的一个相对较为显著的弊端就是对于数据处理整个流程中"损坏"数据的"牛鞭效应"，例如当异常数据出现于数据采集或数据传输阶段时，后期在数据分析与数据应用时容易让数据操作人员直接使用这种非正常数据，对数据分析的结果及应用产生决策性的失误或影响。此外，这种数据质量分类方式对于细节性的数据质量问题要求相对较高，即从数据采集到最终数据应用中各环节所囊括的各数据操作为节点进行数据质量问题初筛后，实现对数据系统的整体把握，再深入挖掘其内部具体数据质量问题。

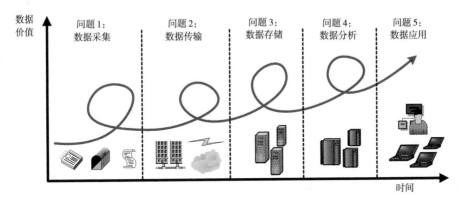

图 4-2　按数据流程划分数据质量问题

第二节　数据质量评价体系

鉴于数据质量对数据分析与应用的重要性，客观评估数据质量状态则是发现数据及数据系统相关问题、制定数据管理措施的基本前提。这其中，一些值得深层次挖掘的环节需要进行综合性考虑，如何确定数据质量的评价指标体系使其全面、系统地反映数据系统状态？如何在数据系统工程建模方法中选取或构建科学的数据质量评价模型？数据系统工程在该方面可起到怎样的决策支持作用？对于这类问题，本部分将选取相关典型案例进行分析。

一　基于密度函数的指标初选

为提高数据质量评价指标体系构建的科学性与合理性，首先对现有数据质量评价相关研究进行指标密度函数分析，在此基础上按照系统性的评价指标选取原则，完成数据质量评价指标体系的初步建立。

评价数据质量既要基于数据及数据系统的基本内涵与特征，也要考虑紧密结合数据质量评价的行业领域、数据类型与实际应用目的。在此之前，可参考现阶段对数据质量进行评价相关研究成果中对指标的使用情况，对数据质量评价指标进行初步筛取。其中，通过对国内关于数据质量评价研究的多篇文章进行统计分析，其文内采用的数据质量评价指标累计频率对比情况如图4-3所示。

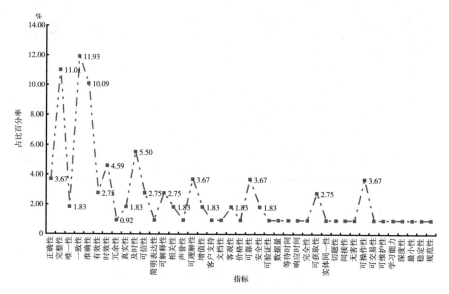

图4-3 数据质量评价指标统计

根据图4-3中的指标统计值，可知完整性、一致性、准确性三项指标的统计频率均大于10%的临界值，分别为11.01%、11.93%和10.09%，其次为及时性（5.50%）、时效性（4.59%）、正确性（3.67%）、可理解性（3.67%）、可靠性（3.67%）、可操作性（3.67%），同时介于2.5%—3.0%的评价指标为有效性（2.75%）、可信性（2.75%）、可解释性（2.75%）、可获取性（2.75%）。据此可完成对数据质量评价的首步筛选，即将使用频率大于2.5%的13项评价指标作为初始指标，但这并不是最终的数据质量评价指标体系中的全部指标，部分指标还需要根据实际进行删减，还有局部指标需要根据数据及数据系统的基本内涵特征等进行相应完善。

二 数据质量测度指标体系构建原则

数据质量评价的目的是对数据及数据系统的实际变化状态进行辨识，从而挖掘影响数据质量提升的关键短板要素。因此，构建数据质量评价指标体系需要遵循下述基本原则。

（1）目标性。评价指标体系的建立是要实现对数据系统进行特定分析的重要环节，通常不同研究所构建的指标体系会存在不同程度的差异性。

（2）科学性。评价指标体系的筛选必须有充足的依据及含义，所包括的各项指标均在各项标准之内，以保障评价结果在不同维度下对数据及数据系统进行客观反映。

（3）代表性。通过所选指标的配置使用，指标可满足在一定程度上对该层面所要体现的信息进行表示，但要避免指标之间信息的冗余与不足。

（4）定性与定量相结合。实际评价中仅采用定性指标易导致人为主观因素的干扰，而造成测度结果的偏失，因此，需在规定的测度范畴之内利用定性与定量相结合的方式，提高其分析过程的可靠性。

三 数据质量测度指标体系构建

中国科学院数据应用环境建设与服务项目组于 2009 年研究的《数据质量评测方法与指标体系》报告中，提出数据质量是一个多维的概念，其质量结构主要包括基本层、准则层和指标层，其中基本层可以划分为数据形式质量、内容质量和效用质量三个方面，准则层含有可获得性、一致性、可理解性、完整性、准确性、正确性、客观性、有效性、可靠性、相关性、有用性、背景性、适量性、及时性 14 项指标。这其中的多数指标与前面对现有数据评价相关研究成果中的高频率使用指标具有相似性。因此，可以以上述指标为参考基础，并基于数据质量评价指标体系构建的基本原则，同时结合现有相关研究的指标筛选结果，在保障能够全面而客观反映数据质量状态的前提下对其指标存在内涵重复的指标进行属性约简，并构建数据质量评价指标体系，见表 4-1。

表 4-1　　　　　　　　　　数据质量评价指标体系及其指标描述

指标	符号	指标描述
完整性	B_1	防止由于信息遗漏、丢失或无法获取等原因而需要对数据特征、特征属性和特征关系的多余或缺失进行处理的程度
一致性	B_2	同一个指标的数据表达格式是否一致，即评估单个数据集合内或者多个数据集合之间数据记录、格式、内容等方面的一致情况

续表

指标	符号	指标描述
准确性	B_3	评估数值的精度,评估之前需预先设置一个参考精度值,检测所测数据的精度是否满足该要求
时效性	B_4	避免由于时间的推移而造成历史数据难以体现最新数据的全部本质特征,而且可对最新数据进行描述或替代的程度
正确性	B_5	评估检测数据是否与实际情况相符合,在数据报告、转换、分析、存储、传输和应用流程中不存在错误
可理解性	B_6	数据质量的可读性和数据质量中执行度的测量标准,以及对所需数据的重要性、实用性及相关性测量标准的情况
可靠性	B_7	获取的数据被使用者认为是真正的和能够被放心使用的程度,尤其是数据流程中是否受到主观因素及不确定因素的影响程度
可操作性	B_8	基于现有技术手段等获取和使用数据的难易程度,其中数据获取包括数据采集、传输、存储过程的操作难度,而数据使用是数据分析与数据应用的可用度
有效性	B_9	具体包括格式有效性和数值有效性,其中格式有效性是将既有数据与预设数据有效性标准进行对比,数值有效性是对数据值是否在相应阈值范围之内进行评判
支撑性	B_{10}	既有数据的规模、内容、特点等与数据使用者期望或需求之间的匹配度,以及数据源相关资料的丰富度
安全性	B_{11}	对于取得的相关数据可采取有效的保护措施,不仅要求数据的存储有相对完善的设备,以实现数据的高质量存储,也要满足数据调用等过程有较为严格的流程规范

对于上述数据质量评价体系中的部分指标,现有相关研究做出了如下定义。

(1)完整性、一致性、准确性:$Per_i^{-s} = (1 - Er/N) \times 100\%$。其中,$Er$ 指关系表中存在"错误"的数据个数;N 指关系表中的数据总数。当使用以上不同指标进行评价测度时,可对变量 Er 与 N 描述对象进行改变。

(2)时效性:按照 Ballou 提出的算法,数据时效性测算为 $Tim = \max[0, (1 - Cur/Bos)]$,式中的 Cur 表示数据现势性程度;Bos 表示数据波动性程度。通常 $Tim \in [0, 1]$,其值越接近 1,说明时效性越高;反之越接近 0,表明时效性越差。

(3)可靠性:数据的可信度主要是按照 3 项指标情况实行定量描述,即描述成数理结构 $\min[Bel^{-r}, Bel^{-l}, Bel^{-e}]$。其中,$Bel^{-r}$ 表示数据源的可信度;Bel^{-l} 表示内部标准判定的可信度;Bel^{-e} 表示按照之前经验评估的可信度。

(4)可获取性:常用的数据可获取性评价指标方法为 $\max[1- (Tia_s -$

Tia_b）／（Tia_b-Tia_n），0]。其中，Tia_b 表示调用数据的时刻；Tia_s 表示取得数据的时刻；Tia_n 表示数据失效的时刻。

以上是对数据评价指标体系中部分指标的定义及测算举例，而在不同的应用中，上述指标的测算方式也不同，更多的时候还可以采取专家意见评分的方式对各类指标进行评定，综合多名专家意见进行终值测算，取得相应的评价结果。

第三节　数据质量测度模型

一　云理论基础定义

考虑数据质量评价的多维性与复杂性，选取云模型（Cloud Model）作为其评价方法。该方法是由李德毅院士提出的一种用于处理定性概念与定量描述的不确定转换模型[①]。将其作为数据分析中的建模技术，主要是因为在数据研究中通常存在不确定性分析数据的需求，尤其是需要考虑数据的随机性与模糊性，但是传统概率论及模糊数学在处理不确定性方面存在一些较难克服的不足。该模型用语言值描述某个定性概念与其数值表示之间的不确定转换，并通过其模型表示自然语言中的基元——语言值，采用云的数字特征表示语言值的数学性质。建模过程如下。

定义 1：以数值表示的 U 为定量论域，内部定性概念为 Q，定量值 $\kappa \in Q$ 为 Q 的一次随机实现，κ 对 Q 的确定度 $\nu(\kappa) \in [0, 1]$ 为具备稳定趋势的随机数。ν：$U \to [0, 1]$，$\forall \kappa \in U$，$\kappa \to \nu(\kappa)$，则 κ 于论域 U 上的分布被称作云，记为 $Q(\kappa, \nu)$。其中，κ 被称为云滴。而若论域 U 隶属 n 维空间，则 κ 可被拓展为 n 维云。

定义 2：对于论域 U，其内部定性概念为 Q，当定量值 $\kappa \in U$，且 κ 为 Q 的一次随机性实现时，若满足 $\kappa \sim N(E_\kappa, E_n'^2)$，其中，$E'^n \sim N(E_n, H_e^2)$，对 Q 的确定度满足：

$$\nu(\kappa) = \exp\left[-\frac{(\kappa - E_\kappa)^2}{2E_n'^2} \right]$$

则称 κ 于论域 U 上的分布是正态云。

---

① 李德毅、刘常昱：《论正态云模型的普适性》，《中国工程科学》2004 年第 8 期。

正态云模型是云理论中一个最重要的构成算法，其定性、定量特性可用数字特征表示，即期望 E_x（Expected Value）、熵 E_n（Entropy）和超熵 H_e（Hyper Entropy）。期望 E_x 是数域中所有云滴的重心位置，表征定性概念在数域中的坐标；熵 E_n 用来度量定性概念 C 的亦此亦彼性，反映论域 U 中可以被语言值所接受的数域范围，即模糊度，当 E_n 越大时，论域 U 中可以被语言值所接受的数域范围越大，则概念越模糊；超熵 H_e 用来反映熵 E_n 的离散程度，即熵的熵，反映出论域 U 中数值 x 对定性概念 C 的隶属度的凝聚性，同时反映了论域中云滴的离散程度。当 H_e 越大时，正态云的厚度越大，云滴的凝聚程度越弱，隶属度的随机性也就越大（见图 4-4）。

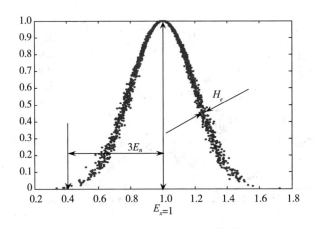

图 4-4 正态云及数字特征

二 基于云理论的数据质量测度模型构建

根据云理论基础定义，若论域 U 内存在确定点 κ，通过云发生器将确定点 κ 属于概念 Q 的确定度分布状况进行生成表示，则此云发生器称作正向云发生器。步骤如下。

第一步：以 E_n 为期望值、以 H_e^2 为方差，生成正态随机数 $E_n' = N(E_n, H_e^2)$；

第二步：以 E_κ 为期望值、以 $E_n'^2$ 为方差，生成正态随机数 $\kappa = N(E_\kappa, E_n'^2)$，$\kappa$ 为 Q 的实质量化值，即为云滴；

第三步：根据 Q 的确定度公式计算 $\nu(\kappa)$，即为 κ 属于 Q 的确定度；

第四步：重复第一步至第三步，产生要求的 N 个云滴。

其中，产生正态随机数时，方差不等于 0，利用云发生器运算过程中的 E_n、$H_e > 0$。论域 U_1 中的特定点 κ_1，通过云发生器产生 κ_1 属于 Q_1 的确定度，步骤如下。

第一步：根据熵 E_n、超熵 H_e，生成正态分布随机数 $E'_n = N(E_n, H_e^2)$。

第二步：利用期望 E_κ、特定点 κ_1 的值，计算确定度 $\nu(\kappa_1) = \exp\left[-\dfrac{(\kappa_1 - E_\kappa)^2}{2E_n'^2}\right]$。

本书选取层次分析法计算指标系数，综合上述两种方法构建数据评价模型，具体如下。

第一步：建立测度对象因素论域 $U = \{u_1, u_2, \cdots, u_n\}$，构建评语论域 $G = \{g_1, g_2, \cdots, g_m\}$。

第二步：利用层次分析法取得数据评价指标权重 $W = \{w_1, w_2, \cdots, w_n\}$。

第三步：取得因素 u_i 对应 g_j 的正态云。通过 u_i 对 g_j 的上、下边界 κ_{ij}^1、κ_{ij}^2，将 u_i 对应 g_j，此定性概念可通过正态云模型表示，其中

$$E_{\kappa_{ij}} = (\kappa_{ij}^1 + \kappa_{ij}^2)/2$$

考虑边界值属于测度级别间的过渡值，存有模糊性，即可认为两个级别的隶属度相等。

$$\exp\left[-\frac{(\kappa_{ij}^1 - \kappa_{ij}^2)^2}{8(E_{n_{ij}})^2}\right] \approx 0.5, \quad 即 \ E_{n_{ij}} = \frac{\kappa_{ij}^1 - \kappa_{ij}^2}{2.355}。$$

超熵 $H_{e_{ij}}$ 值越大，云厚度越高，反之亦然，本书根据经验确定 $H_{e_{ij}}$ 值。

第四步：单因素测度。根据正态云发生器在 U 及信用评语 G 间进行单因素模糊测度，得到测度集 $\xi_i = (\xi_{i1}, \xi_{i2}, \cdots, \xi_{im})$。$\xi_{ij}$ 元素指 U 中第 i 个因素 u_i 对应 G 中第 j 个等级 g_j 隶属度。重复运行 M 次后做均值化处理。按照单因素测度集构建测度矩阵 $\xi = (\xi_{ij})_{n \times m}$。

第五步：综合测度分析。结合前面计算出的测度矩阵 ξ、权重集 W 做模糊转换处理，取得模糊综合测度集 $\dot\varphi$：

$$\dot\varphi = W \cdot \xi = (w_1, w_2, \cdots, w_n)\begin{pmatrix} \xi_{11} & \cdots & \xi_{1m} \\ \vdots & \ddots & \vdots \\ \xi_{n1} & \cdots & \xi_{nm} \end{pmatrix} = (\varphi_1, \varphi_2, \cdots, \varphi_m)$$

其中, $\varphi_j(j=1, 2, \cdots, m)$ 指待测度对象对第 j 个评语的隶属度,将最大隶属值 $\max\{\varphi_j\}$ 对应的第 j 等级 g_j 作为其综合测度结果。

第四节　数据质量测度案例
——以规模企业取用水国控点监测数据为例

一　案例说明与数据来源

为推动最严格水资源管理制度的落实,解决水资源管理基础薄弱的问题,国家水利部针对取用水户未能全面实施实时监控、水功能区与入河排污口监测能力不足、行政边界断面水量水质在线监测设施缺乏等问题,特组织编制了《国家水资源监控能力建设项目实施方案》。其中到 2015 年基本建成取用水监控体系,尤其是对重点用水大户(主要包括地表取水年许可取水量在 300 万立方米以上集中取用水大户、地下取水年许可取水量在 50 万立方米以上的集中取用水大户,部分在敏感水域取水的取水户或其他特别重要的取水户),目前已基本完成该目标。

本部分将对广东省某一规模性企业 2016 年上报的取用水国控点监测数据情况为例,选取数据决策理论与模型对其相关数据状态进行评价,其所报数据主要包括许可水量、实际监测水量、取水许可证代码、取水许可证编号、取水地点、取水方式、取水用途等。由于考虑该部分是对数据质量评价方法的应用举例说明,同时鉴于数据保密性要求,此处对表 4-1 中的数据质量评价指标体系中的各指标均采用专家打分方式进行(其分值情况仅代表局部专家意见,供方法与模型应用参考,不代表任何个人或部门观点)。

二　测度等级划分与指标阈值确定

按照数据质量评价指标体系,运用正态云理论,将数据质量评价分异概念集合中的渐变分类关系从定性描述转化为定量分析,识别数据质量概念的层次关系。通过参考现有数据质量评价体系研究成果,将数据质量评语分为五个等级,按照从优到劣顺序可表示为:Ⅰ级(理想)、Ⅱ级(较好)、Ⅲ级(一般)、Ⅳ级(较差)和Ⅴ级(极差)。其中对水资源数据质量评估拟定专家意见征询情况见表4-2。

表4-2 水资源监测数据质量评价专家意见

评价等级	评语描述	阈值
Ⅰ级	既有监测数据基本上符合数据质量评价体系中的各项指标标准，其中可能存在极少数的数据上报错误	[85, 100]
Ⅱ级	既有监测数据多数能够达到数据质量评价指标体系中的相关标准要求，其中会存在一些对数据质量产生影响的短板指标，但对数据质量状态的作用程度可控	[70, 85)
Ⅲ级	既有监测数据基本符合数据质量评价指标要求，部分数据处理正常状态，但同时存在一些较为明显的错误，这类错误可导致对评价结果产生较为显著的影响	[60, 70)
Ⅳ级	既有监测数据只有少数数据可以达到数据质量评价指标的标准，多数数据存在缺失或较为明显的误差，导致数据的可用性被限制	[40, 60)
Ⅴ级	既有监测数据基本上没有或仅有极少数的数据可满足数据质量评价指标的相关要求，而绝大多数数据均处于非可用的状态，无法据其作出有效的决策	[0, 40)

在确定数据质量评价指标体系及其评价等级的基础上，参考国家、地区及行业对数据质量管理的相关统计，结合其背景、本地标准、类比标准等，通过统计分析专家打分数据，确定各数据质量评价指标所对应的各数据质量状态级别的阈值，见表4-2。

通过确定评价指标的阈值范围，运用正态云模型对数据质量评价指标所对应的数据质量状态等级进行定量表示，相关数字特征见表4-3。

表4-3 水资源监测数据质量评价等级云数字特征值

评价等级	期望 E_x	熵 E_n	超熵 H_e
Ⅰ级	92.5	6.37	0.025
Ⅱ级	77.5	6.37	0.025
Ⅲ级	65.0	4.25	0.025
Ⅳ级	50.0	8.49	0.025
Ⅴ级	20.0	16.99	0.025

基于上述对水资源数据质量评价等级云数字特征值的计算，可进一步绘制其数据质量评价等级的云图（见图4-5）。由此可知，水资源数据质量评价的各信任等级云在不同的阈值范围内可实现相对显著的隔离，同时具有较好的凝聚特性。

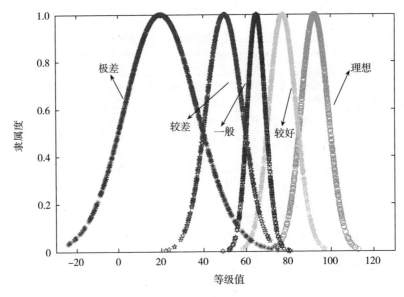

图 4-5 水资源监测数据质量评价的各信任等级云

三 指标权系数计算

按照第三章第五节描述的层次分析法步骤计算数据质量评价指标体系中各指标的权系数，基于指标之间相对重要程度，构建判断矩阵 Γ：

$$
\begin{bmatrix}
\Gamma & B_1 & B_2 & B_3 & B_4 & B_5 & B_6 & B_7 & B_8 & B_9 & B_{10} & B_{11} \\
B_1 & 1.00 & 2.00 & 0.25 & 1.00 & 0.50 & 1.25 & 1.25 & 1.33 & 1.54 & 0.50 & 0.67 \\
B_2 & 0.50 & 1.00 & 0.33 & 1.18 & 0.20 & 1.33 & 1.47 & 1.54 & 1.00 & 0.50 & 0.50 \\
B_3 & 4.00 & 3.00 & 1.00 & 1.05 & 1.00 & 1.47 & 1.61 & 1.39 & 1.85 & 1.00 & 0.67 \\
B_4 & 1.00 & 0.85 & 0.95 & 1.00 & 0.25 & 1.00 & 1.00 & 1.20 & 0.81 & 0.67 & 0.50 \\
B_5 & 2.00 & 5.00 & 1.00 & 4.00 & 1.00 & 1.54 & 1.23 & 1.56 & 1.72 & 1.00 & 0.66 \\
B_6 & 0.80 & 0.75 & 0.68 & 1.00 & 0.65 & 1.00 & 1.00 & 0.95 & 0.81 & 0.25 & 0.50 \\
B_7 & 0.80 & 0.68 & 0.62 & 1.00 & 0.81 & 1.00 & 1.00 & 1.09 & 1.00 & 0.28 & 0.80 \\
B_8 & 0.75 & 0.65 & 0.72 & 0.83 & 0.64 & 1.05 & 0.92 & 1.00 & 0.82 & 0.43 & 0.61 \\
B_9 & 0.65 & 1.00 & 0.54 & 1.24 & 0.58 & 1.24 & 1.00 & 1.22 & 1.00 & 0.95 & 0.24 \\
B_{10} & 2.00 & 2.00 & 1.00 & 1.50 & 1.00 & 4.00 & 3.52 & 2.32 & 1.05 & 1.00 & 0.98 \\
B_{11} & 1.50 & 2.00 & 1.50 & 2.00 & 1.52 & 2.00 & 1.25 & 1.65 & 4.22 & 1.02 & 1.00
\end{bmatrix}
$$

据其进而计算各评价指标权系数向量 $W = [\,0.0758,\ 0.0621,\ 0.1223,$

0.0667，0.1335，0.0612，0.0669，0.0636，0.0684，0.1385，0.1410]。

判断矩阵 Γ 的最大特征值等于 11.6187，测定一致性检验：

$$C.I. = \frac{\lambda_{max} - n}{n - 1} = 0.06187$$

计算一致性比例 $C.R.$ 的值：

$$C.R. = C.I./R.I. = 0.0407$$

由上可知，$C.R. < 0.1$，其判断矩阵 Γ 满足一致性检验要求，说明计算的数据质量评价指标权系数向量 W 有效。

四　测度结果分析

根据数据质量评价指标体系中各指标标准，由分别来自数据科学、水利科学领域的 8 名专家对该家广东省规模性企业 2016 年上报的取用水国控点监测数据情况进行指标评估，其评估值如表 4-4 所示。

表 4-4　　　　　　　　水资源监测数据质量评估结果

指标	专家 1	专家 2	专家 3	…	专家 8
B_1	94.2	96.1	93.0	…	98.5
B_2	92.8	100.0	98.2	…	90.6
B_3	91.6	97.6	94.8	…	96.1
⋮	⋮	⋮	⋮	⋮	⋮
B_{12}	95.3	97.4	100.0	…	99.0

按照隶属度矩阵 $\xi = (\xi_{ij})_{n \times m}$ 和数据质量评价指标权系数集 W，根据云模型步骤，取得评价集 G 上的模糊集 $\hat{\varphi}$，即计算得到各位专家对水资源监测数据质量评价等级的隶属值，进而可按照 $\hat{\varphi}_{j0} = \max\limits_{j \in \{I, II, \cdots, V\}} \varphi_j$ 最大隶属度原则，取得所对应等级为最终评价结果（见表 4-5）。

表 4-5　　　　　　　　水资源监测数据质量专家评价结果

评价值	极差（V级）	较差（IV级）	一般（III级）	较好（II级）	理想（I级）	等级确定
专家 1	0.0088	0.1542	0.1179	0.1262	0.4324	I
专家 2	0.1050	0.4050	0.6324	0.7854	0.5513	II
专家 3	0.0007	0.2286	0.4546	0.6885	0.3414	II

评价值	极差 （Ⅴ级）	较差 （Ⅳ级）	一般 （Ⅲ级）	较好 （Ⅱ级）	理想 （Ⅰ级）	等级 确定
专家4	0.1091	0.1153	0.2492	0.4550	0.5703	Ⅰ
专家5	0.1015	0.2490	0.3303	0.4630	0.1561	Ⅱ
专家6	0.0235	0.2985	0.3754	0.4399	0.0792	Ⅱ
专家7	0.0004	0.0740	0.1976	0.2794	0.4054	Ⅰ
专家8	0.0957	0.1057	0.2104	0.5569	0.3433	Ⅱ

如表4-5所示，可知在现有专家体系中有5名专家认为该规模性企业2016年上报的取用水国控点监测数据整体上为Ⅱ级，即"较好"状态，另外的3名专家认为其已达到了Ⅰ级（"理想"状态）。据此，可从总体上判定目前此企业2016年上报的取用水国控点监测数据为"较好"状态。而对于该结果，可通过计算表4-4的综合云数字特征值进行验证，即按照其表中的各专家意见，求取水资源监测数据质量评价指标体系中各指标的期望 E_x、熵 E_n 和超熵 H_e 均值，分别为 84.1306、0.0264、0.0115，其云滴状态如图4-6所示。该值与水资源监测数据评价指标阈值范围中的Ⅱ级及其表征状态相符合，进一步印证了专家意见的评估结果。

五　主要结论

通过上述采用云理论构建水资源监测数据质量综合评价模型及其应用的分析，可以发现：

（1）应用云理论在处理数据质量评价中，可以较好地处理其评价过程中随机因素与模糊要素的影响，并能够集成数据质量评价中单要素的分析与多要素的综合性评估，释放了传统数据评价模型中对评价因素的"非此即彼"的边际要求，体现了较强的可拓展性与灵活性。

（2）影响数据质量的因素复杂多样，在实际评价中，通常受数据采集、传输及存储等过程中设备质量及人员操作等因素的影响较大。实际上，基于不同的统计标准，数据质量的评价结果也会受到影响，例如侧重于数据采集过程的评价中，更加注重数据采集的全样本率和精准度等。但是在数据爆炸的时代，数据样本量呈指数增长，同时数据结构也多层次

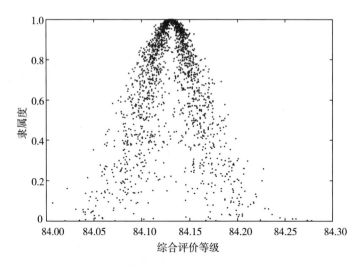

图 4-6　水资源监测数据质量综合评价云滴状态

化，尤其是对于空间类数据的质量分析逐渐成为新的探讨焦点，其处理与分析通常伴随其应用软件的发展，如地理信息系统（GIS）等，但是目前对于空间数据质量的研究相对滞后，由此也造成了其评价方法还尚处于摸索阶段。而本节构建的数据质量评价体系是从各类数据共性质量评价需求的角度进行的指标探索，但在实测中可依据不同类型、不同行业、不同属性的数据进行有针对性的评价体系构建与评价模型选择。

第五章 数据系统工程应用于监测类
异常数据重构

数据异常值分析是数据系统工程应用的主要领域之一，同时也是数据科学研究中对数据清洗工作的主要挖掘点。而针对时序数据而言可分为监测类数据和统计类数据，相比于统计类数据，监测数据通常具有更高的监测频率，在相同的总量时间内其产生的数据规模更大。时序视角下这类数据有其自身的波动规律及特征，如何基于其实际特点与规律进行异常数据的判定与填补估计，是现阶段研究的热点与难点之一。

第一节 监测异常数据问题分析

一 数据非完备性

在监测数据中，数据的非完备性主要是指数据的"缺失"，即在实验或观测的过程中，由于一些人为或非人为的原因导致的既定应有数据而无法获取或消失。而导致数据缺失的原因具有多样性，例如由于软硬件设备的突然损坏、数据采集或传输受到外部环境的干扰、人为操作不当等。一般情况下，按照缺失数据的机制分类，可分为完全随机缺失（Missing Completely at Random）、随机缺失（Missing at Random）和完全非随机缺失（Missing Not at Random）。对于缺失数据常见的处理方法有均值借补法、回归借补法、热平台借补法、冷平台借补法、多重借补法等，但是这些方法对于可处理的缺失数据规模及适用条件不一。

二 数据非真实性

监测数据的非真实性是对应于数据的"虚假"，致使数据无法对决策人员提供有效真实的信息。这些失真的数据有些能够通过直观性的辨识分析出来，例如某一项数据突变为异常大或异常小、图像异常模糊等，但还有一些失真情况难以通过人为主观进行判定，需要借助相应的监测标准或方法进行评估。通常检测数据失真的原因也是多种多样，但总体上也可从人为与非人为因素进行归纳，而如何客观辨识监测数据中的失真"虚假"数据也是需要有一套成熟的计量与模型体系。

第二节　监测异常数据重构模型

处理监测异常数据的方法或模型有很多种，根据不同的监测对象及监测情景需要选取或构建与之相适应的方法和模型，以下将在传统经典概率统计方法基础上，基于经验模态分解与粒子群算法、支持向量机等，介绍其中一类针对监测数据的相关分析模型。

一　概率统计模型

常用经典统计学异常值检测准则有拉依达准则（3σ）、格拉布斯准则、狄克逊准则等[1]，这类准则的使用通常是建立在单次试验重复测量的基础上，但监测数据每日测量重复次数有限，因此这些准则在监测数据异常值辨析的适用性上有待验证。

二　模态分解模型

模态分解（EMD）是 N. E. Huang 在 1998 年提出的一种时频分析方法，该方法可以按照时序数据的实际特征分解为多个固有模态函数（IMF），其中 IMF 分量表征了时序数据的局部特征，使其保持有自适应性，但同时也易出现模态混叠问题而限制其分解成效[2]。而集合经验模态分解（EEMD）是对其进行改进的一种融合噪声辅助的数据处理方法，在模态分解上具有抗混叠的优势。选取 EEMD 处理监测异常数据的识别，

① Anderson, T. W., et al., *An Introduction to Multivariate Statistical Analysis*, New York: Wiley, 1958.

② Huang, N. E., Shen, Z., Long, S. R., et al., "The Empirical Mode Decomposition and the Hilbert Spectrum for Nonlinear and Non-Stationary Time Series Analysis", *Proceedings: Mathematical, Physical and Engineering Sciences*, Vol. 454, No. 1971, 1998.

可有效提取监测数据异常特征向量并挖掘其时序规律，其步骤如下：

第一步：对原始时间序列 $y(t)$ 添加随机高斯白噪声 $\eta_m(t)$，取得融合噪声后的待处理序列 $y_m(t)$。

$$y_m(t) = y(t) + \eta_m(t)$$

第二步：将含有白噪声的序列 $y_m(t)$ 进行 EMD 分解，得到 n 个 IMF 分量 $c_{i,m}(t)$，$i = 1, 2, \cdots, n$，以及剩余分量 $r_{n,m}(t)$。

第三步：添加均方根值相等的不同白噪声序列，并反复运行上述步骤，取得 M 组不同的 IMF 分量及剩余分量。

第四步：计算 M 组 IMF 分量与剩余分量的均值，将其最终分解取得的 IMF 分量与剩余分量定义为模态分解 EEMD 的分析结果，即：

$$c_i(t) = \sum_{m=1}^{M} c_{i,m}(t) / M$$

$$r_n(t) = \sum_{m=1}^{M} r_{n,m}(t) / M$$

三 粒子群—支持向量机仿真模型

考虑数据样本的规模和最小二乘支持向量机（LSSVM）在解决非线性、规模样本等方面问题的拟合优势[1]，本书选取该方法对水资源监测异常数据进行恢复。同时，利用粒子群算法优化 LSSVM 核函数的参数。步骤如下：

定义训练数据样本为 $\{x_i, y_i\}_{i=1}^{k}$，$x_i \in R^n$ 为样本 i 的输入向量，$y_i \in R$ 为样本 i 的目标值，k 是训练样本数，则高维特征空间回归函数为：

$$y(x) = \omega^T \rho(x) + b$$

其中，$\rho(x)$ 指非线性变换映射函数；ω 指权系数；b 是偏置量。据此，LSSVM 目标函数可写为：

$$\min S(\omega^T \theta) = \omega^T \omega / 2 + \gamma \sum_{i=1}^{k} \theta^2 / 2, \ i = 1, 2, \cdots, k$$

其中，θ 是误差变量；γ 为惩罚因子（$\gamma > 0$）。引入 Lagrange 函数求解：

---

① Suykens, J. A. K., Vandewalle, J., "Least Squares Support Vector Machine Classifiers", *Neural Processing Letters*, Vol. 9, No. 3, 1999.

$$L(\omega,\ B,\ \theta,\ \varpi) = S(\varpi,\ \theta) - \sum_{i=1}^{k} \varpi_i [\varpi^T \rho(x_i) + b + \theta - y_i]$$

其中，ϖ_i 指 Lagrange 乘子。按照 Karush-Kuhn-Tucker 条件[1]，分别测算 $\partial L/\partial \omega = 0$、$\partial L/\partial b = 0$、$\partial L/\partial \theta = 0$ 和 $\partial L/\partial \varpi_i = 0$，取得方程组：

$$\begin{bmatrix} 0 & \Omega^T \\ \Omega & \Gamma\Gamma^T + \gamma^{-1}I \end{bmatrix} \begin{bmatrix} b \\ \varpi \end{bmatrix} = \begin{vmatrix} 0 \\ y \end{vmatrix}$$

其中，$\Gamma = [\rho(x_1)^T y_1,\ \rho(x_2)^T y_2,\ \cdots,\ \rho(x_k)^T y_k]$，$\Omega = [1,\ 1,\ \cdots,\ 1]^T$。

引入核函数 $K(x_i,\ x_j) = \rho(x_i)^T \rho(x_j)$ 可得 $y(x) = \sum_{i=1}^{k} \varpi_i K(x,\ x_i) + b$。

考虑 RBF 核函数处理非线性输入与输入关系的适用性，选取其作为 LSSVM 的核函数：

$$K(x_i,\ x_j) = \exp[-\|x - x_i\|^2 / 2\varpi^2]$$

对 LSSVM 模型参数 γ 与 ϖ 的优化通常可选用参数空间穷尽搜索算法，但此方法一般难以有效界定参数的阈值范畴。所以，此处采取 PSO 优化其参数，并为避免 PSO 收敛陷入局部极值，在初始粒子群选取时利用平均粒距函数对其离散程度进行测定：

$$D(t) = \frac{1}{oL} \sum_{i=1}^{o} \sqrt{\sum_{d=1}^{\psi} (a_{id} - \bar{a}_d)^2}$$

其中，o 表示种群粒子数；L 表示搜索区域对角最大距离；a_{id} 表示粒子 i 的 d 维坐标，而 $\bar{a}_d$ 表示其平均值。

另外，对于 PSO 粒子是否出现早熟收敛的判定，可依据种群粒子适应值的改变来分析种群状态，即设定粒子适应度为 R_i，种群平均适应度为 $\bar{R}_i$，定义其适应度方差为：

$$\tilde{\sigma}^2 = \sum_{i=1}^{o} [(R_i - \bar{R})/R]^2$$

其中，R 指归一化后的标定因子，其作用为控制 $\tilde{\sigma}^2$ 的波动，测算如下：

$$R = \begin{cases} \max|R_i - \bar{R}|,\ \max|R_i - \bar{R}| > 1 \\ 1,\ 其他 \end{cases}$$

---

[1]　Dempe, S., Zemkoho, A. B., "On the Karush-Kuhn-Tucker Reformulation of the Bilevel Optimization Problem", *Nonlinear Analysis: Theory, Methods & Applications*, Vol. 75, No. 3, 2012.

根据适应度方差 $\tilde{\sigma}^2$ 的大小可判定粒子聚集水平，而当 $\tilde{\sigma}^2 < c$（c 为给定阈值）时，则可判定其已进入后期搜算阶段，易出现早熟收敛，需重新分配粒子空间，促使粒子摆脱局部极值并极大地提高收敛速率，运用 PSO 优化 LSSVM 具体流程见图 5-1。

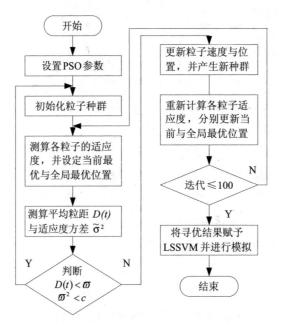

图 5-1 利用 PSO 优化 LSSVM 参数流程

选取参数优化后的 LSSVM 模型，将除了存在数据明显异常的监测数据作为模型训练样本进行拟合，通过控制拟合误差辨识其监测数据异常值，进而根据拟合结果对监测异常数据进行恢复。

第三节 监测异常数据重构案例
——以日取水量监测数据为例

一 案例介绍与数据来源

实现对水资源的全面监测是国家水资源监控能力建设项目的重点内容，是落实 2011 年中央一号文件和水利信息化建设的龙头工程，尤其是对 8558 个规模以上取用水户、4493 个重要水功能区与入河排污口及 737

个省界断面等的水量和水质的在线监测，由此逐步形成完善的国家水资源
在线监测数据采集传输网络体系，为强化水资源管理提供重要决策支撑。
国家水资源监控能力建设项目通过一期建设（2012—2014 年），极大地提
高了水量水质监测覆盖率，同时也遇到了一些亟待解决的难题，其中就包
括提高水资源监测数据的真实性与可应用性，即保障监测获取的水资源数
据能够真实、客观地反映水资源的实际状态，严格控制其监测异常数据，
而这也是在推进项目二期建设（2016—2018 年）与支撑最严格水资源管
理制度落实的关键环节。常见的水资源监测异常数据可分为可直观辨识异
常数据与非可直观辨识异常数据两大类，具体如下。

（一）可直观辨识异常数据情景

可直观辨识的水资源监测数据异常是指能够利用其监测数据值的变化
大小或统计曲线的走势而直接读取的非常规数据状态。按照水资源监测系
统呈现出的水资源监测数据状况，以日取水量数据为例，其可直观识别出
相对典型的监测数据异常情况有：

（1）数据值连续为零。如图 5-2（a）所示，水资源监测数据连续一
段时间内取水量为零，该情况下多是由于监测设备停用、传感器损坏等问
题导致。

（2）数据值连续不变。这是指水资源监测数据处于非零状态的恒定
值［见图 5-2（b）］，正常状态下日取水量均会存在不同程度的差异，但
长时间不发生变化则说明其具有产生异常的可能。

（3）数据值突变过大、过低、为零。该情景主要指监测数据在某一
点上出现明显的突变，但随后趋于波动不大的连续状态［见图 5-2
（c）］，而突变的原因有多种，包括该日取水量确实由于水资源需求而改
变，但也可能设备受外界环境干扰而产生异常波动。

（4）数据值季节性反差。正常状态下日取水量总体上呈一定规律变
化，例如在冬季时总体水资源需求量下降而导致日取水量曲线本应该回
落，但所监测的数据却呈持续上升趋势［见图 5-2（d）］，而在夏季却出
现相反的现象。

（5）数据值缺失。该现象更为明显，即水资源监测系统中无法获取
实际监测数据而造成数据值处于空白。

对于可直观辨识的水资源监测异常数据需要依据实际情况，通过反馈
校对的形式检验数据的真伪，若是由实际需求而引发的数据变动则不需再

进行调整，而对于设备损坏、人工操作等导致的数据异常则需要采取相应的措施进行数据修正。

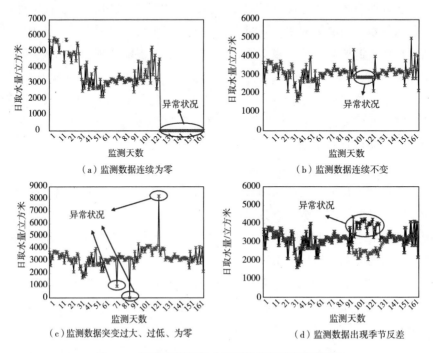

图 5-2　可直观辨识的水资源监测异常数据情景

（二）非可直观辨识异常数据情景

除上述可直观辨识的异常数据情景外，其他情景多为水资源监测数据连续且上下波动幅度并不是非常明显的情况，但这其中并不能排除全部为监测到的精准数据，通常也会存在通过直接观测而无法轻易发现的数据异常值，对此可将此类异常数据称为非可直观辨识异常数据。据其数据特性来看，非可直观辨识异常数据检测要在看似正常的数据流中查找存在异常的数据点，其判定精度直接关系到水资源监控工作的复杂性，但此类异常数据的排查难度要明显高于可直观辨识的异常数据，而这也是自国家水资源监控能力建设以来亟待解决的难点。

目前水资源监测异常数据的识别与处理已成为水资源管理研究工作的重点，而学者尝试了诸多数据建模方法并建立了一定程度的分析基础，但实际上水资源监测数据上传至国家水资源管理系统中具有数据规模大、人工检测操作复杂等特点，同时其数据本身呈现出季节波动规律，此背景下达到有效识别监测异常数据的目标则需要构建与其相适应的检测模型。据此针对日取用水量监测数据为研究对象，结合该类监测数据统计中的实际情况，提出一种基于移动平均拟合和模态分解的水资源监测异常数据检测方法，分别从可直观辨识与非可直观辨识的水资源异常数据处理角度完成其异常数据的辨识，并在验证模型有效性基础上利用粒子群—支持向量机仿真模型实现对异常数据的恢复。

以某水务有限公司 2016 年日取水量监测数据为例（共 366 天），该数据序列源于国家水资源管理系统数据库，记为 δ^{-p}（见图 5-3）。对其可直观辨识的水资源异常数据初步处理后，重点分析其非可直观辨识的日取水量监测异常数据。

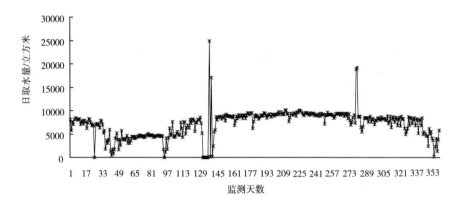

图 5-3　日取水量监测数据变化状态

二　分析过程及结果

（一）可直观辨识的水资源异常数据粗处理

按照可直观辨识的水资源异常数据的情景类别，观测图 5-3 中未出现季节反差的现象，但需对日取水量监测数据的出现数值突变过大、为零、缺失、连续恒定不变的数据点进行初筛，其中数值突变过大包括过高和过低两种情况。对于这类异常数据需要在进行非可直观辨识异常数据分析建模前进行剔除，否则易受其影响而导致所建数据模型判定精度受损，但是同时也要考虑日取水量监测数据信息状态的反映，避免由于数据剔除规模过大而造成数据建模信息支撑不足。据此，鉴于日取水量通常受到季节影响相对显著，可分别采用多项式拟合、移动平均算法预估其可直观辨识的水资源异常数据，具体见图5-4与图5-5，其移动拟合状态及数据异常情况分别见图中曲线与数据点。

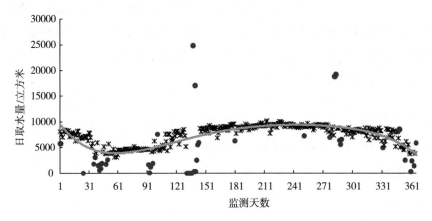

图 5-4　数据拟合曲线与异常点识别

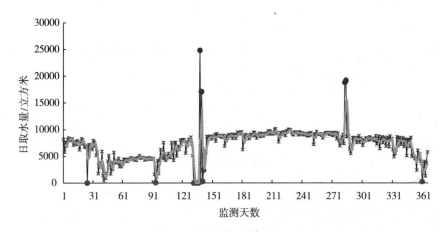

图 5-5　数据拟合曲线与异常点识别

根据数据离散状态，可知多项式拟合状态下需要剔除的异常数据点相对较多（41项），而经实际校验反馈发现其中部分数据点被误判为异常值。移动平均处理方法所需剔除异常数据点为14项，其拟合的数据波动规律要比多项式拟合效果相对更加显著。因此，在保障数据建模信息尽可能完整的前提下，选取移动平均法作出的可直观辨识的水资源异常数据判断更加合理，剔除这类异常数据点后的日取水量监测数据序列记为 δ'^{-p}，其曲线见图5-6。

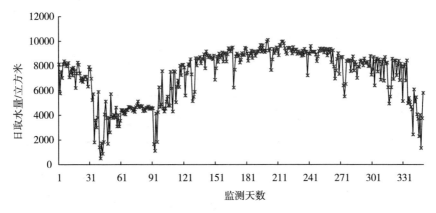

图5-6　剔除可识异常点后监测数据

（二）基于模态分解的非可直观辨识异常数据分析

以初步修正后的时间序列 δ'^{-p} 为样本，在维持其数据点时序位置不变的情况下采取 EEMD 模型分解其样本数据（见图5-7）。其中包括8组分量，7个固有模态函数 $imf_i\,(i=1，2，\cdots，7)$ 与1个残余项 res。观测其分量可知 imf_1 和 imf_2 高频分量较为显著，据其可考虑对高频分量进行剔除处理，并利用剩余低频分量实现对原 δ'^{-p} 数据序列的滤波处理。因此，可将后6项相对低频分量进行数组重构，记为 δ''^{-p}（见图5-8）。按照重构结果，可发现重构数据序列 δ''^{-p} 能够对样本中的多数正常数据进行较高精度拟合，并取得了相对较为平缓的重构数据趋势线，即满足对数据变化特征客观反映的标准。

为进一步提高基于模态分解重构数据与粗处理后监测原始数据的对比程度，需测算数据序列之间的相对误差 Er^{-p}，结果见图5-9。按照相对误差 Er^{-p} 阈值 ±0.5 的控制标准，设定当 $|Er^{-p}|>0.5$ 时，其所对应的 δ''^{-p} 数据点判定为异常值。据此，发现其中有11项监测数据出现异常状态。而为增强异常数据在水资源管理系统中的可视化水平，则结合可直观辨识的日取水量异常数据粗处理结果，将整个步骤中判定为异常数据点处均设为零，记为 δ'''^{-p}（见图5-10）。从2016年水资源监测数据异常点挖掘的总体情况来看，出现异常数据的时间多集中于上半年，而下半年相对较少，说明随着水资源监测体系与水资源监控管理信息平台建设的不断完善，对水资源监测数据采取与传输精准度的提升有了显著改善。而局部水资源监测异常数据表明，部分监测还存在数据连续性异常的现象，特别是

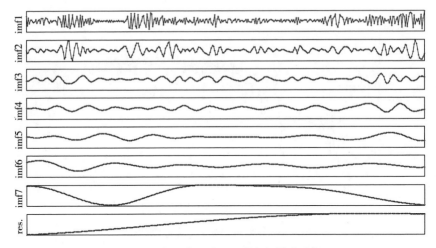

图 5-7　非可直观辨识异常数据模态分解

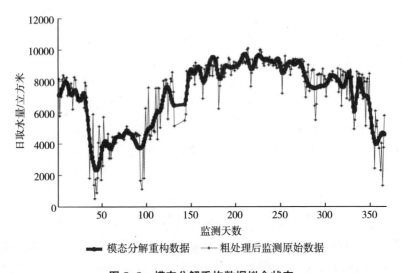

图 5-8　模态分解重构数据拟合状态

在监测的 132—137 天期间数据呈连续为零的状态，而此类问题在多数情况下是由于监测设备本身或受环境影响而导致，即说明在整体水资源监测水平上升的良性趋势下，其局部监测基础设施仍需完善。

　　为验证水资源监测异常数据检验方法的有效性，本书同时采用了经典统计学中的 3σ 准则和箱线图方法对其数据进行异常分析，以增加对比度。由于这类统计方法适用的条件存在差异，且缺乏对水资源监测数据的时序特征的考虑，结果发现在依据 3σ 准则下，其正常阈值范围为 [-1299.56,

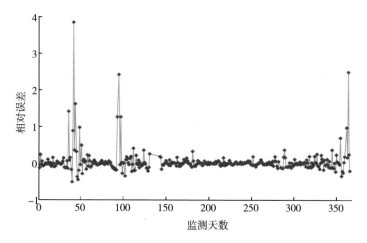

图 5-9　相对误差计算结果

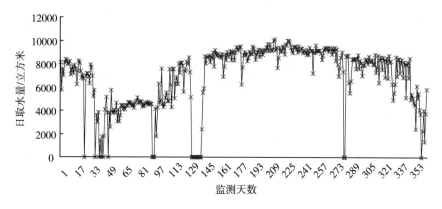

图 5-10　全部异常数据检测结果

15510.83]，即仅有 3 个数据异常点可被识别；而在箱线图统计中也只有 4 个异常点被检验出来（见图 5-11），多数异常值被忽略，无法为水资源监测数据分析与决策提供足够的信息支撑。而该对比结果进一步印证了本书所采用的异常值检测模型对水资源监测数据具有实用性。

（三）基于 PSO-LSSVM 的异常数据恢复

剔除图 5-10 中数据序列 δ'''^{-p} 为零的监测异常数据点，记为新数据序列 ϑ^{-p}，并将其作为 PSO-LSSVM 模型的输出，按照其模型的运算步骤进行测算。其中，PSO 计算时其惩罚因子 $\gamma \in [0.1, 100]$，$\tilde{\sigma} \in [0.1, 10]$，对此参考样本数据设置 $\gamma = 30$，$\tilde{\sigma} = 2$，粒子数 $o = 30$，最

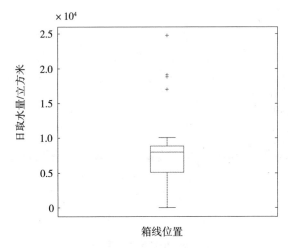

图 5-11   基于箱线图异常值检测

大迭代次数 $t_{\max} = 100$；平均粒距可体现种群分布多样性特征，随机粒子产生的粒距 $D(t)$ 均不低于 ϖ，设其阈值 $\varpi = 0.001$；而适应度方差则表征粒子聚集水平，设其阈值 $\varepsilon = 0.01$。剔除异常数据点后各指标归一化模型如下：

$$\hat{x}_{ij} = (x_{ij} - \max x_j) / (\max x_j - \min x_j)$$

其中，x_{ij} 指水资源监测及其时间原始数据；$\hat{x}_{ij}$ 指归一化后的指标值；x_j 指 x_{ij} 所在 j 列的数值。利用 RBF 核函数，根据支持向量机模型对数据序列 ϑ^{-p} 分别进行 LSSVM、PSO-LSSVM 模型样本训练，并通过 PSO-LSSVM 拟合模型恢复异常数据点，其分别见图 5-12 与图 5-13，而图 5-14 显示了其粒子群进化中适应度的变化情况。

根据图 5-12 可知，利用 LSSVM 模型可对水资源监测数据起到一定的水平拟合效果，但是局部数据点的拟合度存有相对显著的偏离性现象，尤其是在数据监测的第 150 天到第 210 天期间其拟合偏高，而第 220 天到第 310 天期间的拟合度偏低，即该拟合并未达到理想状态。另外，曲线拟合是处理统计数据缺失的常用方法，将其用于处理监测数据中异常数据的恢复，其结果见图 5-15，发现虽然恢复的数据能够与正常数据具有邻近性，但其拟合曲线缺乏对局部监测数据变动规律的反映，可见由此恢复出的数据真实性也有待商榷。而基于 PSO-LSSVM 的监测数据拟合模型通过引入逐步寻优参数与更新粒子位置，避免了对 γ、$\tilde{\sigma}$ 选择的盲目性和随机性而

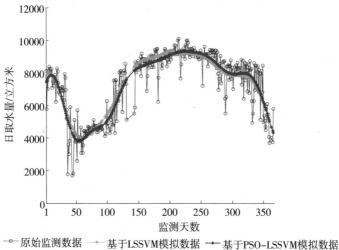

图 5-12　基于序列 ϑ^{-p} 的 PSO-LSSVM 数据模拟

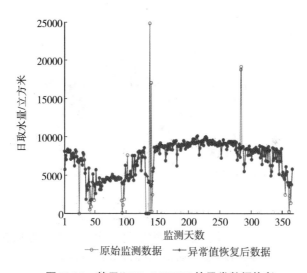

图 5-13　基于 PSO-LSSVM 的异常数据恢复

陷入局部极值的弊端。相比于 LSSVM 和曲线拟合方法，其数据拟合效果更加契合监测数据的整体时序变动规律，因此，可将其拟合数值替代数据组 δ^{m-p} 中数据为零的值，从而实现对监测异常数据的恢复。从图 5-13 中呈现的异常数据恢复后日取水量变化，可发现监测期内其总体为"先下降后上升再下降"的趋势，而该现象与实际情况相符合，即夏季多容易出现取水高峰，而冬季则相对较少。这进一步印证了上述 PSO-LSSVM 模型对监测数据拟合及异常数据恢复的有效性。

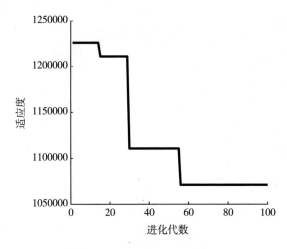

图 5-14　粒子群进化与适应度

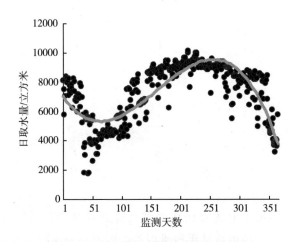

图 5-15　基于曲线拟合的异常数据恢复

三　主要结论

（1）在国家水资源监控能力二期建设的关键阶段，如何针对既有规模性水资源监测数据进行全面分析进而为水资源管理决策提供有效支撑是亟须解决的重要问题，而实现数据分析决策支持的前提是提高数据的可用性，尤其是水资源监测数据完备构建与真伪鉴定，这类问题与水资源监测异常数据紧密相关。然而，现阶段相关部门及学术研究中对水资源监测异常数据并没有形成统一的认识，在实际水资源统计与监测数据管理中，通常认为其异常值是偏离邻近监测值较大的数据。据此，本书所定义的水资源监测异常数据是出现数值连续不变、数值呈季节性反差，以及数据值相比邻域时刻的监测数值呈现突变过大、过低或者为零等非常规数据。该定义方式基本符合水资源监测数据管理中的实际状况，也可对相关监测数据分析提供借鉴。

（2）基于维持水资源监测异常数据的实际特征而采取的移动平均拟合与 EEMD 方法识别日取水量监测异常数据的研究思路，能够较大程度地模拟监测点的水资源取用状态及变动趋势。实际上，导致水资源监测数据异常的因素有很多，但是归结起来其可分为两大类，即实际突变异常和待修正异常。其中实际突变异常主要是指由于实际取用水需求改变而引发的监测数据上升或下降，而待修正异常则是受监测设备或环境等影响而造成实际采集数据与水资源管理系统中呈现的数据存在较大差异。对于前者可通过人工校对识别，并保留其原始监测数据，而后者则需运用相应的方法或模型进行辨识，而本研究提出方法可为其提供一种较为实用的数据分析方法。此外，运用 PSO-LSSVM 的日取水量监测数据拟合曲线与监测点取用水实际状况相一致，且符合其季节波动规律，这不仅可用于解决监测异常数据的恢复，也适用于监测数据缺失填补的情景。

综上所述，按照可直观辨识与非可直观辨识的异常值识别思路对水资源监测异常数据存在的情景进行总结梳理，在其基础上提出了基于移动平均拟合与 EEMD 相结合的水资源监测异常数据检测模型和基于 PSO-LSSVM 的异常数据恢复方法，并通过对水务公司的实际日取水量监测数据进行实证分析，验证了上述方法在处理其监测异常数据上的可行性与有效性。研究发现，传统的统计手段难以符合监测频率高同时具有季节周期波动规律的水资源监测数据分析的要求，而经过对可直观辨识的异常数据进行粗处理后，采用 EEMD 方法可在保障其监测数据时序特征状态不变的情况下完成对异常数据的筛选，其适用性更强。同时，PSO 优化后的 LSSVM 模型可更加系统地拟合剔除异常数据后的样本，其拟合状态与实际取用水季节波动规律基本一致。因此，该类监测异常数据处理方法可为水行政主管部门推进水资源监控能力建设提供理论支持，也能对其他相关领域的时序监测数据分析提供参考。

第六章 数据系统工程应用于统计类
异常数据重构

评估统计数据的准确性是统计工作中研究的重要课题，在此期间社会各界对统计数据的质量均予以更高强度的关注与要求。这是因为统计信息质量的高低将直接影响到统计信息的可应用性，尤其是政府、行业、企业等相关决策制定的科学性与合理性。对此，如何采用更加严谨的科学方法，对统计数据进行系统性的诊断并保障统计数据的可靠性，是亟须深入探讨与研究的核心问题。

第一节 统计异常数据问题分析

一 数据统计相关问题描述

中国政府于 2002 年 4 月 15 日正式加入数据公布通用系统（GDDS），这可以在一定程度上标志着中国统计的"入世"，而统计工作推进至今，在取得重大进步与显著成果的同时，也仍存在诸多问题[①]。例如：

（1）统计数据失真现象时有发生。即现有相关统计指标数据与其真实情况相背离或偏差较大。当前所实施的数据统计多数情况下是依靠地方各级统计部门进行数据收集，这其中难免有统计技术手段不够科学、统计制度不够完善和统计过程受外部因素干扰过大等系列原因。虽然统计法在应对外部环境对推进与支撑数据统计工作中起到了重要的约束性作用，但是在提高数据质量上的很多技术层面问题还需要进一步挖掘。

（2）数据统计需求与既有统计工作体系之间失调现象相对突出。

---

① 杨金伟、王丽珍、陈红梅等：《基于距离的不确定数据异常点检测研究》，《山东大学学报》（工学版）2011 年第 4 期。

1994年国务院颁布《国务院批转国家统计局关于建立国家普查制度改革统计调查体系请示的通知》,其中明确了以周期性普查为基础的统计制度,而这作为传统相对单一的数据统计方法,其主要是通过全面调查并辅以相关手段,采取以统计报表形式层层上报的方式展开,但随着数据规模的不断上升,社会各界对统计数据需求标准也日益提高,这使现有统计可支配资源与统计任务之间的矛盾越发显著。

(3)模糊分工与重复统计问题较为严重。该方面相对较为典型的就是在国家统计年鉴出版的同时,各行业、各地区等均会出版相应的统计年鉴,虽然这并不是说各年鉴就能相互进行替代,而是对于年鉴中的诸多指标均是重复性的数据统计,但由于统计口径不一,常出现对于同一项统计指标的数据其统计值出现差异,不仅导致了统计资源的浪费,还造成了数据分析的困扰,降低了统计数据的可信度。

此外,数据统计工作作为一项复杂的系统性工程,还面临着其内部监控体系完善的多种需求等。鉴于上述问题的存在,同时考虑统计工作的推进需要一定的时间性,因此,在此过程中强化对统计数据的真实性与完备性的检测,也是一项重要而艰巨的数据推进任务。

二　数据统计检验常规方法

数据质量检验是提高统计工作的关键环节,其中需要采用一定的科学方法进行支撑。常用的统计检验包括[1]:

(1)逻辑关系检验法。该方法是对政府统计指标体系中的相关统计指标之间所具有的包含、相等、相关等类型逻辑关系作为评判的基本依据,检验统计指标数据的真实状态及其可信水平。其具体可划分为相关逻辑检验与比较逻辑检验两大类。

(2)核算数据重估法。在一定程度上可认为核算数据重估法是逻辑关系检验法的进一步拓展,即从统计核算的视角对具体指定统计指标数据进行重新核算。其应用的基本方法有偏差修正重估法、价格指数重估法、物量指数重估法等。

(3)统计分布检验法。分布检验是统计学中最为基础的理论,也是

---

① 刘星毅、檀大耀、曾春华等:《基于马氏距离的缺失数据填充算法》,《微计算机信息》2010年第9期。

社会学领域中对各类统计指标数据进行常规检验常用的方法。其假设指标数据在通常情况下服从某一类特定统计分布，并利用统计分布检验实现对数据异常及总体状况的评估。

（4）计量模型分析法。该方法是以经济学计量模型的构建与应用为基础，对利用指标之间的内在线性或非线性关系检验统计数据的质量。其中涉及数据问题的条件假设、样本数据的选取、计量模型的构建与有效性分析，以及检验结果的重复验证等。

（5）抽样误差检验法。具体包括过程抽样与事后抽样检验，前者是对统计数据产生过程进行误差追溯的方法，通过对统计数据样本抽样检验，以达到控制统计数据误差的目的，该理论在统计学中已非常成熟；而后者则是在数据统计工作基本完成但还未公布时所采取的方法。

第二节　统计异常数据重构模型

基于现阶段对统计类数据分析方法应用的现状，本节提出一种基于偏最小二乘—主成分分析模型的统计数据异常值检验方法，并结合最小残差异常值修正理论实现对含有异常统计数据的鲁棒性控制。在上述基础上，选取 PSO-LSSVM 模型完成对缺失类数据的填补。

一　基于偏最小二乘—主成分的异常值检测模型

设因变量 Y 和 p 个自变量构成自变量集合 $X = (x_1, x_2, \cdots, x_p)$，观测 n 个样本点，并构成 n 维因变量向量 $(y_1, y_2, \cdots, y_n)_{n \times 1}$ 和自变量构成 $n \times p$ 观测矩阵 $X = (x_1, x_2, \cdots, x_p)_{n \times p}$。PLS 回归的基本原理是逐次对自变量 X 逐次提取主成分 q_α，$\alpha = 1, 2, \cdots, \alpha$，尽可能多地概括自变量集合 X 中的信息同时与因变量 Y 的相关性可以达到最大值。对此，定义 Q_{vi}^2 为数据样本 i 对第 v 主成分 q_v 的贡献度，即：

$$Q_{vi}^2 = q_{vi}^2 / [\delta_v^2(n-1)]$$

其中，δ_v^2 指主成分 q_v 的方差。据其分别测算数据样本 i 对主成分 t_α 的累计贡献度 Q_{vi}^2，公式为：

$$Q_{vi}^2 = \sum_{v=1}^{\alpha} (q_{vi}^2 / \delta_v^2) / (n-1)$$

一般情况下 Q_{vi}^2 相对稳定，而当 Q_{vi}^2 出现较大测度值时，PLS 预测则产生显著的拉伸效应。据 Tracy 等提出利用 π 统计对 Q_{vi}^2 进行检验的方法，即设定显著水平 τ：

$$\pi = Q_i^2 n^2 (n - \alpha) / [\alpha(n^2 - 1)] \sim F_\tau(\alpha, \ n - \alpha)$$

可推出，若 $Q_i^2 \geqslant F_\tau(\alpha, \ n - \alpha) \alpha(n^2 - 1) / [n^2(n - \alpha)]$，则可判定数据样本 i 对主成分 q_v 的贡献度偏大。多数情况下对于样本信息可通过 2 个以内的主成分进行概括提取，对此本书假设主成分数目为 2，即 $\alpha = 2$，则将判定条件转为：

$$[(q_{1i}^2/\delta_1^2) + (q_{2i}^2/\delta_2^2)]^2 \geqslant 2F_\tau(2, \ n - 2)(n - 1)(n^2 - 1) /$$
$$[n^2(n - 2)]$$

记不等式右侧等于数值 κ，则可认为当 $q_{1i}^2/\delta_1^2 + q_{2i}^2/\delta_2^2 = \kappa$ 时，取得其方程为 Q^2 椭圆图。据此可划分指标异常值检测依据：若数据样本都处于 Q^2 椭圆内部且距离其边界线较远，则可认为指标数据分布为正常状态，无异常值；相反，若数据样本落于 Q^2 椭圆外部或距离其边界线较近，初步判定其具有异常值特征。符合异常值特征的数据样本，则进一步审核其异常的原因，如果为数据本身实际突变引发的指标数据检测异常，不需要修正，而对于设备、人为因素等原因导致的异常情况需要进行重新修正。

二　基于最小残差的异常值修正

考虑传统最小二乘回归对于其方差的非稳健性，易导致拟合效果偏向突变数据扩散，本书拟采用最小残差的回归方式修正最小二乘回归目标函数，削弱突变数据对拟合模型的影响。其函数为：

$$\min E(\lambda) = \sum_{i=1}^n |W_i - H_i'\vartheta| = \sum_{i=1}^n |v_i|$$

其中，W_i 指水资源数据样本值；H_i 指影响要素指标；ϑ 是待估系数；v_i 指数据样本拟合误差。对于上述公式，可假设：

$$\varphi_i = (|v_i| + v_i)/2, \ \xi_i = (|v_i| - v_i)/2$$

即 $|v_i| = \varphi_i + \xi_i$，$v_i = \varphi_i - \xi_i$。

将上式代入模型目标函数，求解规划解：

$$\min E(\varphi, \ \xi) = \sum_{i=1}^n (\varphi_i + \xi_i)$$

$$\text{s. t. } W_i = (g' - g'')H_i + (\varepsilon' - \varepsilon'') - (\varphi_i + \xi_i)$$

$$g',\ g'',\ \varepsilon',\ \varepsilon'' \geq 0$$

$$\varphi_i,\ \xi_i \geq 0$$

根据上述模型，可知利用一次函数作为基于最小残差异常值修正的目标函数，可有效控制其模型对指标异常值的敏感度达到修正效果。

第三节　统计异常数据重构案例
——以水资源年消耗数据为例

一　案例介绍

水资源消耗预测是根据水资源消耗量、社会、经济等相关历史时序数据，挖掘水资源消耗动态演化规律及其影响要素之间的作用机理，并构建水资源消耗预测模型，辨识水资源消耗程度未来变动趋势。因此，如何实现高精度的水资源消耗预测对于保障水资源综合规划、水资源管理等政策制定的科学性与合理性至关重要。而要达到上述目标，需以完整、高质量的历史时序数据为基础，但是限于现有监测指标与统计手段等因素的约束，其历史数据收集中难免存在数据异常、缺失等状况。其中，数据的异常可主要分为实际突变异常和待修正异常两类，前者是指标数据由于实际消耗等而产生的实际改变，检测与统计过程中需对其进行保留，而后者主要是在人为操作、设备使用、统计口径差异等因素影响而导致数据出现"存在而不正常"现象；缺失数据则是监测设备的损坏、数据资料的遗失等造成的"数据空白"。对于待修正异常与缺失数据均需要采取有效的检测与填补方法进行完善，以支撑水资源消耗预测建模的要求。

数据异常值检测与缺失方法研究已成多元化，可对探索水资源消耗预测的数据异常与缺失问题提供良好的参考。而实际上对于不同指标的数据在其属性上具有较大的差异性，所需要采取的解决方法也不同，但是现有针对水资源消耗预测的数据异常与缺失补充方法相关研究较少。同时考虑由于水资源的自然与社会经济双重属性而导致影响水资源消耗的因素具有复杂多样性与不确定性，该节则在学习现有研究成果的基础上，应用偏最小二乘（Partial Least Squares，PLS）与最小残差回归法、粒子群—最小二乘支持向量机分别对水资源消耗预测的异常值进行适用性研究，为提升水资源数据管理水平提供一定的方法支持。

二　辨识过程与结果

现有诸多研究成果中对水资源消耗与社会经济发展之间的强相关性进行了论证[①]，同时鉴于社会经济指标可通过其统计年鉴取得较高可信度的数据，对此考虑选取偏最小二乘法对年均水资源消耗量与社会经济发展指标之间的主成分进行提取处理。毛李帆等认为该过程中基于相关指标数据构建的回归模型会受异常值的扩大影响，对主成分的贡献水平显著高于常规数据，并在电力负荷异常数据分析中得到验证。因此本节利用统计数据样本对提取的主成分贡献程度的方法检测水资源数据异常值。

（一）水资源数据异常值检测算例与分析

以广东省 2000—2015 年社会经济发展与水资源消耗量为例[②]，其指标数据见表 6-1。利用 PLS-Q^2 模型对其 2000—2012 年历史数据进行函数拟合，同时检测水资源异常数据，根据拟合结果完成异常值修正并预测 2003—2015 年数据，检验模型预测有效度。

表 6-1　　　　　广东省社会经济与水资源消耗指标

年份	社会经济指标				水资源消耗量（亿立方米）
	第一产业 GDP（亿元）	第二产业 GDP（亿元）	第三产业 GDP（亿元）	人均 GDP（元）	
2000	986.3190	4999.5145	4755.4193	12735.6567	384.5120
2001	988.8385	5506.0641	5544.3509	13851.5885	337.3830
2002	1015.0822	6143.3994	6343.9433	15365.2633	402.4220
2003	1072.9129	7592.7826	7178.9395	17798.1912	417.8517
2004	1219.8400	9280.7300	8364.0500	20875.6207	424.4360
2005	1428.2700	11356.6027	9772.5000	24646.5873	426.5151
2006	1532.1700	13469.7749	11585.8200	28533.6554	435.3481

---

①　左其亭、赵衡、马军霞：《水资源与经济社会和谐平衡研究》，《水利学报》2014 年第 7 期。

②　社会经济指标主要源于《广东省统计年鉴》（2000—2016），水资源消耗量通过求解地区用水总量与再循环水资源量之差得到，由于再循环水资源量测算过程较为复杂，需要对计算结果进行二次检查，其数据源于《广东省水资源统计公报》（2004—2015）、《广东省环境统计公报》（2000—2015）。

续表

年份	社会经济指标				水资源消耗量（亿立方米）
	第一产业 GDP（亿元）	第二产业 GDP（亿元）	第三产业 GDP（亿元）	人均 GDP（元）	
2007	1695.5700	16004.6076	14076.8300	33271.5863	504.8936
2008	1973.0500	18502.2013	16321.4600	37637.9175	441.1834
2009	2010.2700	19338.2753	18143.9750	39445.8361	458.4043
2010	2286.9800	22821.7701	20927.5028	44758.1177	457.1970
2011	2665.2000	26116.0541	24464.9306	50841.5327	442.6194
2012	2847.2600	27239.4437	27061.0433	54171.0479	495.2454
2013	2977.1300	28994.2200	30503.4400	58833.0257	471.7510
2014	3166.8200	31419.7500	33223.2800	63468.5979	485.6117
2015	3345.5400	32613.5400	36853.4700	67503.4070	497.4800

按照上表中数据，利用 PLS 模型对其指标数据进行主成分提取处理，并测算各数据样本的累计贡献度 Q_{vi}^2（见表 6-2）。其中，r_1、r_2 分别表示主成分 1 与主成分 2。

表 6-2　　　　　　　主成分 r_1 与 r_2 测度结果

年份	r_1	r_2	Q_{vi}^2
2000	-2.44899	0.11980	0.028368
2001	-2.48898	-0.35205	0.046630
2002	-2.11220	0.18294	0.024721
2003	-1.79835	0.22639	0.022207
2004	-1.39177	0.14336	0.011690
2005	-0.89538	-0.02021	0.003552
2006	-0.42073	-0.10357	0.002473
2007	0.85937	1.56228	0.390802
2008	0.82059	-0.50261	0.043046
2009	1.13045	-0.43637	0.035798
2010	1.88742	-0.73030	0.100190
2011	2.73498	-1.19532	0.259432
2012	4.12358	1.10567	0.268102

根据表 6-2 可知，2007 年、2011 年和 2012 年的数据样本累计贡献度 Q_{vi}^2 均已突破 0.25，并分别达到 0.390802、0.259432 和 0.268102，与其他样本之间数值差异相对显著。对此，参考时序历史数据，设置其模型的显著水平 $\tau = 0.15$。按照 PLS 模型测度 Q^2 椭圆式：

$$r_{1i}^2/2.1397 + r_{2i}^2/6.2262 = 2.5119$$

按照上式及表 6-2，可绘制其 Q^2 椭圆分布图，见图 6-1。

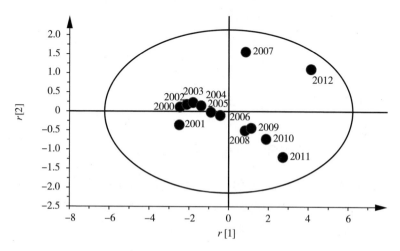

图 6-1 异常值修正前 Q^2 椭圆示意

图 6-1 所示的 2007 年、2011 年和 2012 年数据样本点靠近 Q^2 椭圆的边缘，需要对其进行核定。经对统计数据重新测算核定，发现 2007 年和 2012 年水资源消耗量数据应分别为 450.8936 和 459.2454，而 2011 年数据（442.6194）与核定数据相一致，即为实际突变数据。如果按照水资源消耗均值数据 ±5% 水平作为划分依据，则处于（411.278，454.570）以外数据均被列为异常值，即 2000—2002 年、2007 年、2009—2010 年和 2012 年为异常点；而若以 ±10% 水平为标准，（389.6315，476.2163）为其正常区间，除 2007 年、2011 年和 2012 年以外，2000—2001 年也被误列为异常值点。可见，利用传统均值 ±5% 与 ±10% 水平的评判方法虽然在操作上具有简便性，但易造成较大的误判，而 PLS-Q^2 模型表现出了较强的实用性。

对于重新核定的数据，建立 Q^2 椭圆式，见下面模型，而其主成分与 Q^2 椭圆分布见图 6-2。

$$r_{1i}^2/1.1302 + r_{2i}^2/6.4883 = 2.5119$$

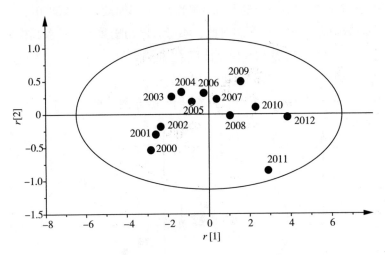

图 6-2　异常值修正后 Q^2 椭圆示意

观测异常修正前后 Q^2 椭圆图，可知 2007 年、2012 年数据样本点向圆心靠拢，表明由于人为操作等主观因素造成的异常值已被修正。而 2011 年数据为水资源消耗实际突变数据，仍置于椭圆边界处，对其无须进行调整。

考虑异常值对拟合方程的影响，利用传统最小二乘法与本书构建的最小残差的异常值修正模型分别对数据修正前与修正后样本进行回归分析，依次记为 $\ell_1(x)$、$\ell_2(x)$，再预测 2013—2015 年水资源消耗量。各拟合模型如下：

$$\ell_1(x) = 275.7478 - 0.1898x_1 - 0.0605x_2 - 0.0055x_3 + 0.0471x_4$$
$$\ell_2(x) = 358.7501 - 0.1936x_1 - 0.0203x_2 - 0.0038x_3 + 0.0240x_4$$

其中，x_1，x_2，$\cdots$，x_4 分别指表 6-1 中各产业 GDP 与人均 GDP 量。据其取得水资源消耗量预测值，具体见表 6-3。

表 6-3　　　　　　　　　$e_1(x)$、$e_2(x)$ 回归预测结果

年份	水资源消耗量实际值（亿立方米）	$e_1(x)$ 预测		$e_2(x)$ 预测	
		预测值（亿立方米）	相对误差	预测值（亿立方米）	相对误差
2013	471.7510	554.9087	0.176275	489.8746	0.038418

年份	水资源消耗量实际值（亿立方米）	$e_1(x)$ 预测		$e_2(x)$ 预测	
		预测值（亿立方米）	相对误差	预测值（亿立方米）	相对误差
2014	485. 6117	575. 1384	0. 184358	504. 8307	0. 039577
2015	497. 4800	638. 7001	0. 283871	529. 0373	0. 063434

据表 6-3 可知，传统最小二乘法测度的 $\lambda_1(x)$ 相对误差均大于 0. 15 水平，而基于最小残差的异常值修正模型 $\lambda_2(x)$ 的预测相对误差最高值为 0. 063434，其余均低于 0. 04 水平（0. 038418、0. 039577）。这说明通过对水资源消耗量异常值进行修正，构建基于最小残差的异常值修正模型在对其进行预测分析中具有相对较高的精度，可满足对水资源消耗数据时序动态规律挖掘的需求。

（二）水资源数据缺失填补算例与分析

以广州市 2004—2015 年水资源消耗与社会经济相关指标数据为例，并假设其 2008 年与 2013 年水资源消耗量为缺失值，具体见表 6-4。

表 6-4　　　　　　　　广州市社会经济与水资源消耗指标

年份	社会经济指标				水资源消耗量（万立方米）
	第一产业 GDP（亿元）	第二产业 GDP（亿元）	第三产业 GDP（亿元）	人均 GDP（元）	
2004	117. 15	1788. 06	2545. 34	45906	844800
2005	130. 22	2045. 22	2978. 79	53809	736560
2006	128. 50	2441. 52	3511. 84	62495	709456
2007	149. 87	2825. 78	4164. 67	69673	705056
2008	169. 18	3227. 87	4890. 33	81941	****
2009	172. 28	3405. 16	5560. 77	89082	660176
2010	188. 56	4002. 27	6557. 45	87458	654280
2011	204. 54	4576. 98	7641. 92	97588	642576
2012	213. 76	4720. 65	8616. 80	105909	607552
2013	228. 46	5270. 09	9998. 68	120294	****
2014	218. 70	5590. 97	10897. 2	128478	590040

续表

年份	社会经济指标				水资源消耗量（万立方米）
	第一产业 GDP（亿元）	第二产业 GDP（亿元）	第三产业 GDP（亿元）	人均 GDP（元）	
2015	226.84	5726.08	12147.49	136188	582032

注：**** 表示缺失数据。

根据表 6-4，将社会经济指标作为 PSO-LSSVM 输入，而水资源消耗量作为输出。其中，进行 PSO 测算时，惩罚因子 $\gamma \in [0.1, 100]$，$\tilde{\sigma} \in [0.1, 10]$，对此参考样本数据设置 $\gamma = 30$，$\tilde{\sigma} = 2$，粒子数 $o = 30$，最大迭代次数 $t_{\max} = 100$；平均粒距可反映种群分布的多样特征，随机粒子产生的粒距 $D(t)$ 均不低于 ϖ，设其阈值 $\varpi = 0.001$；适应度方差表征粒子聚集水平，设其阈值 $\varepsilon = 0.01$。而表 6-4 中各指标归一化模型如下：

$$\hat{x}_{ij} = (x_{ij} - \max x_j) / (\max x_j - \min x_j)$$

其中，x_{ij} 指社会经济与水资源消耗原始数据；$\hat{x}_{ij}$ 指归一化后指标值；x_j 指 x_{ij} 所在 j 列数值。利用 RBF 核函数，结合第五章中介绍的 PSO 和 LSSVM 模型对除 2008 年、2013 年外的其他数据分别进行 LSSVM、PSO-LSSVM 模型样本训练。基于训练拟合模型对其缺失数据点进行填补，结果见表 6-5 与图 6-3。

表 6-5　　　　　　　　　　　　　模型拟合结果

年份	水资源消耗量实际值（万立方米）	LSSVM 拟合		PSO-LSSVM 拟合	
		拟合值（万立方米）	相对误差	拟合值（万立方米）	相对误差
2004	844800	843054	-0.002067	859073	0.016895
2005	736560	721033	-0.021080	730307	-0.008489
2006	709456	712634	0.004479	710814	0.001914
2007	705056	692634	-0.017618	704226	-0.001177
2008	****	680047	****	683713	****
2009	660176	667066	0.010437	662217	0.003092
2010	654280	658884	0.007037	651625	-0.004058
2011	642576	631936	-0.016558	638595	-0.006195

续表

年份	水资源消耗量实际值（万立方米）	LSSVM 拟合		PSO-LSSVM 拟合	
		拟合值（万立方米）	相对误差	拟合值（万立方米）	相对误差
2012	607552	622046	0.023856	610894	0.005501
2013	****	613497	****	604572	****
2014	590040	606290	0.027541	586297	−0.006344
2015	582032	593637	0.019939	578051	−0.006840

注：**** 表示缺失数据。

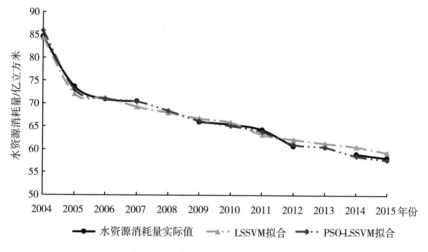

图6-3 水资源消耗量模拟曲线

由表6-5和图6-3可知，通过 LSSVM 模型可对水资源消耗量达到一定水平的拟合效果，样本测度期内最大相对误差为 0.027541，平均相对误差 0.0036，而基于 PSO-LSSVM 的水资源消耗量拟合模型通过引入逐步寻优参数与更新粒子位置，避免了对 γ、$\tilde{\sigma}$ 选择的盲目性和随机性而陷入局部极值的弊端。通过图6-4对比 LSSVM 和 PSO-LSSVM 的相对误差，除2004年以外，PSO-LSSVM 模型在其余样本年份数据的测度中均呈现较高精度拟合，平均相对误差为−0.0006。通过上述两种方法分别对2008年、2013年水资源消耗量缺失数据进行填补，LSSVM 拟合值为680047万立方米、613497万立方米，PSO-LSSVM 拟合值分别为683713万立方米、604572万立方米，而实际水资源消耗统计值为689216万立方米和602272

万立方米，相对误差对比中 LSSVM 达到 0.005391、-0.014548，PSO-LSSVM 则为-0.001177、0.003819，该结果进一步印证了 PSO-LSSVM 模型在水资源消耗拟合中可实现更精准的数据填补效果。

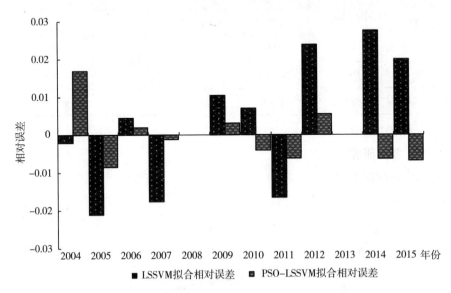

图 6-4　拟合误差对比

三　主要结论

在基于社会经济相关指标具有较高可信度的前提下，本节运用 PLS-Q^2 方法对水资源消耗预测中的历史时序数据所存在的异常值进行检测辨识，基于最小残差的异常值修正模型对拥有实际突变异常数据序列进行了预测验证，再通过 PSO-LSSVM 模型对水资源消耗数据缺失样本进行了拟合填补。结果表明：

（1）利用 PLS 方法提取水资源消耗及社会经济指标数据主成分及其累计贡献度的 Q^2 椭圆图，可合理辨识出水资源消耗时序数据中异常点；

（2）相比传统最小二乘回归，基于最小残差的异常值修正模型可有效缓解实际突变数据对水资源消耗预测的拉伸影响，其回归预测精度更高；

（3）对于水资源消耗缺失数据的填补，LSSVM 与 PSO-LSSVM 均呈现出相对较高的拟合效果，但同比之下 PSO-LSSVM 相对误差更小，对其缺失的数据填补更加准确。

第七章 数据系统工程应用于
数据预测性分析

利用一定时序规模数据进行相关预测性分析是各学科领域中常见但又非常重要的研究内容，即通过选取或构建有效的数据预测性分析模型，完成对未来数据变动态势的预判，尤其是针对具有随机性、周期性或趋势性的数据序列进行预测，观察数据载体指标的变化趋势或分析其影响因素，从而为重大科学决策或政策制定与实施提供前沿性的可参考信息，而这也是数据系统工程发挥决策支持作用的基础应用领域之一。

第一节 数据预测的基本要求

一 数据预测的实现功能

通常情况下时序性指标易呈现出的随机性、周期性或趋势性，利用数据预测是观察指标的变化趋势或分析影响指标数值变化的各个因素，通过可行的数学方法建立数据预测性模型，以期发现数据载体内在规律，最终达到数据预测性分析，促进指标的改善与优化。例如，年用水总量的数值变化一般会与社会、经济、制度、科技、生态等密切相关，而日用水量与温度、湿度、节假情况等因素相关，因此在建立模型时需具备以下功能。

（1）模型能较为灵敏地反映数据载体指标的周期性或趋势性特点。

（2）当某影响因素发生变化时，模型能具有一定的敏感性，感应到其对数据载体指标产生的变化。

（3）对于一些偶然因素的影响，模型应该能排除干扰，具有一定的容错性，以便寻找数据载体指标的内在规律。

二　数据预测的常用方法

从最基本的线性回归预测到现阶段多种多样的预测性模型，在数据预测性分析上已呈现出多元化的发展趋势。如：

（1）时间序列预测法。时间序列预测的本质是通过寻找预测对象在时间序列上的规律，从而预测其未来状态。其原理是利用数学方法对历史数据进行拟合，建立符合精度要求的预测模型，再进行趋势外推，求出预测对象未来一段时间的状态。时序预测适用于数据载体指标的短期预测、中期预测及长期预测。

（2）灰色预测法。灰色预测是基于灰色系统理论的预测方法，对于一些既含有确定又含有不确定信息的系统，这类方法能将无明显规律的有限原始数据进行加工，生成新的数据，以从模糊系统繁乱的数据中寻找其内在发生规律。它既能寻找预测对象时间序列上的状态值，又能从系统的角度模拟各要素之间相互影响与协调关系的变化。

（3）马尔可夫法。马尔可夫法更多的是对预测对象未来状态的走势进行概率分布计算，得出其概率较大的趋向，它侧重于对预测对象预测结果的修正，能在一定程度上排除随机性因素造成的波动，但需要事先利用某种方法得到预测对象的趋势曲线。

（4）人工神经网络。人工神经网络是依照生物大脑对信息的学习、处理与传递而建立的仿生物神经网络模型，网络性能取决于神经元激励函数与阈值的选择、网络的连接方式及神经元之间的连接权值，它具有对信息并行处理、自组织、自学习、容错性与鲁棒性高等优点。网络运算机制相当于黑箱模式，它只关心输入与输出，对于其中间处理过程无须了解，合理网络中神经元激励函数的合理选取能对任意的非线性问题进行拟合。其中，相对较为典型的网络包括 BP（Back Propagation）神经网络等。

数据预测性分析方法的选取必须具有较高的针对性，其基于不同的数据样本规模及数据特点等，所需要选择的方法具有差异性。例如，通过对传统预测方法与神经网络方法的特点对比则可以发现：相比于定额法，BP 神经网络能综合考虑预测对象的影响因素，通过建立其与各影响因素之间的关系，能够通过网络参数的设定实现对任意非线性问题的高精度拟合，达到良好的预测效果；与时序预测法相比，BP 神经网络更能实现对历史数据的高精度拟合，在容错性上的优势使其能较好地反映客观事物，实现对事物未来状态的准确预测；与回归预测法相比，BP 神经网络只局限于具有一定规律的数据，而回归预测则要求对事物的全面理解和把握，在基于经验的基础上对事物进行拟合，自变量的选取是否得当对预测效果影响较大；与灰色模型相比，由于方法固有的特点，使 BP 神经网络在容错性与拟合能力上都更有优势；与系统动力学相比，BP 神经网络避免各因素之间的关系的主观判定。

第二节　数据预测性分析案例
——以用水量预测为例

数据预测性分析的关键一步是其模型的选取或构建，而不同的模型对数据序列具有差异性的敏感度与适用性，科学合理的模型则具有更高的数据预测精度，其实现的数据决策支持作用愈加显著。据此，本章选取广东省用水量预测为例，利用神经网络分析法对其时间序列下的变化趋势进行分析，并验证模型的有效性。

一　案例介绍

水资源保障区域稳定发展的压力日趋增加，已逐渐成为区域经济社会发展目标的主要限制因素。特别是自 2011 年中央一号文件中提出必须实行最严格的水资源管理制度后，水利部确立水资源管理的"三条红线"，目标在 2020 年用水总量控制在 6700 亿立方米以内，并将指标分解再合理分配至各个行政区域，水资源已成为区域发展的硬约束。而用水总量是最严格水资源管理"三条红线"中最重要的抓手，在中国经济社会转型的关键时期，各行政区域的经济结构、发展方式、经济社会布局将发生一系列深刻变革，对各行政区域的用水总量红线控制将提出更新更高的要求。

工业化、城镇化快速推进使区域用水规划与调度变得越来越复杂，但是由于过去较长时间内水利基础信息化的相对落后，而传统的粗放式用水规划方式已经难以适应新形势、新任务和新要求。在水资源管理能力现代化逐渐推进的背景下，亟须通过具有较高的预测方法对区域用水量进行预测，为水行政主管部门及相关涉水行业、企业等提供准确的数据支撑，实现从粗放用水方式向高效用水方式转变。

区域城镇供水系统覆盖面积逐渐加大，供水系统的复杂程度越来越高，导致城镇供水系统的实时调度决策的难度加大。但是，目前大部分地区的供水管网监测基础设施不够先进与完善，多数中小型城市的城镇供水管网的实施调度都依靠工作人员传统的经验，缺乏科学的数据与有效的方法支撑调度决策。这种现象容易导致供水过多或过少等水量供需严重不匹配问题，因此亟须解决供水系统调度的科学决策问题。而供水系统的实时调度主要包括三个步骤：用水量的实时预测、供水管网的工况模拟及供水管网的调度决策。用水量的实时预测是后两个步骤的前提与基础，它的准确性直接关系到整个用水调度的合理性，因此，对用水量的准确预测相对于区域城镇供水管网的科学调度至关重要。

基于上述分析，本部分选取广东省用水量为例，利用第三章所介绍的"数据系统工程建模方法"中的贝叶斯神经网络模型对其进行数据预测性分析论述。

二　预测模型的构建

（一）相关影响因素分析

从区域用水量的影响因素角度看，用水量不但受当地水资源分布的影响，而且还受到当地的经济发展状况与人口数量等因素的影响。此外，水资源相关法律制度与取用水相关设施与技术的突破与投入程度会给用水量带来显著的影响。若区域水资源可利用量较少，会制约当地经济的发展，而经济的增长伴随着用水总量的提高；人口数量的增多会导致该区域用水总量的增加；取水、用水、节水、水处理及水管理的设备、技术与手段较为先进时，水的浪费程度减少，重复利用率较高，用水总量下降。水资源供需矛盾的加深会催生政府制定水资源合理利用相应的保障制度，如取水许可制度、水权交易制度、最严格水资源管理制度、水价制度等相关制度，而这些制度的出台会降低区域用水总量，同时促进水资源相关科技的发展，进而带动经济的发展，因素之间相互作用，共同影响区域的用水总量。

从用水类型角度看，用水量可分为工业用水、农业用水、生活用水及生态环境用水。工业用水的主要影响因素有工业总产值、万元工业增加值、工业用水重复利用率、工业水价等。工业总产值与万元工业增加值的增加会导致用水量不同程度的加大；工业用水重复利用率较高，则工业所需的新鲜用水可以相应地减少；工业水价的高低直接影响到企业用水量的大小，工业水价偏高，则企业一般用减少对不必要用水的浪费，同时工业水价与上述两项经济指标之间的趋势的差异也会导致用水量的变化，若企业的利润较低同时水价上涨，更能促进工业用水的节约。其他如制度与科技对工业用水的影响主要体现在工业用水重复利用率上，科技的进步会提高工业用水重复利用率，水资源或环境相关制度的强制要求会促使企业加大对污水废水的处理力度，提高工业用水的重复利用率。

生活用水不仅包括居民生活用水，还包括第三产业与建筑业等公共服务用水。生活用水的主要影响因素有区域人口数量、生活水价格、城镇人均收入、区域水资源量、居民用水习惯、第三产业总产值、建筑施工面积等。对于不同的区域，居民的用水习惯不同，北方由于天气干燥且平均温度比南方低，加上水资源量的不足，导致南北方居民用水习惯差异明显，进而导致人均用水量的不同。用水人口的增加会导致生活用水量的加大，以往甚至有一些水量预测方法或用水规划直接以人口数量估算区域的年度用水量。与工业用水量相似，水价与居民的人均收入变化的差异会不同程度地对居民的用水习惯产生影响。相对第三产业用水而言，其主要影响因素有人口、居民消费水平与第三产业总产值。由于建筑流程与材料的大同小异，单位建筑面积的用水量波动较小，因此，影响建筑用水的主要因素是建筑施工面积。

农业用水包括农林牧渔用水，其主要影响因素有农林牧渔业增加值、降水量、有效灌溉面积、农田灌溉有效利用系数等。降水量会在一定程度上对农业用水进行一定的补充，降水量越多，农业对新鲜水的需求就越少。农田的灌溉面积是农业用水的最主要的影响因素，在农作物确定的情况下，作物生命周期各阶段的需水量基本不变，作物的用水量的主要影响因素就是有效灌溉面积。另外，农田灌溉有效利用系数也直接影响到农业的用水量，它也间接体现了节水技术对用水量的影响，是农业用水的一项重要考核指标。

此外，生态环境用水主要取决于城镇绿地面积、年度平均气温等因素。

（二）模型构建指标选取的原则

对于用水量的解释性预测，预测指标体系中各影响因素的选取需具有以下性质。

（1）科学性。预测指标体系能够尽可能客观地反映用水量的内在规律。

(2) 完备性。预测指标体系应考虑到影响用水量的各个因素。

(3) 可操作性。选择的各个用水量影响需具备简单且容易对其定量化。

(4) 独立性原则。各影响因素之间的信息表达尽可能不重叠。

除上述原则外,选取的预测指标需具有精度较高的预测方法或有强制性的人为规定。

三 预测指标的确定

本章节在基于指标选取原则,结合前人的研究基础,在对各类用水进行影响分析后,再综合进行指标选取,删除冗余的指标,最后筛选出如表 7-1 所示的指标作为年取水量的预测指标。

表 7-1 广东省年取水总量预测指标体系

用水总量	供水	水资源总量
		降水量
	用水	地区生产总值
		工业增加值
		工业用水重复利用率
		年末常住人口
		第三产业增加值
		建筑施工面积
		有效灌溉面积
		农田灌溉有效利用系数
		农林牧渔业增加值
		城镇绿地面积

以上述指标作为网络的 12 个输入,因此,基于贝叶斯神经网络的区域年用水量解释性预测模型如图 7-1 所示。

对于基于贝叶斯神经网络的区域年用水量时序预测模型的确定,主要是确定神经网络输入节点与输出节点的个数。一般而言对于无周期性变化的时间序列数据,应尽可能长地选择历史状态去预测目标未来一段时间的状态。一般情况下,若获得预测目标的 W 个时间序列值,欲通过前 M 个

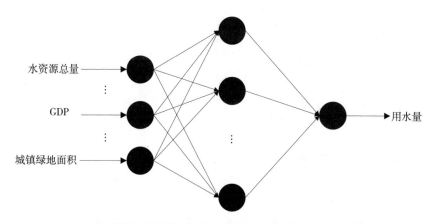

图 7-1 基于贝叶斯神经网络的区域年用水量解释性预测模型

历史数据去预测后 L 个数据，则 W 个历史数据将产生 $(W-M-L+1)$ 个样本。将前 N 个样本作为网络的训练样本，后 J 个样本作为网络的测试样本，用来检验网络训练后的预测精度。则有如下关系：$W=(M+L)+(N+J)-1$。则网络的训练与测试的输入与输出如下：

$$P\_TRAIN = \begin{bmatrix} TQ_1, TQ_2, \cdots, TQ_M \\ TQ_2, TQ_3, \cdots, TQ_{M+1} \\ \vdots \\ TQ_N, TQ_{N+1}, \cdots, TQ_{N+M-1} \end{bmatrix} \quad P\_TEST = \begin{bmatrix} TQ_{M+1}, \cdots, TQ_{M+L} \\ TQ_{M+2}, \cdots, TQ_{M+L+1} \\ \vdots \\ TQ_{M+N}, \cdots, TQ_{M+N+L-1} \end{bmatrix}$$

$$T\_TRAIN = \begin{bmatrix} TQ_{N+1}, TQ_{N+2}, \cdots, TQ_{N+M} \\ TQ_{N+2}, TQ_{N+3}, \cdots, TQ_{N+M+1} \\ \vdots \\ TQ_{N+J}, TQ_{N+J+1}, \cdots, TQ_{N+J+M-1} \end{bmatrix} \quad T\_TEST = \begin{bmatrix} TQ_{M+N+1}, \cdots, TQ_{M+N+L} \\ TQ_{M+N+2}, \cdots, TQ_{M+N+L+1} \\ \vdots \\ TQ_{M+N+J}, \cdots, TQ_{M+N+L+J-1} \end{bmatrix}$$

式中，TQ_K（$K \in [1, W]$）表示预测目标的第 K 个历史数据，P_TRAIN 矩阵为网络的训练输入矩阵，P_TEST 为网络的训练输出矩阵，T_TRAIN 为网络的测试输入矩阵，T_TEST 为网络的测试输出矩阵。由于网络的输入向量为列向量，需对上述各矩阵进行转置后才可进行网络模拟。

国内用水规划一般每隔 5 年制定，因此在年用水量时序预测时，可选用前 5 年的用水量预测后一年的用水量。因此，网络的输入为 5 个，输出为 1 个。因此，基于神经网络的年用水量时序预测模型如图 7-2 所示。

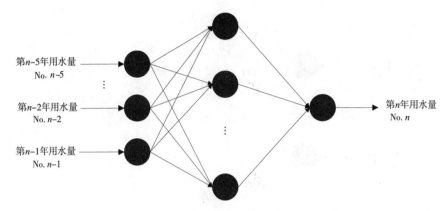

图 7-2　基于贝叶斯神经网络的区域年用水量时序预测模型

第三节　数据预测性实施与分析

一　解释性预测与指标取值

(一) 年用水总量解释性预测

解释性用水总量预测的输入与输出在指标选取后就已经固定，预测模型为 12 个输入神经元输出一个结果，隐含层还选为 1 层，隐含层神经元个数可在代入输入数据后经试凑得到预测效果最佳的值。设网络的最大训练失败次数为 5，目标误差为 0.005，最大训练次数为 3000 次。2001—2014 年共 15 个样本，将前 13 个样本作为训练样本，后 2 个样本作为测试样本。

1. 数据归一化处理

在输入变量的数据输入网络前，需先对其进行归一化处理，使各项数据最后都落到 [-1, 1]，数据归一化公式：

$$Xp = 2\frac{X - X_{\min}}{X_{\max} - X_{\min}} - 1$$

2. 网络隐含层神经元个数的确定

在隐含层上神经元个数的选取时，一般采用试凑的方式选取较为适合的数。当神经元个数较少时，网络可能由于复杂度不够而无法获得满意的拟合模型，但是当隐含层神经元个数较多时，容易使网络过于复杂，这降低了网络的预算速率，但并未让神经网络模型的精度得到较大提高。本书根据前人的研究经验，根据 Kolmogrov 定理①，当网络的输入节点为 k 时，网络的隐含层节点个数在 $2k+1$ 附近能取得较为理想的模拟效果。因此，本书在 $2k+1$ 处及其附近选取神经元个数进行试验，在经验基础上逐步向精确度较高的模型逼近，最终通过试凑的方式找到精度最高时隐含层神经元的数值。

调用 MATLAB 工具箱，建立一个 BP 网络模型。取隐含层节点为 12-19-1，12-23-1，12-27-1 三种模型分别构建基于贝叶斯神经网络的预测模型，最后，网络在神经元为 19、23、27 时的预测结果显示隐含层神经元为 19 时效果最好。

再缩小范围，选取与 19 相差为 2 的隐含层个数进行比较，即取网络隐含层神经元个数分别为 17、19、21 时的网络预测结果，依次类推，最后选取 20 作为网络的隐含层神经元个数，神经网络的模型确定为 12-20-1。

3. 模型精度评价

数据分析过程中采用平均绝对百分比误差 MAPE（Mean Absolute Percentage Error）与均方根误差 RMSE（Root Mean Square Error）对两种模型的预测效果进行评价：

$$E_{MAPE} = \frac{1}{n} \sum_{i=1}^{n} \left| \frac{(\hat{p}_i - p_i)}{p_i} \right|$$

$$E_{RMSE} = \sqrt{\frac{1}{n} \sum_{i=1}^{n} (\hat{p}_i - p_i)^2}$$

BP 神经网络预测模型的隐含层神经元数确定后，将用水总量预测样本代入网络中进行训练，并利用贝叶斯正则化进行优化，表 7-2 为 2000—2014 年用水总量，表 7-3 为 2000—2014 年各指标的数值，数据来源于国家统计年鉴、广东省水资源公报及广东省环境统计年鉴。图 7-3 与图 7-4 分别为 BP 神经网络与贝叶斯神经网络对训练样本的拟合效果。表 7-4 与表 7-5 为两种模型的预测结果与性能对比，表 7-6 与表 7-7 为训练后网络输入层（Input）与隐含层（La）前五个神经元的连接权值。

① 魏海坤、徐嗣鑫、宋文忠：《神经网络的泛化理论和泛化方法》，《自动化学报》2011 年第 6 期。

表 7-2   **2000—2014 年用水总量**

序号	年份	生活用水总量 （亿立方米）	序号	年份	生活用水总量 （亿立方米）
1	2000	429.80	9	2008	461.53
2	2001	446.40	10	2009	463.41
3	2002	447.00	11	2010	469.01
4	2003	457.64	12	2011	464.22
5	2004	464.80	13	2012	450.98
6	2005	458.95	14	2013	443.16
7	2006	459.40	15	2014	442.54
8	2007	462.51			

表 7-3   **2000—2014 年解释性预测各指标数值**

指标 \ 年份	2000	2001	2002	2003	……	2011	2012	2013	2014
水资源总量 （亿立方米）	1816.32	2129.73	2097.26	1496.57		1471.26	2026.55	2263.17	1718.45
地区生产 总值（亿元）	10741.25	12039.25	13502.42	15844.64		53210.28	57067.92	62474.79	67809.85
工业增加值 （亿元）	4463.06	4941.15	5548.41	6886.97		24649.60	25810.07	26894.54	29144.15
工业用水重 复利用率	83.11	83.60	85.08	86.51		90.01	91.94	92.07	93.82
年末常住 人口（万人）	8650	8733	8842	8963		10505	10594	10644	10724
第三产业增加值 （亿元）	4755.42	5544.35	6343.94	7178.94		24097.70	26519.69	30503.44	33223.28
建筑施工面积 （万平方米）	15168.70	17516.30	18882.44	20059.49		37876.80	42431.74	52397.21	53443.21
有效灌溉面积 （千公顷）	1478.51	1447.10	1424.96	1315.93		1873.16	1874.44	1770.76	1770.90
降水量（毫米）	1762.70	2314.50	2263.30	1372.40		1261.23	1920.81	1839.53	1654.98
农田灌溉 利用系数	0.28	0.30	0.32	0.33		0.41	0.43	0.45	0.48
农林牧渔业增 加值（亿元）	982.50	939.60	1000.00	1016.60		2286.98	2665.20	2847.30	3047.50
城镇公共绿地 面积(万平方米)	19.89	21.03	24.93	26.01		41.06	40.17	41.20	42.19

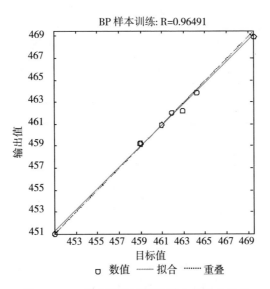

图 7-3　BP 神经网络对训练样本的拟合效果

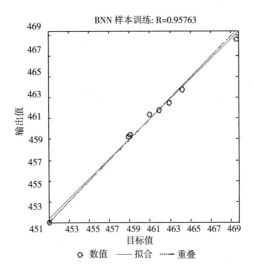

图 7-4　贝叶斯神经网络对训练样本的拟合效果

表 7-4　贝叶斯网络与 BP 网络用水总量时序预测模型的预测误差对比

年份	实际值	预测值（亿立方米）		相对误差（%）	
		BP 神经网络	贝叶斯 神经网络	BP 神经网络	贝叶斯 神经网络
2013	443.16	447.98	445.7	-0.34	-0.53
2014	442.54	443.9	444.1	0.43	-0.37

表 7-5　　　　　BP 神经网络与贝叶斯神经网络预测模型性能参数对比

预测模型	MAPE（%）	RMSE（亿立方米）
BP 神经网络	0.70	3.54
贝叶斯神经网络	0.46	2.11

表 7-5 结果显示，BP 神经网络预测模型的均方误差为 3.54 亿立方米，而贝叶斯神经网络预测模型则为 2.11 亿立方米，BP 神经网络预测模型的平均绝对百分比误差为 0.70%，而贝叶斯神经网络预测模型则为 0.46%，其精度降低了 0.24%。

表 7-6　　　　　BP 神经网络输入层与隐含层部分训练连接取值

	输入层1	输入层2	输入层3	输入层4	输入层5	输入层6	输入层7	输入层8	输入层9	输入层10	输入层11	输入层12
隐含层1	-0.2640	0.7731	-0.8199	-0.6872	-0.1104	0.1326	0.9703	0.4455	-0.9979	0.6674	0.0156	0.3582
隐含层2	-0.1331	-0.5728	-0.0548	0.3770	0.2595	0.1205	-0.0644	-0.3243	0.7232	-0.2773	-0.0330	0.2139
隐含层3	-0.1696	0.3064	-0.6489	0.2506	-0.0919	0.1246	0.1101	-0.2176	-0.3474	0.1175	0.3928	0.1697
隐含层4	-0.2858	-0.5354	0.5973	-0.2489	-0.0525	-0.3168	-0.0637	0.3276	0.2126	0.4133	-0.2620	-0.3271
隐含层5	-0.1760	-0.3427	-0.0533	-0.3989	-0.5641	-0.4398	0.2976	1.0705	0.4239	0.3314	0.1130	0.1452

表 7-7　　　　　贝叶斯神经网络输入层与隐含层部分训练连接取值

	输入层1	输入层2	输入层3	输入层4	输入层5	输入层6	输入层7	输入层8	输入层9	输入层10	输入层11	输入层12
隐含层1	0.6530	-0.3669	0.0002	-0.5642	-0.0001	0.1715	0.3767	-0.0005	-0.1854	-0.3226	0.0003	0.2173
隐含层2	0.0003	-0.2599	0.2075	-0.7877	0.1774	0.2250	0.5049	0.9504	0.0706	0.0885	0.0011	-0.0482
隐含层3	0.1356	-0.0397	-0.0009	-0.0008	-0.1503	-0.1329	0.0002	0.0373	0.0001	0.0687	-0.0941	-0.1243
隐含层4	0.3996	-0.0911	0.0051	0.3816	0.4646	-0.3707	-0.5419	0.0561	0.4354	0.1313	-0.4905	-0.3927
隐含层5	-0.6617	-0.0001	-0.5875	0.1962	-0.2520	0.0701	0.6383	0.3730	0.2673	-0.0002	-0.4979	-0.4862

由表 7-6 与表 7-7 对比可得，BP 神经网络的连接权值基本分布在 (0.1, 1)，而贝叶斯神经网络的 60 个连接权值中，小于 0.1 的较多，且有 13 个连接取值小于 0.001，可近似为 0，说明贝叶斯正则化能在保证网络对训练样本的拟合精度的基础上，通过调节网络的连接取值自动缩小网

络的复杂度，增强网络的泛化能力，提高网络的预测精度。

(二) 用水总量的时序预测

由于网络预测结果每次训练后都会变，因此不能保证每次都是最高精度，为了在高精度的基础上提高预测的稳定性，本书在对用水总量进行预测时，采用分类预测的方式进行，即将用水总量按用水类别分为工业用水、农业用水、生活用水与生态环境用水。分类预测可能更便于找到各类别用水的规律，有望提高用水总量的预测精度。首先对四类用水预测后再进行求和，即用水总量＝工业用水＋农业用水＋生活用水＋生态环境用水。如此，用水总量预测误差将低于上述四类用水预测误差中的最大值，在追求高精度的基础上使结果更加稳定。

1. 工业用水总量预测

本书收集 2000—2014 年广东省用水总量数据进行分析预测。选取前 5 年的历史数据对当年的用水总量进行预测，产生的 10 个样本中前 8 个样本作为网络的训练样本，后 2 个样本作为网络的测试样本，用来检验网络训练后的预测精度。表 7-8 为 2000—2014 年各年的工业用水总量数据。

表 7-8   2000—2014 年工业用水总量

序号	年份	工业用水总量（亿立方米）	序号	年份	工业用水总量（亿立方米）
1	2000	102.80	9	2008	137.19
2	2001	116.90	10	2009	136.15
3	2002	121.20	11	2010	138.76
4	2003	130.40	12	2011	133.60
5	2004	136.60	13	2012	121.58
6	2005	133.89	14	2013	119.55
7	2006	135.61	15	2014	117.02
8	2007	141.07			

根据解释性预测的步骤，本书在 $2k+1$ 处及其附近选取神经元个数进行试验，在经验基础上逐步向精确度较高模型逼近，最终通过试凑的方式找到精度最高时隐含层神经元的数值。

调用 MATLAB 工具箱，建立一个 BP 网络模型。取隐含层节点为 5-9-1、5-11-1、5-13-1 三种模型分别构建基于贝叶斯神经网络的预测模型，设网络的学习函数为 tansig 函数，最大训练次数设为 2000，最大训练失败次数设为 5，训练的目标误差为 0.05。对网络进行归一化处理，输入后网络在神经元为 9、11、13 时的结果显示隐含层神经元为 9 时效果最好。

再缩小范围，选取与 9 相差为 1 的隐含层个数进行比较，即取网络隐含层神经元个数分别为 8、9、10 时的网络预测结果，依次类推，最后选取 10 作为网络的隐含层神经元个数，神经网络的模型确定为 5-10-1。BP 神经网络预测模型的隐含层神经元数确定后，将工业用水量样本代入网络中进行训练，并利用贝叶斯正则化进行优化。

最后，BP 神经网络与贝叶斯神经网络模型的预测效果如表 7-9 与表 7-10 所示。

表 7-9　贝叶斯网络与 BP 网络的工业用水时序预测模型误差对比

年份	实际值	预测值（亿立方米）		相对误差（%）	
		BP 神经网络	贝叶斯 神经网络	BP 神经网络	贝叶斯 神经网络
2013	119.55	120.98	120.16	-1.20	-0.51
2014	117.02	119.61	118.93	-2.21	-1.63

表 7-10　BP 神经网络与贝叶斯神经网络预测模型性能参数对比

预测模型	$MAPE$（%）	$RMSE$（亿立方米）
BP 神经网络	1.71	2.09
贝叶斯神经网络	1.07	1.42

表 7-10 结果显示，BP 神经网络预测模型的均方误差为 2.09 亿立方米，而贝叶斯神经网络预测模型则为 1.42 亿立方米，表明贝叶斯正则化后的神经网络具有更高的稳定性；BP 神经网络预测模型的平均绝对百分比误差为 1.71%，而贝叶斯神经网络预测模型则为 1.07%，其精度提高了 0.64%，表明贝叶斯正则化能有效提高网络的泛化能力。

2. 生活用水总量预测

生活用水预测模型确定的流程与工业用水预测模型一致，经试凑后得到隐含层神经元个数为 7 时效果最佳，网络的学习函数为 tansig 函数，最大训练次数设为 2000，最大训练失败次数为 5，训练的目标误差为 0.005。采用平均绝对百分比误差 *MAPE* 与均方根误差 *RMSE* 对两种模型的预测效果进行评价，表 7-11 为 2000—2014 年的生活用水总量数据。

表 7-11　　　　　　　　　2000—2014 年生活用水总量

序号	年份	生活用水总量（亿立方米）	序号	年份	生活用水总量（亿立方米）
1	2000	68.6	9	2008	89.84
2	2001	71.8	10	2009	90.44
3	2002	75.4	11	2010	94.23
4	2003	79.5	12	2011	97.33
5	2004	83.3	13	2012	95.38
6	2005	89.52	14	2013	94.76
7	2006	92.35	15	2014	96.05
8	2007	90.54			

两种模型预测效果如表 7-12 与表 7-13 所示。

表 7-12　　贝叶斯网络与 BP 网络的生活用水时序预测模型误差对比

年份	实际值	预测值（亿立方米）		相对误差（%）	
		BP神经网络	贝叶斯神经网络	BP神经网络	贝叶斯神经网络
2013	94.76	94.98	95.31	-0.23	-0.58
2014	96.05	94.37	96.94	1.75	-0.93

表 7-13　　　BP 神经网络与贝叶斯神经网络预测模型性能参数对比

预测模型	*MAPE*（%）	*RMSE*（亿立方米）
BP 神经网络	0.99	1.20
贝叶斯神经网络	0.75	0.74

表 7-13 结果显示，BP 神经网络预测模型的均方误差为 1.20 亿立方

米，而贝叶斯神经网络预测模型则为 0.74 亿立方米；BP 神经网络预测模型的平均绝对百分比误差为 0.99%，而贝叶斯神经网络预测模型则为0.75%，其精度提高了 0.24%。

3. 农业用水总量预测

农业用水预测模型确定的流程与工业用水预测模型一致，网络隐含层个数为 1，试得隐含层神经元个数为 9 时效果最好，网络的学习函数为tansig 函数，最大训练次数设为 2000，最大训练失败次数为 5，训练的目标误差为 0.005。采用平均绝对百分比误差 *MAPE* 与均方根误差 *RMSE* 对两种模型的预测效果进行评价，表 7-14 为 2000—2014 年农业用水总量数据。

表 7-14   2000—2014 年农业用水总量

序号	年份	农业用水总量 （亿立方米）	序号	年份	农业用水总量 （亿立方米）
1	2000	258.4	9	2008	227.74
2	2001	257.7	10	2009	228.71
3	2002	250.4	11	2010	227.47
4	2003	242.7	12	2011	224.16
5	2004	240.3	13	2012	227.58
6	2005	230.65	14	2013	223.68
7	2006	226.92	15	2014	224.33
8	2007	224.84			

两种预测模型预测效果如表 7-15 与表 7-16 所示。

表 7-15   贝叶斯网络与 BP 网络的农业用水时序预测模型误差对比

年份	实际值	预测值（亿立方米）		相对误差（%）	
		BP 神经网络	贝叶斯 神经网络	BP 神经网络	贝叶斯 神经网络
2013	223.68	223.31	223.97	-0.73	-0.13
2014	224.33	224.98	223.91	-0.29	0.19

表 7-16　　　　BP 神经网络与贝叶斯神经网络预测模型性能参数对比

预测模型	MAPE（%）	RMSE（亿立方米）
BP 神经网络	0.51	1.24
贝叶斯神经网络	0.16	0.36

表 7-16 结果显示，BP 神经网络预测模型的均方误差为 1.24 亿立方米，而贝叶斯神经网络预测模型则为 0.36 亿立方米；BP 神经网络预测模型的平均绝对百分比误差为 0.51%，而贝叶斯神经网络预测模型则为 0.16%，其精度提高了 0.35%。

4. 生态环境用水总量预测

生态环境用水比较特殊，我国在 2003 年才提出需对生态环境用水进行统计，所以 2003 年之前没有相关统计数据，只有 2003—2014 年的序列数据。生态环境用水预测模型确定的流程与工业用水预测模型一致，但此模型设输入神经元个数为 5，输出神经元个数为 1，因此样本数量为 7 个，5 个为训练样本，2 个为测试样本，网络隐含层个数为 1，经测试得到隐含层神经元个数为 9，网络的学习函数为 tansig 函数，最大训练次数为 2000，最大训练失败次数为 5，训练的目标误差为 0.005。采用平均绝对百分比误差 MAPE 与均方根误差 RMSE 对两种模型的预测效果进行评价，表 7-17 为 2000—2014 年生态用水总量数据。

表 7-17　　　　　　　　　2000—2014 年生态用水总量

序号	年份	生活用水总量（亿立方米）	序号	年份	生活用水总量（亿立方米）
1	2003	4.3	7	2009	8.1
2	2004	4.6	8	2010	8.55
3	2005	4.89	9	2011	9.12
4	2006	4.52	10	2012	6.49
5	2007	6.06	11	2013	5.17
6	2008	6.76	12	2014	5.14

两种模型预测效果如表 7-18 与表 7-19 所示。

表 7-18　　贝叶斯网络与 BP 网络的生态用水时序预测模型误差对比

年份	实际值	预测值（亿立方米）		相对误差（%）	
		BP 神经网络	贝叶斯 神经网络	BP 神经网络	贝叶斯 神经网络
2013	5.17	5.73	5.54	-10.83	-7.16
2014	5.14	5.51	5.32	-7.20	-3.50

表 7-19　　BP 神经网络与贝叶斯神经网络预测模型性能参数对比

预测模型	MAPE（%）	RMSE（亿立方米）
BP 神经网络	9.02	0.48
贝叶斯神经网络	5.33	0.29

表 7-19 结果显示，BP 神经网络预测模型的均方误差为 0.48 亿立方米，而贝叶斯神经网络预测模型则为 0.29 亿立方米；BP 神经网络预测模型的平均绝对百分比误差为 9.02%，而贝叶斯神经网络预测模型则为 5.33%，其精度提高了 3.69%。

5. 用水总量预测

将上述四种用水相加，得到 2013 年及 2014 年用水总量预测值，采用平均绝对百分比误差 MAPE 与均方根误差 RMSE 对两种模型的预测效果进行评价。将四类用水叠加后比较用水总量预测效果如表 7-20 与表 7-21 所示。

表 7-20　贝叶斯网络与 BP 网络用水总量时序预测模型的预测误差对比

年份	实际值	预测值（亿立方米）		相对误差（%）	
		BP 神经网络	贝叶斯 神经网络	BP 神经网络	贝叶斯 神经网络
2013	443.16	445	444.98	-0.32	-0.43
2014	442.54	444.47	445.10	1.56	-0.21

表 7-21　　BP 神经网络与贝叶斯神经网络预测模型性能参数对比

预测模型	MAPE（%）	RMSE（亿立方米）
BP 神经网络	0.43	1.89

预测模型	MAPE（%）	RMSE（亿立方米）
贝叶斯神经网络	0.49	2.22

表 7-21 结果显示，BP 神经网络预测模型的均方误差为 1.89 亿立方米，而贝叶斯神经网络预测模型则为 2.22 亿立方米；BP 神经网络预测模型的平均绝对百分比误差为 0.43%，而贝叶斯神经网络预测模型则为 0.49%，其精度降低了 0.06%。贝叶斯神经网络的预测精度反而更低。出现这种情况是在允许情况下，因为虽然四类用水预测中，贝叶斯神经网络的预测误差都比 BP 神经网络高，但是不代表相加后贝叶斯神经网络的预测精度就比 BP 神经网络的高，四类用水预测不一定按实际用水趋势变动，当某类用水出现预测与其他用水预测结果的趋势相反时，会出现正负抵消情况。

二 时序预测结果分析

将上述用水总量时序预测模型与解释性预测模型进行比较，两种模型的预测中，贝叶斯神经网络预测模型精度相差不大，BP 神经网络预测模型精的时序预测比解释性预测要高。两种模型皆可用于水量预测。

但是由于资料有限，本章提出的时序预测模型仅用于预测下一年的用水总量，该预测模型可为当年区域水量分配方案提供参考，支撑当年用水的有效控制。若能获得长时间序列的用水总量数据，则可构建连续 L 年的预测模型（L>1）。解释性预测模型的预测精度满足要求，若各指标有较为精确的预测方法，则可用于中长期预测。在对 2020 年广东省用水总量进行预测时，各指标若在《广东省第十三个五年规划建议》中有对该指标的规划，则以规划值作为 2020 年该指标的状态；若该指标无规划，则利用神经网络的时间序列预测，并结合相关专业领域专家给出该指标的数值，求平均值后确定该指标 2020 年的状态值。

2015 年 12 月正式颁布的《广东省第十三个五年规划建议》中明确提出，广东省到 2020 年地区生产总值约 11 万亿元，工业增加值约为 4.5 万亿元，第三产业增加值超 5 万亿元，农林渔牧业增加值约为 5000 亿元，年末常住人口约为 1.14 亿人，农田灌溉利用系数达到 0.55，城镇公共绿地面积争取在 50 万平方米，水资源总量与降水量及有效灌溉面积根据水利部专家给出的值并结合时序预测，最后定为 2087 亿立方米，1854 毫米，1900 千公顷。建筑施工面积按时序预测方法得到约 65000 万平方米。将各指标结果算出后代入前述训练好的用水总量解释性预测模型，网络输出结果为 454.32 亿立方米。而通过分类用水时序预测得到的用水总量结果 453.96 亿立方米，两者结果相差不大。广东省 2020 年的用水总量红线为 456.04 亿立方米，而本章所预测的 2020 年广东省用水总量为 454.14 亿立方米，到 2020 年广东省用水总量已濒临红线。

将广东省 2020 年用水量预测结果与 2014 年用水量相比，2015—2020 年，广东省用水总量总体呈上升趋势。这可能与广东省"十三五"规划中提出的未来五年保持经济年均 7% 的中高速增长有关；另外，人口的不断增加导致部分刚性用水的增加。为较为具体分析其变化趋势，本章从用水类型角度对各类用水变化趋势逐一分析，由于生态用水占用水总量的比例较小，其变化趋势较为平缓，因此，本章不对其单独进行分析。

第八章 数据系统工程应用于 数据支持系统优化

应用数据系统工程可对数据及数据系统进行定性与定量相结合的综合性分析，但其最终目的还是要发挥对决策的支持作用。那数据又是如何在系统优化过程中起到关键的支持作用的？实际上，系统的优化分析需要在对构成系统的各类要素进行定量化分析的基础上进行，而定量化分析的关键在于数据的有效性探究。基于此，本章选取相对较为典型的数据支持系统优化案例进行论述，论述数据系统工程在该领域的实际应用。

第一节 数据支持系统优化

一 系统优化的数据驱动机理

通常对于决策性问题的优化均是以实现系统整体的最优为前提，而非以系统中某一要素或某几类要素的局部最优为目标，因此，基于前文第三章中对系统概念及其特征的介绍，可认为数据支持的系统优化过程至少要达到以下三个目标。

（1）以数据为驱动的系统分析要满足系统构建及其内部关联要素进行全面定量分析的需求。即通过对系统构成要素及其内部关系的定性描述可达到系统构架展示的目的，但是各要素的基本状态及系统整体状态的体现还需要有充分而全面的数据进行支撑性反映，且各要素的数据量必须达到既定要求，因此要充分考虑其构成要素数据的可获取性。

（2）系统分析的过程需要有精准的数据支持。构成系统要素的数据规模是对系统状态描述的基本要求，而数据的准确性则直接关系到数据分析结果的有效性，并且这对制定系统优化对策的科学性与合理性可产生重要影响。尤其是对于数据分析结果精度要求较高的系统优化模型，微小的偏差往往能造成难以估计的损失。

（3）系统优化模型的有效性要通过对系统构成要素的数据进行多维分析而判定。根据不同的系统优化目标可建立不同的系统优化模型，但模型是否有效也需要验证，否则易造成研究结果与现实需求的背离。而这就需要在系统要素的原始数据具备可信度的基础上，利用其数据完成对系统模型的模拟与验证，只有在误差可接受的范围内才可认为系统优化模型有效。

二 数据支持系统优化的基本流程

利用数据驱动系统优化要综合系统内部与外部之间的动态关系，以及系统构成要素的复杂多样性和要素之间的关联性，这些均需要使用数据进行定量化的分析而取得相应结论。特别是其过程中更要注重采用系统科学的方法来分析与解决数据驱动系统优化问题，强化从多因素、多层次、多方面入手研究包括多种复杂要素在内的大系统。同时，综合分析系统优化所需要提取数据的可操作性及数据的准确性，充分借鉴当前推进系统优化的相关先进经验。但此过程中并不是完全或必须接受数据分析的结果，即不能将其数据分析的结果当作最终系统优化的决策结论，而且还要综合利用文献查询、专家研讨、调研咨询、定性分析、数值模拟等相关方法，集成多领域、多学科的专家，以解决复杂巨系统问题的从定性到定量综合集成法对数据驱动系统优化问题进行研究。基于综合集成的数据支持系统优化的基本流程如图 8-1 所示。

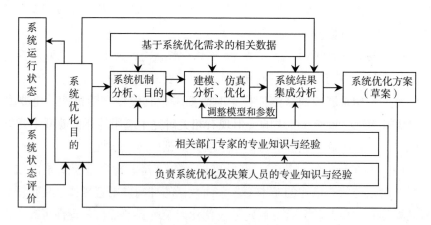

图 8-1 基于综合集成的数据支持系统优化基本流程

第二节　数据支持系统优化案例 Ⅰ
——以水资源短缺指数测度为例

一　案例介绍

过去粗放式的经济发展模式给降雨相对充沛的南方地区的水资源承载力造成了很大的压力，加上南方水资源浪费与水体污染现象严重，公民的节约用水意识相对不足，导致其水资源虽然丰富但实际上可用的水资源却偏少，区域可持续发展难以满足。尤其是作为全国"三条红线"中用水总量控制指标唯一下降的省份，广东省虽然地处水资源较为丰富的南方，但受水资源分布、人口规模、经济发展等多因素影响，水资源供需平衡问题加重，到 2020 年其用水总量已濒临其用水总量红线。因此，为进一步提升广东省水资源开发利用水平，满足其水资源供需平衡需求，对实现"十三五"规划经济社会的快速稳定发展提供有效的水资源支撑，深入探索其时序状态下的水资源短缺程度内在演变机理，系统挖掘转换规律，并客观辨识后期水资源调控的主要方向具有重要的现实意义。

尽管近年来关于水资源短缺问题的多视角研究成果不断涌现，可为现阶段探索水资源管理新模式提供良好的支撑，但同时存在以下问题值得进一步商榷。

（1）水资源短缺是水资源禀赋、社会经济等多方面要素综合作用的结果，这一点已逐步得到学者的认可，但对于其测度体系仍未达成共识，尤其是在水资源供与需两端均存在较大模糊性与随机性的情况下，对其研究需从影响水资源复杂多要素的视角展开，结合当前水资源管理的重点指标建立科学合理的测度体系。

（2）构建水资源短缺测度模型时既要考虑其模糊与随机性，也要避免主观因素对评测指标的影响，但现有相关研究中应用的评价模型主要集中于模糊函数、熵权法、主成分分析法等，而这些方法在同时满足对水资源短缺影响要素信息客观反映与合理赋权的要求上均存在一定的不足。

（3）缺乏历史演化与趋势预判相结合的水资源短缺程度研究，水资源短缺历史演化的分析关键在于找出其内在变动规律，而在此基础上提供未来趋势的辨识对于改善现有水资源管理模式意义重大，但现有相关研究对此进行全面论证相对较少。据此，本节选取著名学者蔡文提出的物元可拓理论及关联函数方法建立区域水资源短缺指数测度模型（物元可拓模型与关联函数详情请参考第三章中"数据决策理论与建模方法"介绍），并在现有相关研究成果的基础上，紧密结合国家及广东省水利改革发展"十三五"规划提出的重点方向，构建更具全面性的"水资源禀赋—供需水平衡—水资源利用—社会经济水平"水资源短缺复合测度体系，并对广东省分布进行纵向时序分析、横向截面测度和未来趋势探讨，进而辨识其宏观变动与微观调控机理。

二 研究对象概况

广东省位于北纬 20°13′—25°31′、东经 109°39′—117°19′，是中国大陆最南端的省市，全省的土地面积达到 17.97 万平方千米，含有 21 个地级市，境内河流以珠江流域、韩江流域、粤东沿海、粤西沿海诸河为主，其水资源分布呈时空分布不均的特性，夏秋易涝而春冬易旱，沿海台地等缺水问题相对突出，部分河流受污水排放影响严重。基于广东省现状，考虑影响水资源状态要素的复杂性、多样性，根据复合系统理论①，本书将水资源承载力复合系统进一步划分成经济子系统、水资源子系统、水环境子系统和社会子系统。广东省各子系统主要状态如下。

（1）经济子系统。截至 2015 年，广东省经济总量已持续 28 年排名全国首位，其地区生产总值达到 72812.55 亿元，约占全国的 10.7%，三次产业结构为 4.6∶44.6∶50.8，规模以上工业增加值增速高出全国 0.7 个百分点。整体来看，广东省经济发展水平相对较高，而仍处于产业结构调整优化阶段。构建经济子系统的 SD 要素时，将各产业 GDP、各产业 GDP 增加值分别作为系统水平变量和速率变量，而产业 GDP 增长率则可作为辅助变量。

（2）水资源子系统。以水资源、土地、林地等为代表的自然资源是支撑社会经济可持续发展基础要素。其中，广东省水资源总量达到 1933.4 亿立方米，水资源量相对丰富而人均水资源偏低，仅为 1687 立方米。万元 GDP 用水量与万元工业增加值用水量分别为 61 立方米、37 立方米，较常年有所下降，但近年来农业用水量、城镇公共用水量等均呈攀

---

① 袁旭梅、韩文秀：《复合系统的协调与可持续发展》，《中国人口·资源与环境》1998 年第 2 期。

升趋势，分别达到 227 亿立方米、28.9 亿立方米。考虑与水资源的紧密相关性，耕地、林地等相关资源逐年呈差异性变化，林业用地面积达 1096.25 万公顷，森林面积 1082.79 万公顷。本书将可用水资源量、耕地面积、经济林面积、水土流失治理等作为 SD 模型水平变量，水资源供给与消耗量、耕地增加与减少量等作为速率变量，地表水与地下水可开采量、农业用水量、工业用水量、生活与生态用水量、人均耕地面积等作为辅助变量。

（3）水环境子系统。长期以来水污染防控问题是广东省环境治理的重点难点，污水排放量持续在 120 亿吨以上，工业化学需氧量（COD）180 万吨，氨氮排放总量 22.5 万吨，对此广东省不断加大对水污染治理能力建设，但是水质性缺水依然对全省社会经济发展造成了严重困扰。该子系统中，氨氮量与 COD 量作为复合系统水平变量，同时也是测度水环境状态的观测指标，其增加量与削减量作为速率变量，而工业废水排放量、工业氨氮生产量、生活污水排放量等作为辅助变量。

（4）社会子系统。受当地经济发展、资源禀赋和国家政策导向的影响，广东省社会发展面临的相关问题相对显著，较为典型的即为人口密集度较高，达到 604 人/平方千米，同时伴随人口老龄化加快，迁入率持续提升而迁出率稳定下降，导致社会面临的人口压力逐年增大。据此本书选取人口因素作为社会子系统影响水资源的关键指标，并将人口规模作为水平变量，自然增长人口与迁入人口作为速率变量，人口净迁入率、城镇人口、农村人口等作为辅助变量。

三　数据来源

本书对广东省水资源短缺指数的测度从历史时序维度指数演变测度、横向各地区指数分布和未来指数驱动三个方面进行。其中，通过对全省 2004—2015 年水资源数据分析对其水资源短缺指数进行纵向测度，选取全省 22 个地区 2015 年水资源数据对其水资源短缺指数进行横向对比，并检验模型的适用性，进而对广东省 2019 年水资源短缺指数变动趋势及主要驱动指标进行分析。所需数据主要源于《广东省水资源统计公报》《广东省统计年鉴》《中国环境统计年鉴》及广东省各市县级统计年鉴。

四　水资源短缺指数测度

(一) 评价指标体系构建

根据系统论观点，水资源系统是一个开放的复杂系统，其与社会经济系统具有紧密的关联性。对此，王宇飞等除了水资源禀赋、用水量相关指标外，将水资源利用状况作为构成沿海经济带水资源短缺风险指标体系的重要部分[①]；王崴等认为水资源短缺评价体系要涵盖供需与人口压力、资源状态、工程技术、政策管理等，其中工程技术与政策管理分别选取污水处理能力、人均 GDP[②]。可见，诸多学者认为对水资源短缺程度的测度需要从影响区域水资源状态的复杂多要素入手，并试图通过系统集成能够客观反映短缺实况的关键要素建立合理的指标体系。而在广东省"十三五"规划中，也将提高用水效率、持续改善水环境及建设节水型社会作为其重要发展方向。据此，本书在分析现有水资源管理中关键指标的基础上，将影响水资源状态的社会经济要素纳入测度范畴，构建综合水资源禀赋、供需水状态、水资源利用和社会经济的广东省水资源短缺指数集成测度体系，并利用粗糙集理论隶属约简分配体系中各子指标（见表 8-1）。

(二) 指数等级与阈值划分

鉴于区域水资源短缺指数内在的模糊与随机特性，可用可拓集合中分异物元递进层次关系对其进行定量测定，并结合其短缺概念中的关联属性，划分指数等级：Ⅰ级（安全）、Ⅱ级（较好）、Ⅲ级（中等）、Ⅳ级（较差）和Ⅴ级（恶化），并依次用绿色、蓝色、黄色、橙色和红色进行警示区别。根据《广东省"十三五"规划》《广东省水资源综合规划》和《广东省水利发展"十三五"规划》等，参考行业用水标准、环境质量标准、产业类比标准，综合分析广东省水资源 2004—2015 年时序数据，确定水资源短缺指数等级状态特征（见表 8-2）。

---

① 王宇飞、盖美、耿雅冬：《辽宁沿海经济带水资源短缺风险评价》，《地域研究与开发》2013 年第 2 期。

② 王崴、许新宜、王红瑞等：《基于 PSR 与 DCE 综合模型的水资源短缺程度及变化趋势分析》，《自然资源学报》2015 年第 10 期。

表 8-1

测度指标体系及指数阈值

指标	子指标	等级					指标权重
		V 级	IV 级	III 级	II 级	I 级	
水资源禀赋	降水量（毫米）	[950, 1270)	[1270, 1665)	[1665, 2060)	[2060, 2455)	[2455, 2850]	0.0356
	地表水资源量（亿立方米）	[780, 1264)	[1264, 1748)	[1748, 2232)	[2232, 2716)	[2716, 3200]	0.0299
	地下水资源量（亿立方米）	[180, 288)	[288, 396)	[396, 504)	[504, 612)	[612, 720]	0.0338
	人均水资源量（立方米/人）	[1145, 1536)	[1536, 1927)	[1927, 2318)	[2318, 2709)	[2709, 3100]	0.0351
	流域区水质达标率（%）	[10, 27)	[27, 44)	[44, 61)	[61, 78)	[78, 95]	0.0356
供需水程度	工业用水量（亿立方米）	[269, 320)	[218, 269)	[167, 218)	[116, 167)	[65, 116]	0.0654
	农业用水量（亿立方米）	[340, 410)	[270, 340)	[200, 270)	[130, 200)	[60, 130]	0.0222
	农田灌溉单位面积用水量（立方米/公顷）	[1092, 1320]	[864, 1092)	[636, 864)	[408, 636)	[180, 408]	0.0669
	生态环境用水量（亿立方米）	[16.1, 20)	[16.1, 12.2)	[8.3, 12.2)	[4.4, 8.3)	[0.5, 4.4]	0.0351
	城镇居民生活人均用水量（升/天）	[375, 450)	[300, 375)	[225, 300)	[150, 225)	[75, 150]	0.0601
	农村居民生活人均用水量（升/天）	[217, 265)	[169, 217)	[121, 169)	[73, 121)	[25, 73]	0.0686
	城镇公共用水量（亿立方米）	[43.3, 52)	[34.6, 43.3)	[25.9, 34.6)	[17.2, 25.9)	[8.5, 17.2]	0.0479

续表

指标	子指标	等级					指标权重
		I级	II级	III级	IV级	V级	
水资源开发利用	万元GDP用水量（立方米）	[18, 124.4]	[124.4, 230.8)	[230.8, 337.2)	[337.2, 443.6)	[443.6, 550]	0.0198
	万元工业GDP增加值用水量（立方米）	[5, 66)	[66, 127)	[127, 188)	[188, 249)	[249, 310]	0.0227
	万元农业GDP增加值用水量（立方米）	[0.25, 0.84)	[0.84, 1.43)	[1.43, 2.02)	[2.02, 2.61)	[2.61, 3.2]	0.0181
	人均综合用水量（立方米）	[280, 350)	[350, 420)	[420, 490)	[490, 560)	[560, 630]	0.0597
	用水消耗率（%）	[15, 25.6)	[25.6, 36.2)	[36.2, 46.8)	[46.8, 57.4)	[57.4, 68]	0.0490
	污水排放量（万吨）	[58, 90.4)	[90.4, 122.8)	[122.8, 155.2)	[155.2, 187.6)	[187.6, 220]	0.0342
	城市污水日处理能力（万立方米）	[2036, 2400]	[1672, 2036)	[1308, 1672)	[944, 1308)	[580, 944)	0.0582
社会经济	人口密度（人/平方千米）	[315, 424)	[424, 533)	[533, 642)	[642, 751)	[751, 860]	0.0619
	人均地区生产总值（万元/人）	[7.68, 9.5]	[5.86, 7.68)	[4.04, 5.86)	[2.22, 4.04)	[0.4, 2.22)	0.0312
	第二产业比重（%）	[69.2, 82]	[56.4, 69.2)	[43.6, 56.4)	[30.8, 43.6)	[18, 30.8)	0.0520
	城镇居民人均支配收入（千元/人）	[65.2, 80]	[50.4, 65.2)	[35.6, 50.4)	[20.8, 35.6)	[6, 20.8)	0.0571

表 8-2   指数等级及表征状态

等级	水资源短缺指数表征内涵	状态
I	区域水资源开发利用已达到稳定水平,其境内水资源量较为丰富,实施的各项产业结构优化、水生态保护政策等落实到位,防污及污水处理能力较强,可对地区经济发展、社会稳定提供足够的支撑	绿色
II	区域水利基础设施建设相对完善,拥有可供当地产业发展及居民生活使用的水资源量,境内水资源开发利用水平处于较为显著的提升过程,水生态修复能力较强,但存在局部地区用水结构不合理等问题	蓝色
III	区域经济发展速率与社会水平等相对较高,水资源可满足其居民生活及一定产业规模发展的需求,水资源开发利用相关政策仍处于动态调整当中,尤其是在传统发展模式下引发的水生态问题等亟须治理	黄色
IV	区域水资源总量相对不足或人均水资源量不足,地区经济发展及居民生活面临的水资源供需问题日趋严重,产业发展未能实施全面有效的节水措施,水资源开发利用水平偏低,水污染问题较为严重	橙色
V	区域社会经济发展较快,人口规模较大,对水资源量的需求不断攀升,而由于区域水资源开发利用水平较低、水资源总量不高、空间分布不均、水体污染严重等因素的制约,导致水安全问题凸显	红色

五 测度结果分析

(一) 纵向测度分析

按照物元可拓模型的计算过程,利用广东省水资源 2004—2015 年测度时序数据,计算其水资源短缺指数指标体系中要素权重,具体见表 8-1。据其模型公式计算全省水资源 2004—2015 年评价指标对各等级下指数关联函数值,据关联函数与表 8-1 指标权重计算不同年份下水资源短缺指数综合关联度 $K_i(R_\delta)$,参照 $K_{i\delta} = \max\limits_{i \in (\mathrm{I, II, \cdots, V})} K_i(R_\delta)$ 取得其短缺指数隶属级别,具体见表 8-3。

表 8-3   纵向测度结果

测度值	安全状态 (I)	较好状态 (II)	中等状态 (III)	较差状态 (IV)	恶化状态 (V)	指数等级	变动趋势
$K_i(R_{2004})$	-1.16199	-0.98171	-0.58091	0.73462	-0.28503	IV	V
$K_i(R_{2005})$	-1.25092	-0.99128	-0.20825	0.40873	-0.10019	IV	V
$K_i(R_{2006})$	-1.22327	-0.96866	-0.10501	0.58535	-0.95959	IV	III
$K_i(R_{2007})$	-1.70740	-1.25561	-0.14640	0.16769	-0.95667	IV	III
$K_i(R_{2008})$	-1.08397	-0.94626	0.52305	-0.68649	-1.08259	III	IV

续表

测度值	安全状态（Ⅰ）	较好状态（Ⅱ）	中等状态（Ⅲ）	较差状态（Ⅳ）	恶化状态（Ⅴ）	指数等级	变动趋势
$K_i(R_{2009})$	−1.05656	−0.35816	0.13147	−0.58625	−0.80427	Ⅲ	Ⅱ
$K_i(R_{2010})$	−1.40142	−0.79267	0.26307	−0.44521	−1.02155	Ⅲ	Ⅳ
$K_i(R_{2011})$	−1.52432	−0.30520	0.10015	−0.67694	−0.95493	Ⅲ	Ⅱ
$K_i(R_{2012})$	−1.63067	−0.32648	0.10714	−0.72417	−1.02155	Ⅲ	Ⅱ
$K_i(R_{2013})$	−1.06001	0.24661	−0.11600	−1.07003	−1.35129	Ⅱ	Ⅲ
$K_i(R_{2014})$	−0.80094	0.44010	−0.27256	−1.05120	−1.42945	Ⅱ	Ⅲ
$K_i(R_{2015})$	−0.48703	0.50131	−0.35167	−1.27247	−1.70239	Ⅱ	Ⅲ

根据以上测度结果，可知：

（1）从整体发展态势来看，广东省水资源短缺指数在2004—2015年期间由"较差"状态到"中等"状态再到"较好"状态，12年期间水资源短缺指数呈现良性变动态势，说明近年来广东省提高水资源开发利用水平的技术投入、政策保障及社会支撑效应相对显著，水资源管理取得了较好的成效。但同时观测整个状态等级，其水资源短缺指数仍然不容乐观，尤其是样本期间其指数均处于"安全"等级以下，且2013—2015年变动趋势持续向"中等"状态变动，说明广东省水资源调控仍具备较大优化空间。

（2）从拐点变化情况来看，广东省水资源短缺指数于2008年以前均为Ⅳ等级，其变动趋势在2006年时由Ⅴ等级转为Ⅲ等级，该结果与当时历史情境相符合，即自该年份起国家颁布并着力推行《取水许可和水资源费征收管理条例》，对水资源量与水环境等均提出更高要求，这对传统用水模式产生了较大冲击，但对缓解广东省水资源短缺取得了显而易见的成效。其后国家在2008年再次修订《水污染防治法》，分别从工业、城镇、农业和农村等方面规定了水污染监督管理措施，结合本书的测度结果来看，广东省在该方面落实效果良好，即水资源短缺指数从"较差"状态突破到"中等"状态，但该提升成效并不稳固，其指数还具有向"较差"状态退变的趋势。对此，广东省持续推进系列整改措施，尤其是在2013年时受实行最严格水资源管理制度的影响，全省通过强化对用水总量与用水效率的考核，从而逐步形成对各地区及相关产业的节水倒逼机制，这一点在本书测度 2013 年水资源短缺指数等级提高到 Ⅱ 等级的结果中可得以印证。

（3）从模型应用情况来看，利用基于物元关联理论的水资源短缺指数测度模型对样本期内广东省水资源短缺状况进行定量评价的结果与《广东省水资源统计公报》（2015 年）中对其水资源及利用趋势的分析总体状况基本一致，而通过该模型观测的 2006—2008 年、2011—2013 年水资源短缺指数变动趋势可直观性地证明其能够有效地预判其后期走向，同时符合广东省水资源及其管理的历史实际发展情况，表明该模型具有一定的合理性与可操作性。

（二）横向测度检验

根据水资源短缺指数的纵向计算步骤，选取广东省 21 个地级市 2015 年水资源相关指标数据，对各地区水资源短缺指数进行横向测度（见表 8-4）。据其可得结论如下。

表 8-4　　　　　　　　　横向测度结果

地区	安全状态（Ⅰ）	较好状态（Ⅱ）	中等状态（Ⅲ）	较差状态（Ⅳ）	恶化状态（Ⅴ）	指数等级	变动趋势
广 州	-0.13836	-0.02610	0.02435	-0.01958	-0.09093	Ⅲ	Ⅳ
深 圳	-0.03340	0.14088	-0.12835	-0.25128	-0.58529	Ⅱ	Ⅰ
珠 海	-0.03172	0.08813	-0.09745	-0.16847	-0.34067	Ⅱ	Ⅰ
汕 头	-0.15689	0.01795	-0.02441	-0.13869	-0.45518	Ⅱ	Ⅲ
佛 山	-0.38477	-0.15689	0.36394	-0.22488	-0.70231	Ⅲ	Ⅱ
韶 关	-0.67873	-0.38956	-0.14357	0.00683	-0.35252	Ⅳ	Ⅲ
河 源	-0.35455	-0.19390	-0.01632	0.25002	-0.12138	Ⅳ	Ⅲ
梅 州	-1.13933	-0.47141	-0.22599	0.02514	-0.02441	Ⅳ	Ⅲ
惠 州	-0.26454	0.14195	-0.14160	-0.58603	-1.12849	Ⅱ	Ⅲ
汕 尾	-0.05732	0.38960	-0.16420	-0.48939	-1.38828	Ⅱ	Ⅰ
东 莞	-0.10711	0.48117	-0.04329	-0.24010	-0.84487	Ⅱ	Ⅲ
中 山	-0.67968	-0.46069	0.23914	-0.02756	-0.14420	Ⅲ	Ⅳ
江 门	-0.92358	-0.23516	0.01761	-0.11351	-0.45760	Ⅲ	Ⅳ
阳 江	-0.40286	0.36803	-0.25375	-0.68974	-1.14262	Ⅱ	Ⅲ

续表

地区	安全状态 （Ⅰ）	较好状态 （Ⅱ）	中等状态 （Ⅲ）	较差状态 （Ⅳ）	恶化状态 （Ⅴ）	指数 等级	变动 趋势
湛江	-0.14532	0.07147	-0.01227	-0.03133	-0.22510	Ⅱ	Ⅲ
茂名	-0.04238	0.15307	-0.07397	-0.25971	-0.57696	Ⅱ	Ⅰ
肇庆	-0.35735	-0.02306	0.13296	-0.21768	-0.46675	Ⅲ	Ⅱ
清远	-0.68727	-0.12902	0.34759	-0.33545	-0.91948	Ⅲ	Ⅱ
潮州	-0.83462	-0.38988	0.06211	-0.25383	-0.68194	Ⅲ	Ⅳ
揭阳	-0.26487	0.18314	-0.14022	-0.47973	-1.03758	Ⅱ	Ⅲ
云浮	-1.34129	-0.68331	-0.23898	0.19165	-0.47213	Ⅳ	Ⅲ

（1）水资源短缺指数已逐步形成"三大梯度"空间分布状态。按照表8-4所示测度结果可知，深圳、珠海、汕头、惠州、汕尾、东莞、阳江、湛江、茂名和揭阳十个地市达到Ⅱ等级，即处于"较好"状态，并构成了其第一梯度。这类地区在指标响应上呈现差异化特点，尤其相比较其他地区，深圳人均水资源量偏低，生态环境用水量和污水排放量等持续增长，但是在工业、农业节水技术投入及应用方面措施较为到位，使其水资源短缺指数相对良好，而珠海、东莞、茂名等则在城镇居民生活人均用水量上相对偏高。第二梯度主要包括广州、佛山、中山、江门、肇庆、清远和潮州七个地市。韶关、河源、梅州和云浮四个地市构成第三梯度，该梯度地市具有相对较高的农业用水量。可见，从地理空间分布状况来看，由北向南逐渐靠近沿海地区水资源短缺指数状态呈现良性过渡态势。

上述"三大梯度"空间分布状态表明，多数地区水资源保障能力得以提升，但仍存在流域和地区水资源调控治理不平衡的现实。在中央水利要求各地市践行"节水优先、空间均衡、系统治理"新时期工作方针的情况下，广东省在"十二五"期间完成水利投资1144.9亿元，深圳、珠海、东莞等地基本完成城乡供水一体化，可见从投入规模上来看节水设施建设已初见规模，但对"空间均衡"的关注力度相对薄弱，尤其是以粤东西北为代表的经济相对落后地区，其对水利基础设施建设支撑力度有限，而随着产业转移与产业结构调整的加快，珠三角地区产业开始向东、西及山区转移，这极易对其下游地区造成水资源短缺的威胁，因此，"提高水资源调配、促进空间均衡"仍是全省水利发展的重点之一。

（2）以"中等"状态为主，水资源短缺指数呈现多样化的变动趋势。据指数变动情况，可发现其中仅有深圳、珠海、汕尾和茂名四个地市具有向Ⅰ等级提升的态势，而其他第一梯度中的地市则呈现出向Ⅲ等级退变的危机。原处于第二梯度中的广州、中山、江门和潮州水资源短缺指数需要引起重视，即具有向"较差"状态退落的可能性，而佛山、肇庆和清远则倾向"较好"状态。原第三梯度中除梅州呈恶化态势外，韶关、河源、云浮则均向Ⅲ等级转变，呈现为良性发展态势。

各地市水资源短缺的变动趋势进一步印证了对广东省纵向测度分析的结果，并明确了需重点实施节水建设的对象。即在整体水资源短缺指数形式仍较为严峻的状态下，局部呈现指数退变态势的地区需要进一步提高水资源管理的重视度，尤其是对处于第二、第三等级，并分别向"较差"和"恶化"状态转变的态势亟须被扭转。而该变化要求与广东省水利发展"十三五"规划中提出的"节水型社会建设"目标相一致，特别是考虑现阶段全省在适应市场经济运行模式的节水工作方面还没有一套完整的体系，除深圳、东莞地区以外，其他地级市的节水示范工程建设还未形成，对此可针对不同地区特点加快开展差异化的节水示范工程建设，推进各地区水资源短缺指数的改进。

（3）水资源短缺指数变动过程中"都市联动效应"相对显著。广东省水资源短缺指数空间状态分布可在一定程度上反映出其所含地区都市圈的水资源开发利用实际状况，即以广州、佛山、深圳、东莞、中山、珠海、江门等为代表的西江流域和珠江三角洲地市多处于第一、第二梯度，其水资源短缺指数相对较好，尤其是珠江三角洲地区在用水量偏大的情况下，其梯度等级仍较为领先，说明近年来水资源政策实施取得成效较为可观，实现了较为显著的集聚效应。而韶关、清远、佛山等北江流域地市拥有相对丰富的水资源总量，除韶关外其他地市也多隶属第二梯度，与此相近，除了处于第三梯度的河源，惠州、东莞等东江流域地市多集中于第一梯度。对于这类地区，由于地理空间等要素的相近性，可充分借鉴流域内先进地区的水资源管理经验，进一步提高流域水资源的系统调控水平。

此外，目前广东省制定了"珠三角地区优先发展、粤东西北地区振兴发展"的宏观总体布局，而本书对其水资源短缺指数"都市联动效应"的发现可为贯彻该布局提供深层次的理论参考。具体而言，粤北地区具有比较突出的工程性缺水现状，粤西与南澳地区、粤东潮汕平原是广东省传统的资源性缺水地带,而珠江三角洲主要依靠过境水来缓解水资源供需矛盾,并具有较高的水质隐患。据其可进一步根据水资源短缺指数"都市联动效应",对珠江三角洲地带加快广州、中山、惠州的水资源供应一体化调控建设,同时实施西江水系向珠江三角洲的引水策略,而茂名、湛江等市可主要依靠西江流域调水,揭阳、韶关、潮州则可打造区域供水联动工程保障粤东西北地水资源安全。

(三) 驱动测度分析

通过辨识广东省水资源短缺指数历史时序演化规律,可进一步挖掘指数未来变动趋势和关键驱动指标。对此,考虑区域水资源指标数据的可得性与规划指标预测的精度要求,本书利用 SCGM (1,1) c 模型[①]对测度指标体系中相关指标 2020 年值进行预估[②],将其代入水资源短缺指数测度模型取得计算结果,具体见表 8-5。其中,$K_i(C_v)$,$v = 1$,2,…,37分别为指标体系中单指标测度隶属度,$K_i(R_{2020})$ 为规划年份的测度隶属值。

表 8-5 驱动测度结果

测度值	Ⅰ级	Ⅱ级	Ⅲ级	Ⅳ级	Ⅴ级	状态	趋势
$K_i(C_1)$	-0.59227	0.10543	-0.03646	-0.16108	-0.41625	蓝色	黄色
$K_i(C_2)$	-0.27280	-0.09666	0.13817	-0.11718	-0.36794	黄色	蓝色
$K_i(C_3)$	-0.33319	-0.11486	0.05883	-0.17178	-0.51180	黄色	蓝色
$K_i(C_4)$	-0.45798	-0.13937	-0.05719	0.00985	-1.25871	橙色	黄色
$K_i(C_5)$	-0.16750	-0.12227	-0.03307	0.03307	-0.37453	橙色	黄色
$K_i(C_6)$	-0.02164	0.26970	-0.02391	-0.06437	-0.16762	蓝色	绿色
$K_i(C_7)$	-0.40216	-0.24292	0.46883	-0.43013	-0.84926	黄色	蓝色
$K_i(C_8)$	-0.05988	0.10506	-0.16715	-0.61936	-1.52320	蓝色	绿色
$K_i(C_9)$	-0.22770	-0.13671	0.00130	-0.09774	-0.19672	黄色	橙色
$K_i(C_{10})$	-0.13193	-0.06395	0.34397	-0.11806	-0.59385	黄色	蓝色

---

① Mostafaei, H., Kordnoori, S., Kordnoori, S., "Using Weighted Markov SCGM (1, 1) c Model to Forecast Gold/Oil, DJIA/Gold and USD/XAU Ratios", *Malaysian Journal of Fundamental and Applied Sciences*, Vol. 12, No. 4, 2017.

② 基于测度体系中各指标近 12 年原始数据来预测 2020 年指标数据。

续表

测度值	Ⅰ级	Ⅱ级	Ⅲ级	Ⅳ级	Ⅴ级	状态	趋势
$K_i(C_{11})$	-0.49099	-0.11678	0.11678	-0.02868	-0.17572	黄色	橙色
$K_i(C_{12})$	-1.14452	-0.50302	-0.22323	0.12443	-0.39446	橙色	黄色
$K_i(C_{13})$	-0.25594	0.49816	-0.49266	-0.84482	-1.66008	蓝色	绿色
$K_i(C_{14})$	0.34183	-0.00959	-0.15432	-0.35784	-0.51598	绿色	—
$K_i(C_{15})$	-0.28986	0.45225	-0.39717	-0.62893	-0.85484	蓝色	绿色
$K_i(C_{16})$	-0.05340	0.23138	-0.29180	-0.50682	-0.72388	蓝色	绿色
$K_i(C_{17})$	-0.58669	0.14045	-0.11853	-0.59227	-1.02356	蓝色	黄色
$K_i(C_{18})$	-0.38907	-0.02639	0.01324	-0.01791	-0.84269	黄色	橙色
$K_i(C_{19})$	-0.15221	0.47828	-0.36533	-0.70981	-0.93931	蓝色	绿色
$K_i(C_{20})$	-0.72834	-0.38131	-0.16535	0.38131	-0.05360	橙色	红色
$K_i(C_{21})$	0.09485	-0.11319	-0.22393	-0.54462	-0.95324	绿色	—
$K_i(C_{22})$	-0.58609	-0.35381	0.37658	-0.11913	-1.15565	黄色	橙色
$K_i(C_{23})$	-0.23209	0.57992	-0.00678	-0.24106	-0.46796	蓝色	黄色
$K_i(R_{2020})$	-0.31042	0.01912	-0.05388	-0.25318	-0.69656	蓝色	黄色

据测度结果，可知 $K_{\text{II}}(R_{2020}) = \max\limits_{i \in (\text{I}, \text{II}, \cdots, \text{V})} K_i(R_{2020}) = 0.01912$，即到2020 年时，广东水资源短缺指数位于"较好"水平，为"蓝色"表征状态，而 $K_{(R_{2020})} = -0.31042 < K_{(R_{2018})} = -0.05388$ 说明规划年份下其水资源短缺指数仍具有向"中等"水平转变的趋势，但相比于 2015 年水资源短缺指数其隶属度绝对值出现降低 [$K_{\text{III}}(R_{2015}) = -0.35167 < K_{\text{II}}(R_{2018}) = -0.05388$]，说明当前在以最严格水资源管理制度等为代表的推动广东省水资源短缺指数缓解政策实施成效相对显著，而在保障其整体指数在良性发展态势下，仍存在"倒退"的可能性。特别是在多数指标呈现黄色及以上等级状态的情况下，还存有局部橙色特征指标约束其水资源短缺指数的改善，而这类短板指标则将成为后期广东省制定与实施水资源管理措施时所需要考虑的关键驱动要素。具体如下。

（1）控制人口密度分布和提高公众节水意识是缓解水资源短缺的重要途径。根据本书测度，人口密度与人均水资源量最大隶属度分别为0.38131、0.00985，均处于"较差"的Ⅳ等级，说明人口因素对全省水资源短缺指数优化产生较为显著的制约。这其中可反映出广东省由人口问题造成对水资源短缺压力的特征：①从人口规模变动来看，广东省2010—2015年期间人口自然增长率的变动具有"U"形曲线特征，2015年时该值已回涨到6.8%，按照广东省统计局依据第六次人口普查资料作出的预测，到2025年时全省自然增长率可控制在4.16—7.67。由此可见，持续增长的人口数量必然会对水资源提出更为严峻的形势，而自然增长率背后所反映出的是人口出生率与死亡率的问题，即目前实施的"二胎新政策"进一步提高了人口出生率，由此形成了与自然增长率相似的"U"形曲线。同时，随着医疗条件的改善，人口死亡率呈现为倒"U"形曲线，但其变化幅度却较平缓。另外，全省净迁移率从2010年的3.72%下降到2015年的0.89%，这对于控制当地人口规模及缓解水资源短缺压力贡献较大，但考虑到正常人口流动的需求，其后期可挖掘潜力较小。②从人口密度分布情况来看，广东、湛江、茂名、揭阳的户籍人口数均达到700万人以上，珠江三角洲地带3265.69万人的人口数更是远高于东翼、西翼和山区，这对广东省水资源分布的角度来讲是不合理的，即人口密度与水资源密度分布之间冲突显著，可见在人口规模总量较难调控的情况下，可尝试通过产业转移、政策优惠等方式优化人口密度空间布局来实现水资源压力的释放。③从公众节水意识来看，现阶段公众节水并未形成"自发行动"，而且欠缺完善的监督管理机制，对此需要在扩大节水宣传的同时，进一步推进阶梯水价制度，特别是对超额用水、浪费用水等提高水资源费征收标准，利用价格杠杆提高对公众节水的激励效应。

（2）强化对城镇用水规模与用水结构的调控是避免全省推进城镇化过程中出现水危机的关键。《城市给水工程规划规范》（2013年修订版）、《国家新型城镇化规划（2014—2020年）》中均对城市供需水平衡提出了明确要求，同时也有学者认为从长期来看城市化水平的提升有助于实现水资源的集约式利用[①]，但是根据本书测度结果，可以发现城镇公共用水量最大隶属度0.12443，停滞于Ⅳ等级，其变动趋势呈由"橙色"向"黄色"转变的趋势，而城镇居民生活人均用水量处于Ⅲ等级，说明随着广

---

① 鲍超：《中国城镇化与经济增长及用水变化的时空耦合关系》，《地理学报》2015年第12期。

东省城镇化加速，短期内城镇用水对于全省水资源利用水平的影响越发显著，而这种影响可直接体现于对水资源消耗速率及规模的不断增加。该结论与张凤泽等①、马海良等②提出城镇化与水资源利用效率之间呈"U"形关系具有异曲同工之处，即短期内城镇化发展会导致人口规模集聚与产业结构动荡调整，在此期间相应的节水基础设施、技术等难以快速匹配上述要素的变动速率，易造成局部地区出现水资源短缺的危机。针对广东省而言，以广州、深圳、珠海等珠江三角洲地带为城镇化水平较高地区，而肇庆、韶关、江门等环珠江三角洲地带的城镇化水平正处于高速增长阶段，面对这样的发展趋势，要尽可能缩小其节水基础设施配置与人口规模、产业结构调整之间的协调落差，关键在于要以"水效"为核心，城镇化建设前对用水规模进行系统论证及城镇化建设中进行用水结构调整，即对城镇化水资源实施"源头预防、事中控制"举措，切实打造"以水定城、以水定产"的水资源管理模式。

（3）提高水环境监管与考核范畴，减缓水质性缺水需要引起更高程度的重视。近年来广东省正着力推进全国水生态文明城市建设，其中已在广州、东莞进行试点，而珠海、惠州也即将展开，对此全省不断加大对水质数据的监测与管理，取得了一定成效。但是据本书测度显示，相比其他测度指标，流域区水质达标率最大隶属度为 0.03307，即"橙色"预警，污水排放指标也呈现由"黄色"向"橙色"状态退变的趋势，表明水质问题依然是影响后期全省水资源短缺状态调控的重要短板要素。而受水资源空间分布和传统经济发展模式等因素的影响，长期以来水污染问题一直是困扰广东省水资源管理的难点，据《国务院关于印发水污染防治行动计划的通知》中的要求，珠江三角洲流域水质到 2020 年时至少达到或优于Ⅲ类比例为 70%，而当前其超过一半以上劣于Ⅲ类水质，粤东诸河的水质情况更为严重，其劣于Ⅲ类水质的将近 70%，全省水功能区水质的达标率还不足 50%，由此看来解决由水质引起的水资源短缺问题可谓时间紧任务重，对此广东省也划定了推进流域水环境治理的阶段性方向及目

① 张凤泽、宋敏、邓益斌：《新型城镇化视角下的江苏省水资源利用效率研究》，《水利经济》2016 年第 5 期。

② 马海良、徐佳、王普查：《中国城镇化进程中的水资源利用研究》，《资源科学》2014 年第 2 期。

标，但是反观包括广东省水利发展"十三五"规划在内针对水环境防治的系列规划措施，多是停滞在对主要污染物的总量控制，以及重点水功能区排放达标率等相关指标层面上，而对跨流域水环境保护及水资源所发挥的实际使用价值提及较少，而且缺乏具体的量化指标，这对于认识与转变传统的水污染防治理念帮助有限，即未能从根本上体现提升污水资源化水平及其对社会经济效益的贡献度。据此，对水环境监管的范畴应从传统的水质量化指标进一步扩充到水污染防治所节约的水资源量及其产生的社会经济效益，并将其作为地区、产业等实际的考核指标纳入现有规划措施中，提升水环境保护的导向作用。

六　主要结论

本节在建立区域水资源短缺指数测度模型的基础上，通过融合区域水资源禀赋、供需、利用和社会等方面指标构建短缺指数复合测度体系，对广东省水资源短缺指数分别进行了纵向时序测度、横向截面分析与未来趋势探讨。据测度结果，可知：

（1）样本测度期间广东省水资源短缺指数从初期"较差"状态到"中等"状态再到"较好"状态，整体上表现出相对良好的变动趋势，而从其状态等级改变的拐点情况可以看出广东省水资源管理对于国家重大水资源调控政策的敏感度较高。但同时也可发现该阶段水资源短缺指数均处于"安全"状态之下，而且具有再度向"中等"状态变动的态势，即说明全省水资源调控还有待进一步优化。

（2）现阶段广东省水资源短缺指数已形成"三大梯度"宏观发展格局，尤其是由北向南部沿海地区其指数状态逐步趋于良好，但同时也凸显了流域和地区水资源调控治理不平衡的现实，即在全省节水基础设施建设已初见规模情况下，对"空间均衡"的关注力度相对薄弱；通过观测各地市多样化的水资源短缺指数变动趋势，将韶关、河源、云浮等作为当前亟须扭转水资源短缺状态的对象，积极推动节水示范工程建设，而这也是应对其水利发展"十三五"规划的重点；同时，全省境内地市具有较为显著的"都市联动效应"，尤其是西江流域和珠江三角洲等水资源状态具有良好的集聚效应，据此，珠江三角洲地带、西江流域等可分别实施一体化调控、区域供水联动等差异化的用水保障策略。

（3）到2020年时，广东省水资源短缺指数将处于"较好"状态，但变动态势不容乐观，尤其是存在局部短板要素影响其指数的改善，如人均水资源量不高、城镇用水比重逐步攀升等。针对这些短板要素，考虑到人口规模变动的可控性，应重点提高对全省人口流动规划实现人口密度分布再调整，及完善阶梯水价制度推动价格杠杆对公众节水意识的激励效应；强化对城镇用水规模与用水结构调控也是缓解广东省水资源短缺的关键举措，这是因为城镇化水平的提升在短期内易引发较大的水资源消耗量，表现于人口规模上涨、产业结构调整速率与节水基础设施建设的时间非均衡性，需采取"源头预防、事中控制"的策略缓解水资源短缺压力；而水质性缺水是长期以来困扰广东省水资源管理的难点，在现阶段亟须完成系列规划指标任务的背景下，将水环境治理所产生的社会经济效益纳入水环境监管与考核范畴意义重大。

（4）利用物元可拓理论与关联函数建立的水资源短缺指数测度模型具有较高的实用性与灵活性，即既可满足水资源短缺指数的单要素预警分析，也能把其多目标测度转化为单目标决策，实现对整个区域的水资源短缺状况进行分析，通过物元集合释放了经典数学对指标数据"非此即彼"的限制，显示了水资源短缺指数"既此又彼"过渡状态，而基于关联函数确定指标权重的方式则进一步避免了常规测定模型中涉入较多主观因素影响的弊端，提高了水资源短缺指数测度指标赋权的客观性。

第三节　数据支持系统优化案例Ⅱ
——以水资源复合系统优化为例

一　案例介绍

面对越发严重的水资源形式，2011 年中央一号文件和中央水利工作会议明确要求实行最严格水资源管理制度，确立水资源开发利用控制、用水效率控制和水功能区限制纳污"三条红线"，从制度上推动经济社会发展与水资源水环境承载能力相适应①。其中，作为经济与人口大省，广东省是全国各省市中唯一分水指标阶段递减的省份，率先制定适宜本地区的

---

① 陈雷：《全面落实最严格水资源管理制度　保障经济社会平稳较快发展》，《中国水利》2012 年第 10 期。

最严格水资源管理实施方案与考核办法，试图加速形成水资源对社会经济发展的倒逼机制。尤其是近年来，广东省通过制定并发挥良好的政策导向作用，在创建节水型社会方面取得了相对显著的成效，但是受地区资源禀赋、经济水平、产业结构、人口流动等多要素影响，地市之间用水效率与用水结构差异仍处于动态调整当中，同时随着城镇化与工业化进程的加快，水资源供需矛盾也亟须进一步缓解。因此，将广东省水资源调控作为研究对象，既可对其后期水资源管理政策的制定提供相应理论参考，也具有为其他各地市实现水资源优化配置提供借鉴的现实意义。

目前国内学者围绕广东省水资源相关问题已展开了多维度探讨。例如谭圣林等通过测度广东省各产业水足迹，认为第一产业与第二产业水足迹均较大，但第一产业最终需求较少，与此相反，第三产业具有较大的最终需求，而水足迹偏小，据此可进行针对性的产业结构调整缓解水资源压力。[1] 雷玉桃等利用随机前沿函数测度其工业用水效率，发现限于产业规模不足和高耗水行业的负向影响，广东省工业用水仍具有较大节水潜力。[2] 徐珊等基于空间尺度测算了广东省水资源生态足迹与水资源生态承载力，验证出全省水资源生态足迹指标呈逐年递减趋势，其各地市之间差异更加明显，而全省水资源生态承载力相对较高。[3] 姚彦欣等利用模糊物元模型评价广东省水资源可持续利用水平，认为其水资源开发利用程度处于初始阶段与发展阶段之间，后期开发利用潜力仍然较高[4]。谢小康等选用多目标规划与模糊函数方法建立水资源承载力评估模型，提出广东省境内多数地市承载力集中于"高类型"与"低类型"，而"中类型"相对较少[5]。

---

① 谭圣林、刘祖发、熊育久等：《基于多区域投入产出法的广东省水足迹研究》，《生态环境学报》2013 年第 9 期。

② 雷玉桃、黎锐锋：《节水模式、用水效率与工业结构优化：自广东观察》，《改革》2014年第 7 期。

③ 徐珊、夏丽华、陈智斌等：《基于生态足迹法的广东省水资源可持续利用分析》，《南水北调与水利科技》2013 年第 5 期。

④ 姚彦欣、汪沛、刘宗强等：《广东省水资源可持续利用评价研究》，《工业安全与环保》2009 年第 4 期。

⑤ 谢小康、陈俊合、刘树锋：《广东省水资源承载力量化研究》，《热带地理》2006 年第 2 期。

综上所述，现有对广东省水资源的研究视角相对丰富，但研究方法主要集中在利用微观层面的数学建模或通过构建宏观层面的测度指标体系测算综合指数，以上方法均是基于有限代表性指标进行静态计量或评价的原理，而缺乏对其系统性、动态性的考虑，同时易忽视影响区域水资源状态的复杂多要素之间的交互关系。据此，本节选取系统动力学（System Dynamics，SD）方法，建立集成经济、资源、环境和社会等要素的水资源承载力复合系统仿真模型，解析广东省水资源承载力在不同情景下的响应状态，辨识未来时期水资源发展形势，并提出缓解广东省水资源压力的相关建议。

二　数据来源

模型的使用要建立在对其有效性验证的基础上，本节利用 2004—2015 年历史数据对模型进行一致性检验，并以 2016 年为基准年，设定模拟时间段为 2016—2020 年，模拟步长为 1 年。其所用数据源于《广东省环境统计公报》（2004—2015）、《广东省统计年鉴》（2004—2016）、《广东省水资源统计公报》（2004—2015）和《中国环境统计年鉴》（2004—2015）等。其中，模型中对于随着时间变化而产生改变的变量，以及指标关系不易确定的变量都采取表函数方式给出。

三　数据支持系统优化模型构建

（一）系统动力学建模基本原理

系统动力学是基于反馈控制理论研究复杂社会经济系统问题的定量方法，其所建模型采用的是一阶微分方程组，通过欧拉数值积分对其状态方程进行表示，基本形式为：

$L.k = L.j + DT(Ir.jk - Rr.jk)$

其中，$L.k$、$L.j$ 指状态变量；$Ir.jk$、$Rr.jk$ 指速率变量；k 表示当前时刻；j 为与 k 相近的前时刻；jk 表示时刻 j 到 k 的时间段；DT 表示仿真步长，且 $DT = jk$。将状态方程转换为：

$(L.k - L.j)/DT = Ir.jk - Rr.jk$

基于上述模型，利用计算机仿真技术分析系统演化趋势等。其特点在于可有效处理长期性、周期性、数据不完备、精度范围可控等决策支持问题。通常对于利用系统动力学建立的仿真系统进行分析时，系统内各组成要素及其之间的关系是分析的重点，系统内外之间的环境是不同的，若要增加系统的可靠性，降低系统误差，则需要合理确定仿真系统边界及正确划分系统内外因素。

（二）模型构建与一致性检验

1. 模型构建

本节将系统的仿真边界定为整个广东省，边界的确定是基于满足模型构建的需求，实质上广东省产业、水资源、水环境系统与外部区域之间具有不间断的双向的物质、能量及信息的流通。同时，根据系统论的原理，产业发展与资源、人口、经济、环境等是有机统一体，将产业结构调整、水资源消耗与水环境的关系辨识置于与其具有显著关联性的复合系统中进行分析，可更加全面地考虑影响产业结构与水资源的各类相关要素及其复杂交互关系，提高研究结果的科学合理性。据此，本节将复合系统进一步划分为产业经济、可用水资源、水环境、社会人口和其他资源5个子系统。系统流程图是整个复合系统的核心，通过分析子系统之间、子系统内变量之间的因果关系与反馈关系，运用 Vensim PLE 软件，选取能够清晰合理地描述系统结构的变量构建广东省复合系统 SD 模型的流图（见图8-2）。其中，在产业经济子系统中，各产业 GDP 是状态变量，其增加值是速率变量；可用水资源子系统中，可用水资源量是状态变量，水资源供给量与消耗量是速率变量；水环境子系统中，氨氮量与 COD 量是状态变量，其增加值与削减值是速率变量；社会人口子系统中，人口规模是状态变量，自然增长人口与迁入人口是速率变量；而在其他的资源子系统中，耕地面积、经济林面积、水土流失治理等是状态变量，耕地增加与减少量等为速率变量。具体情况如表8-6所示。

表8-6　　　　　　　　广东省水资源承载力系统动力学模型变量

变量类型	变量名称
状态变量（12）	总人口、第一产业 GDP、工业 GDP、建筑业 GDP、第三产业 GDP、可用水资源量、耕地面积、农田灌溉面积、经济林面积、水土流失治理面积、COD 存量、氨氮存量
速率变量（17）	年净迁入人口、年自然增长人口、第一产业 GDP 增长量、工业 GDP 增加值、建筑业 GDP 增加值、第三产业 GDP 增长量、消耗量、生产量、耕地减少量、耕地增加量、农田灌溉面积增长速度、经济林面积增长速度、水土流失治理面积增长速度、COD 产生量、COD 削减量、氨氮增加量、氨氮削减量

续表

变量类型	变量名称
主要辅助变量	人口净迁入率、自然增长率、出生率、死亡率、污染因子、水污染比、城镇人口、农村人口、城镇化水平、城镇生活用水量、农村生活用水量、第一产业 GDP 增长率、工业 GDP 增长率、建筑业 GDP 增长率、第三产业 GDP 增长率、区域 GDP、人均 GDP、工业用水量、生活用水量、生态用水量、农业用水量、再用水回用率、地表水可供水量、循环利用量、地下水可供水量、自然补给量、农田灌溉用水量、经济林灌溉用水量、植被生态用水量、回补超采地下水所需水量、水土保持用水量、退耕还林还草占地、国家基建占地、耕地改为园地、园地改为耕地、新开荒地、人均耕地面积、粮食自给率、人均粮食需求水平、粮食播种面积、复种指数、总播种面积、粮食单产、最小人均耕地面积、耕地压力指数、工业废水产生量、工业废水排放量、工业废水治理费用、工业废水治理量、工业废水氨氮去除量、生活污水氨氮去除量、工业氨氮产生量、生活氨氮产生量、生活 COD 削减量、工业 COD 产生量、生活 COD 产生量、工业废水 COD 削除量
表函数（46）	人口净迁入率表、出生率表、第一产业 GDP 增长率表、工业 GDP 增长率表、建筑业 GDP 增长率表、第三产业 GDP 增长率表、农村人均生活用水量表、城镇化水平表、城镇人均生活用水量表、农田灌溉面积增长率表、水土流失治理面积表、防护林面积表、经济林面积增长率表、地表水可供水量表、地下水可开采量表、地下水开发利用程度表、自然补给量表、回补超采地下水所需水量表、工业废水治理费用占工业 GDP 比重表、单位工业废水治理费用表、单位工业废水 COD 去除量表、工业亿元产值 COD 产生量表、工业亿元产值废水量表、工业亿元产值用水量表、城镇居民人均 COD 产污系数表、单位城镇生活污水 COD 去除量表、生活污水集中处理率表、城镇居民人均生活污水产污系数表、单位城镇生活污水氨氮去除量表、城镇居民人均氨氮产污系数表、工业亿元产值氨氮产生量表、单位工业废水氨氮去除量表、循环利用率表、再用水回用率表、国家基建占地表、退耕还林还草占地表、耕地改为园地表、其他占地表、园地改为耕地表、新开荒地表、粮食自给率表、人均粮食需求水平表、粮食播种面积表、复种指数表、总播种面积表、粮食单产表
常数（4）	农田灌溉定额、经济林灌溉定额、防护林灌溉定额、水土流失治理生态用水定额

2. 一致性检验

比较 2004—2014 年指标实际值与模拟值，并统计其相对误差对模型进行一致性检验。其中，以区域 GDP、水资源消耗量和 COD 存量为例（见表 8-7）。从对比情况来看，指标的相对误差均在 ±5% 以内，其拟合精度相对较高，满足系统运行模拟的要求。

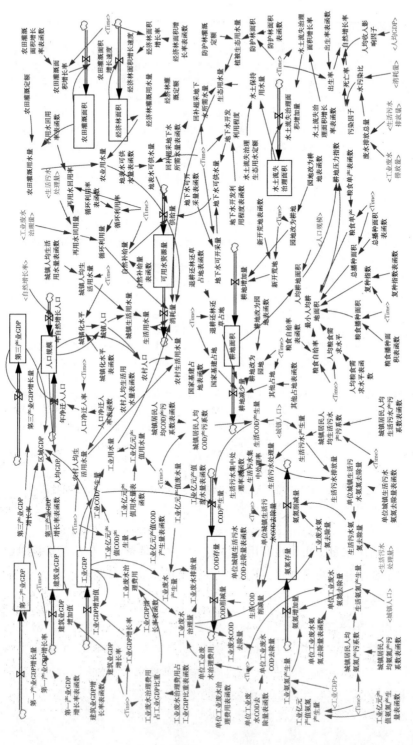

图 8-2 资源复合系统仿真模型

表 8-7 样本指标模拟一致性检验

年份	区域GDP（亿元）			COD存量（万吨）			水资源消耗量（亿立方米）		
	实际值	模拟值	相对误差	实际值	模拟值	相对误差	实际值	模拟值	相对误差
2004	18864.62	18643.85	-0.01170	52.90	52.90	0.00000	403.62	404.55	0.00227
2005	22557.37	22231.02	-0.01447	43.68	43.71	0.00064	406.86	409.02	0.00531
2006	26587.76	26617.73	0.00113	42.73	42.46	-0.00607	411.15	413.20	0.00497
2007	31777.01	31398.29	-0.01192	71.65	71.15	-0.00684	421.65	422.09	0.00104
2008	36796.71	37530.91	0.01995	124.66	122.65	-0.01577	426.78	426.70	-0.00020
2009	39492.52	41458.53	0.04978	152.31	147.69	-0.02971	427.21	427.34	0.00031
2010	46036.25	46592.75	0.01209	182.27	178.27	-0.02153	448.29	447.98	-0.00069
2011	53246.18	54347.22	0.02068	202.67	198.62	-0.01955	443.01	441.25	-0.00397
2012	57147.75	59825.27	0.04685	222.05	216.29	-0.02542	429.03	427.51	-0.00354
2013	62474.79	63345.72	0.01394	247.86	241.02	-0.02703	423.22	425.60	0.00560
2014	67809.85	70618.53	0.04142	241.48	235.31	-0.02504	456.62	454.93	-0.00370
2015	72812.55	73902.98	0.01498	253.34	244.65	-0.03361	443.24	442.94	-0.00070

四 水资源调控类情景设置与检验

（一）情景设置

基于水资源承载力复合系统仿真模型满足一致性检验要求，可通过设置相应的决策变量与评价指标分析广东省2016—2020年水资源承载力调控模式。本节选取第一产业GDP增长率、工业GDP增长率、第三产业GDP增长率、工业亿元产值用水量、城镇居民人均生活用水量、农村居民人均生活用水量、再用水回用率、工业废水治理费用、生活污水集中处理率9个变量作为决策变量。同时，综合考虑水资源承载力对社会经济、水资源供需、生态环境等影响，选取区域GDP、消耗量、可用水资源量、COD存量、氨氮存量作为评价指标。具体情景如下。

情景1：零参数调整。维持现有发展趋势，即再用水回用率18.41%，工业亿元产值用水量0.0037，城镇居民人均生活用水量0.007、农村居民人均生活用水量0.005，第一产业GDP增长率5.64%、工业GDP增长率3.83%、第三产业GDP增长率10.93%、单位工业废水治理费用1.8608、生活污水集中处理率 73.65%。

情景 2：节水型调控。强化节水力度是提高水资源承载力的关键，对此，在情景 1 的基础上，增加再用水回用率至 30%，降低工业亿元产值用水量至 0.001、城镇居民人均生活用水量为 0.005、农村居民人均生活用水量为 0.003。

情景 3：产业结构优化型调控。广东省是典型的工业大省，但其农业需水量较高，且第三产业相对较为发达，据此，设定降低第一产业 GDP 增长率为 1%，提高工业 GDP 增长率为 10%，第三产业 GDP 增长率为 17%。

情景 4：环境保护型调控。水质性缺水长期以来是制约广东省水资源的重点难点问题，为进一步落实最严格水资源管理"三条红线"，可从环境保护的角度出发，降低污染排放。因此，降低单位工业废水治理费用至 0.6，增加生活污水集中处理率为 0.96。

情景 5：综合型调控。即对情景 1、情景 2、情景 3、情景 4 进行综合实施，集成并分析水资源承载力变化趋势。

（二）模拟结果

按照不同参数的情景设置，对水资源承载力复合系统评价指标进行动态模拟，见图 8-3—图 8-7，模拟结果见表 8-8。

表 8-8　　　　　　　　　评价指标模拟预测结果

指标	年份	情景 1	情景 2	情景 3	情景 4	情景 5
区域 GDP（亿元）	2015	79903	79903	79903	79903	79903
	2016	85706.4	85706.4	85706.4	85706.4	85706.4
	2017	92027.9	92027.9	92965	92027.9	92965
	2018	98919.4	98919.4	101969	98919.4	101969
	2019	106438	106438	113100	106438	113100
	2020	114648	114648	126862	114648	126862
水资源消耗量（亿立方米）	2015	418.447	418.447	418.447	418.447	418.447
	2016	424.193	399.000	424.193	423.039	397.701
	2017	430.143	378.085	431.794	427.452	375.822
	2018	436.302	355.609	441.485	431.429	351.463
	2019	442.678	331.490	453.591	434.401	322.387
	2020	449.279	305.634	468.541	434.833	283.739

续表

指标	年份	情景 1	情景 2	情景 3	情景 4	情景 5
可用水资源量 （亿立方米）	2015	530.499	530.499	530.499	530.499	530.499
	2016	555.070	555.070	555.070	555.070	555.070
	2017	573.895	599.089	573.895	575.049	600.388
	2018	586.771	664.022	585.120	590.616	667.585
	2019	593.488	751.431	586.654	602.205	759.140
	2020	593.829	862.959	576.081	610.822	879.772
COD 存量 （吨）	2015	2465460	2465460	2465460	2465460	2465460
	2016	2442230	2442230	2442230	2442230	2442230
	2017	2414560	2414560	2414560	2168190	2168190
	2018	2382260	2382260	2380480	1551140	1543580
	2019	2345120	2345100	2337720	435118	388553
	2020	2302930	2302850	2283700	—	—
氨氮存量 （吨）	2015	407059	407059	407059	407059	407059
	2016	399619	399619	399619	399619	399619
	2017	390270	390270	390270	372807	372807
	2018	378929	378929	378151	320481	319325
	2019	365504	365493	362286	232310	226522
	2020	349904	349870	341546	88817	69918.8

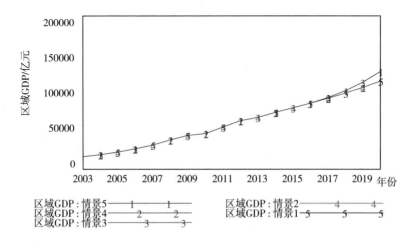

图 8-3　区域 GDP 模拟趋势

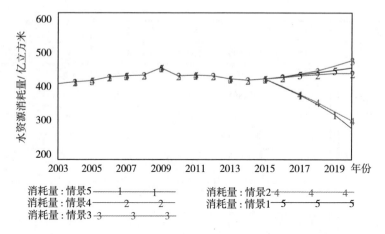

图 8-4　水资源消耗量模拟趋势

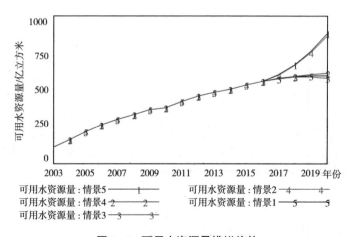

图 8-5　可用水资源量模拟趋势

(三) 结果讨论

根据上述模拟结果，可以得出：

情景 1：按照当前整体发展趋势下，区域 GDP 可实现稳定增长，而与之相应的水资源消耗量也具有攀升态势；可用水资源量的提升效果并不理想，尤其是 2019—2020 年期间变化差异较小；COD 存量与氨氮存量缓慢的下降。鉴于当前广东省着力建设节水型社会的要求，该情况对上述要求支撑力度较为薄弱，无法将水资源可持续利用的理念充分体现出来。

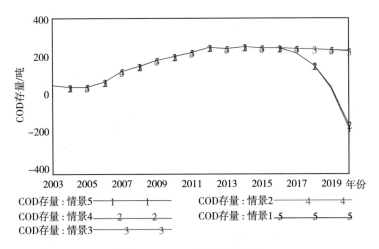

图 8-6　COD 存量模拟趋势

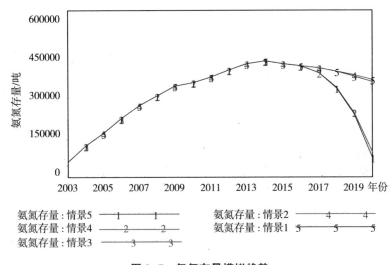

图 8-7　氨氮存量模拟趋势

情景 2：考虑降低用水量，提升用水效率，增加再用水回用率，降低工业亿元产值用水量、城镇居民人均生活用水量和农村居民人均生活用水量，发现与情景 1 相比，区域 GDP 变化基本保持一致；COD 存量和氨氮存量有轻微的减少；水资源消耗量由 418.447 亿立方米降到 305.634 亿立方米，下降幅度较大；可用水资源量提升相对显著，到 2020 年可达862.959 亿立方米。可见情景 2 的情况下，仅对水资源消耗量和可用水资源量有较为明显的改善，但从水资源承载力复合系统协调发展的视角下仍存在不足。

情景 3：考虑平衡三产比例，降低第一产业 GDP 增长率，提升工业和第三产业 GDP 增长率，导致区域 GDP 有所提升；相比情景 1、情景 2，COD 存量和氨氮存量到 2020 年将分别降至 228.37 万吨、34.987 万吨，改善效果更加显著；而过度注重经济的增长，却加剧了水资源的浪费，水资源消耗量并未降低，反而上升到 468.541 亿立方米；同时，可用水资源量降低 576.081 亿立方米，均低于情景 1、情景 2 模拟值。可见该情景对提升广东省水资源承载力有一定的作用，但效果不够理想。

情景 4：考虑环境保护进行污水重点治理方案，降低单位工业废水治理费用，增加生活污水集中处理率。结果显示，区域 GDP 与情景 1 保持同步；而水资源消耗量于 2020 年时降至 434.833 亿立方米，该效果要好于情景 1、情景 3，但要弱于情景 2；与之相似，可用水资源量提高到 610.822 亿立方米；而 COD 存量和氨氮存量降低的成效最明显。该调控在提高污染治理能力建设上具有较为显著的提升，但仍然限于局部要素对广东省水资源承载力进行改善。

情景 5：综合考虑节水、治污、产业结构优化等问题，到 2020 年时将显著提升区域 GDP 水平；水资源消耗量下降明显，降到 283.739 亿立方米，均低于其他情景效果；而可用水资源量相应地突破 879.772 亿立方米；控污方面，COD 存量与氨氮存量相比其他各类种情景，降低幅度更加可观。该情景下，各评价指标均取得最佳效果，可在所设情景下最大限度地提升广东省水资源承载力。因此，定其为最优情景。

五 产业结构调控类情景设置与检验

（一）情景设置

在构建复合系统仿真模型与验证其有效性的基础上，通过设置不同产业结构调整程度的情景假设，检验其对水资源消耗及水环境的动态影响。其中，考虑产业结构调整需通过改变三次产业 GDP 增长率实现；水资源消耗的响应是利用可用水资源量、水资源消耗量进行考察；水环境的响应则以 COD 和氨氮存量为观测指标；同时将区域 GDP 总量作为辅助决策指标。根据广东省"十三五"规划与相关产业发展规划等，设置情景如下：

情景1：零参数型调整。该情景作为参考情景，即保持现有产业结构发展水平，第一产业、工业、建筑业和第三产业 GDP 增长率分别为5.64%、3.83%、4.3%和10.93%，各参数值不变。

情景2：重点发展第一产业。在情景1的基础上，重点考虑第一产业发展，广东省第三产业相对发达，该种方式可能对其会造成较大的经济下行压力，但此处作为参考情景将其作为情景之一，即提高第一产业 GDP 增长率到15%。

情景3：重点发展第二产业。在情景1的基础上，提升第二产业速率，即将工业、建筑业 GDP 增长率分别提高到10%和12%。

情景4：重点发展第三产业。在情景1的基础上，将第三产业 GDP 增长率提高到25%。

情景5：重点发展第一、第二产业。综合情景2和情景3。

情景6：重点发展第一、第三产业。综合情景2和情景4。

情景7：重点发展第二、第三产业。综合情景3和情景4。

情景8：综合提升型调整。设定三次产业增长速率均得到提升，即综合情景2、情景3和情景4。

（二）模拟结果

按照上述情景参数设置，动态模拟由产业结构调整引发的水资源消耗与水环境效应，见表8-8与图8-8—图8-12。

1.产业调整对水资源消耗影响趋势分析

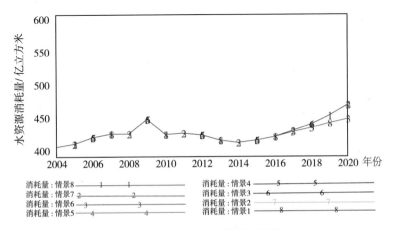

图8-8 水资源消耗量模拟曲线

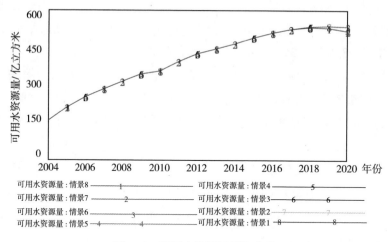

图 8-9　可用水资源量模拟曲线

根据表 8-8 与图 8-8、图 8-9 可知，如果从水资源消耗量来看，在维持现有产业结构发展水平时，水资源消耗量提升速度相对平稳。当重点调整三次产业中一类产业的增长速率，情景 2 与情景 4 所消耗的水资源量与情景 1 相一致（452.834 亿立方米），而情景 3 中其消耗量测度相对较高（472.097 亿立方米），即过度提高第二产业 GDP 增长速率会造成水资源消耗规模的显著性增加。若重点调整三次产业中的两类产业增长速率时，情景 6 为最小水资源消耗量，而且与情景 1 趋势值相同。另外，如果三次产业均呈现出较大幅度的提升，水资源消耗量将会处于相对较高水平，这在情景 6 中得到印证。与水资源消耗量趋势相似，在可用水资源量方面，在现有产业结构状态，重点提升第一产业或第三产业比重，或者协同推进第一产业与第三产业发展的情况下，均会有相对较高的可用水资源量（533.452 亿立方米），而过度提升第二产业、同时提升第一产业与第二产业或者第二产业与第三产业、三次产业均大幅提升，都易导致可用水资源量相对薄弱。

2. 产业调整对水环境影响趋势分析

通过表 8-8 与图 8-10、图 8-11，可知零参数调整状态下，到 2020 年时，COD 存量与氨氮存量分别达到 242.515 万吨、38.0003 万吨，模拟期间均处于稳定下降趋势。而在重点调整单一产业情况下，三次产业之间 COD 排放量差异不大，但以情景 2 测度值最小（238.681 万吨），其次为

情景 4（242.515 万吨），而在氨氮排存量方面，情景 4 测度值最小
（36.7413 万吨），说明强化发展第三产业有助于控制氨氮排放。当调整三
次产业中的两类产业时，情景 6 所测 COD 排放量最小（239.620 万吨），
其次为情景 5 测度值，表明重点发展第一产业与第三产业是控制 COD 排
放的有效途径，同时情景 7 的氨氮排放较小。当实施综合提升型产业结构
调整时，COD 存量与氨氮存量尽管不是各情境中的最小值，但呈现出存
量相对较低的调控效果。综上可见，重点发展第三产业是实现 COD 与氨
氮存量的最佳选择。

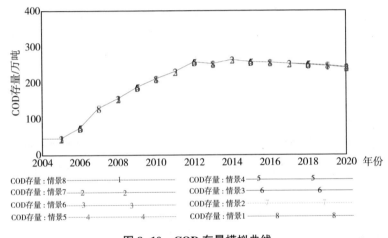

图 8-10　COD 存量模拟曲线

3. 产业结构调整对经济影响趋势分析

根据表 8-9 与图 8-12，综合对比各情境到 2020 年时的状态，可进一
步发现通过综合提升型产业结构调整的方式能够取得相对较为理想的经济
效益（138915 亿元）；在保持当前产业发展形势下，区域 GDP 指标值最
小（114648 亿元）；对单产业重点调整时，则以情景 4 取得 GDP 发展速
率较高（120589 亿元）；对三次产业中的两类产业调整所取得平均经济增
长效益要高于单产业调整，其中情景 8 为最高值（138085 亿元）。结合广
东省当前第三产业发展的现状可知，继续加大提升第三产业发展规模，可
进一步促进区域经济总体水平的提高。

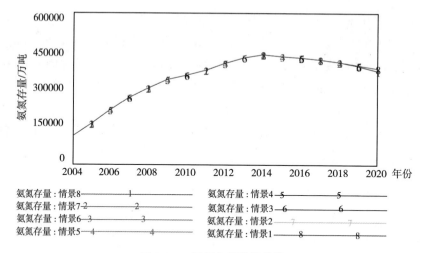

图 8-11　氨氮存量模拟曲线

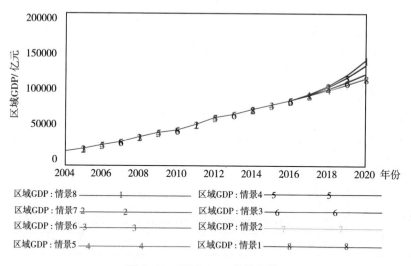

图 8-12　区域 GDP 模拟曲线

表 8-9 　　　　　　　　　　　　评价指标模拟值

指标	年份	情景 1	情景 2	情景 3	情景 4	情景 5	情景 6	情景 7	情景 8
水资源消耗量（亿立方米）	2016	428.030	428.030	428.030	428.030	428.030	428.030	428.030	428.030
	2017	433.904	433.904	435.555	433.904	435.555	433.904	435.555	435.555
	2018	439.991	439.991	445.174	439.991	445.174	439.991	445.174	445.174
	2019	446.298	446.298	457.212	446.298	457.212	446.298	457.212	457.212
	2020	452.834	452.834	472.097	452.834	472.097	452.834	472.097	472.097
可用水资源量（亿立方米）	2016	509.601	509.601	509.601	509.601	509.601	509.601	509.601	509.601
	2017	524.589	524.589	524.589	524.589	524.589	524.589	524.589	524.589
	2018	533.704	533.704	532.053	533.704	532.053	533.704	532.053	532.053
	2019	536.732	536.732	529.897	536.732	529.897	536.732	529.897	529.897
	2020	533.452	533.452	515.704	533.452	515.704	533.452	515.704	515.704
COD存量（万吨）	2016	254.872	254.872	254.872	254.872	254.872	254.872	254.872	254.872
	2017	252.495	252.495	252.495	252.473	252.495	250.365	252.495	252.495
	2018	249.656	249.477	249.656	248.382	249.477	245.723	249.477	249.477
	2019	246.337	243.624	246.337	245.244	245.596	242.135	244.375	245.596
	2020	242.515	238.681	243.743	242.515	240.592	239.620	241.163	240.592
氨氮存量（万吨）	2016	42.2523	42.2523	42.2523	42.2523	42.2523	42.2523	42.2523	42.2523
	2017	41.4952	41.4952	41.4952	41.4952	41.4952	41.4952	41.4952	41.4952
	2018	40.5402	40.5402	40.4625	39.8569	40.4570	40.5402	40.4625	39.5146
	2019	39.3783	39.3783	39.0565	37.4835	39.2481	39.3783	39.0565	38.2438
	2020	38.0003	38.0003	37.1645	36.7413	37.8538	38.0003	37.1645	37.3729
区域GDP（亿元）	2016	85706.4	85706.4	85706.4	85706.4	85706.4	85706.4	85706.4	85706.4
	2017	92027.9	92094.1	92536.1	93201.6	92602.3	93267.8	93709.8	93776.0
	2018	98919.4	99131.6	100516.0	102891.0	100728.0	103104.0	104488.0	104700.0
	2019	106438.0	106896.0	109802.0	115513.0	110259.0	115970.0	118876.0	119334.0
	2020	114648.0	115478.0	120589.0	132144.0	121419.0	132974.0	138085.0	138915.0

（三）讨论与分析

产业结构的调整模式与调整程度均会对水资源消耗与水环境产生不同程度的影响，本节在假设一定调整程度的前提下，重点分析了调整模式对水资源的作用机理。结合广东省产业与水资源特点，取得基本结论如下：

（1）加大对第二产业节水投入，尤其是要将工业重复用水率纳入地区产业与水资源管理日常考核范畴。据本节测度可以发现，在单类产业与两类产业调整中，有第二产业调整参与的情景均可引发相对较大的水资源消耗与 COD、氨氮存量。广东省是工业大省，近年来通过对工业节水技术的改造与监控能力的建设，万元工业 GDP 增加值用水量等指标呈现缓慢发展趋势，但是随着经济发展，产业对水资源需求将日益增大，尤其是在当前工业废水排放持续加大的情况下，提高水循环利用普及率至关重要。然而，全省存在重复用水的规模以上工业企业比重相对较低，仅占 9.8%，工业循环用水率仅为 63.5%，要低于全国平均水平以及国家对节水型社会工业用水重复利用率的标准（75%）。同时，对于非常规水资源利用程度偏低，再生水利用仅达 0.83 亿立方米。可见，在保障全省经济稳定发展的前提下，不能对工业进行规模性削减，而是要通过政策引导与经济扶持提升工业循环用水利用效率。

（2）进一步发挥第三产业优势，推动其向节水型特色产业发展。虽然相比于第一产业与第二产业用水规模，第三产业水资源消耗比重相对较低，但广东省第三产业发展迅速，对水资源消耗程度不断加大。据本节的情景模拟，可知通过第三产业调整所引发的水资源消耗量与氨氮存量相对较低，但在可用水资源量与 COD 存量方面还存在较大的优化空间。另外，以第三产业中的部分行业为例，其水资源使用过程中的水资源浪费现象较为严重，限制了水资源利用效率的提升。因此，对于第三产业需要从城市节水监控、用水定额管理、污水处理回用等多方面展开综合性治理措施，通过加强管网技术改造、对生活用水实施全面平衡测试，积极科学地引导中水回用，将广东省第三产业打造成经济效益高、节水力度强的产业。

（3）提高三次产业之间水资源利用的互动水平。从现实情况来看，单纯调整三次产业中的一类或两类产业会严重影响地区经济发展的稳定性，甚至易引发地区社会状态的整体失调。然而据本节测度，综合提升三次产业增长率，可最大化地取得区域经济效益，但同时会对水资源消耗与水环境造成更大的压力。因此，根据广东省农业需水量高、工业规模大、第三产业增速快的特点，要在稳定经济增长的前提下，强化三次产业之间水资源初始分配的科学性，尤其要重点完善三次产业用水定额管理的总体论证与实施制度，积极培育水权交易市场机制，促进水资源在其中的合理流通使用。

六　主要结论

（1）选取系统动力学仿真方法构建融合经济子系统、水资源子系统、水环境子系统和社会子系统的广东省水资源承载力复合系统模型，并利用2003—2014年历史数据验证了模型的有效性。在此基础上，通过设置零参数、节水型、产业结构优化型、环境保护型和综合型情景对2015—2020年广东水资源承载力趋势进行调控效应分析，发现在零参数调控状态下，维持各指标现有发展趋势对其水资源承载力提升成效相对缓慢，节水型、产业结构优化型、环境保护型调控分别对水资源消耗量、可用水资源量、污染物排放量达到一定的控制成效，但不能全面满足对广东省节水型社会创建的要求。而综合性调控则可实现各评价指标的系统优化，推动水资源承载力复合系统协调发展。据此，其针对性的建议有：

①强化节水措施，通过提高水资源循环利用水平降低对水资源的需水量，形成有效的"倒逼"机制，从水资源的消耗端释放水资源供需压力；

②加快产业结构优化速率，充分考虑广东第三产业相对发达，工业比重较高，而农业需水量较大的特点，适当调整第三产业与工业的比重，同时完善水利基础设施建设，改进农业灌溉方式，提高农业灌溉率；

③加强水资源监控能力建设，提高防污控污水平，通过完善阶梯式污水排放费用，提升对水环境的规制力度，注重先进节水降污设备的投入与使用，提高水资源利用效率。

（2）利用系统动力学方法构建了模拟产业结构、水资源消耗与水环境及影响要素关系的动态仿真模型，通过设置不同情景的产业结构调整模式，对广东省由产业结构引发的水资源消耗与水环境问题进行了探讨。理论上重点调整一类产业时，第二产业对水资源消耗量较大导致可用水资源量偏少，而COD存量相对较大；相比之下，重点调整第一产业与第三产业时可实现可用水资源量的最大化，其中第一产业可有效控制COD存量而第三产业则有助于降低氨氮存量，但后者所取得的经济效益最高。重点调整两类产业时，调整第一产业与第三产业虽然能够引起较高的氨氮存量，但综合水资源消耗、可用水资源、COD存量及其所能取得的经济效益，认为该模式是缓解水资源压力的最好选择。而对三次产业进行综合提升时，在一定程度上会加剧水资源消耗，但这是随着产业规模不断变大的必然过程，同时对COD与氨氮存量的控制成效相对显著，且可取得较高的经济效益。因此，在后期产业结构调整过程中，需要以强化第二产业水资源管理、推动第三产业节水发展、完善产业之间水资源互动机制等为重点，提高水资源可持续利用水平。

第四节　数据支持系统优化案例Ⅲ
——以水资源与经济增长动态响应为例

一　案例介绍

资源环境与社会经济是人类社会经济大系统中对立统一的两个矛盾体，两者相互制约、相互促进，实现其协调发展是推动可持续发展的关键，而地区经济的发展必须限制于资源环境承载力的阈值之内，否则资源环境系统的平衡将遭受破坏。作为山东省区域经济发展"一体两翼"[①]整体布局中北翼的主体，黄河三角洲高效生态经济区共涉及19个县（市、区），总面积2.65万平方千米，占山东全省面积的六分之一。

目前，黄河三角洲区域总人口达978.3万人，其中农业人口比例达到35.56%，三次产业结构增速分别达到9.77%、0.75%、11.35%，其国内生产总值占全省的14.15%，但相比经济发达区域，全区经济发展的结构性矛盾和深层次问题依然存在，产业结构层次偏低，生态环境比较脆弱，经济社会与人口资源环境协调发展的任务艰巨[②]。特别是水资源作为基础性的自然资源和战略性的经济资源，明确水资源与经济增长间的动态关系是解决黄河三角洲高效生态经济区经济发展中水资源问题的关键，对实现生态与经济协调发展具有重要的现实意义。

黄河三角洲高效生态经济区淡水资源贫乏，多年平均淡水总资源量为 29.2×10^8 立方米，人均水资源量296立方米，仅为全国、全省占有量的12.3%和88.6%。平均每公顷土地水资源占有量3279立方米，仅为全国、

---

① "一体"指以胶济铁路为轴线形成的横贯东西的中脊隆起带；"两翼"指黄河三角洲高效生态经济区和鲁南经济带。

② 苏昕、段升森、张淑敏：《黄河三角洲地区城镇化与生态环境协调发展关系实证研究》，《东岳论丛》2014年第10期。

全省占有量的 12.35% 和 69%①。其次，降水补给是研究区水资源补给的主要方式，地区多年平均降水量为 530—630 毫米，夏季占 70%，造成水资源时空分布不均。此外，海水入侵、风暴潮灾害、水环境污染等问题的频繁发生严重威胁淡水资源安全②。

近年来研究区水资源利用数据表明，水资源利用总量在 1998—2001 年呈现稳步上升态势，由最初的 108.0 亿立方米上升至 113.73 亿立方米，随后处于水资源利用量下降阶段，于 2005 年达到极值点（93.4425 亿立方米），到 2011 年时又达到另外极值点（100.8225 亿立方米），之后 2 年呈现下降趋势（见图 8-13）。从用水的结构来看，农业用水总体变化态势与水资源利用总量相近，且用水总量远高于工业、生活用水量，但在 2006 年后农业用水总量一直处于稳步下降的态势；工业用水量 2000—2005 年不断下降，2006 年（8.5185 亿立方米）成为转折点，至 2011 年则呈上升趋势，达到 13.374 亿立方米；生活用水量虽然在 2002 年出现下降，但整体仍呈现上升的态势，到 2013 年时达到 14.9895 亿立方米。

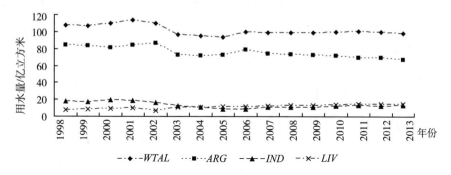

图 8-13　黄河三角洲高效生态经济区水资源利用变化趋势

本节基于 VAR 模型的计量检验分析，利用 1998—2013 年黄河三角洲高效生态经济区主要用水指标和 GDP 时序数据，对该地区经济增长数据与水资源利用数据的关联关系进行研究，通过对两者的协整检验、广义脉冲响应和预测方差分解分析，揭示水资源利用数据与经济增长数据的长期

---

① 孙海燕、刘贤赵、王渊：《近 10 年黄河三角洲经济与生态要素演变及相互作用：以东营市、滨州市为例》，《经济地理》2012 年第 11 期。

② 刘贤赵、王渊、张勇等：《黄河三角洲地区经济发展与生态环境建设互动度研究》，《地域研究与开发》2013 年第 6 期。

动态变化关系，为认识和解决经济社会发展中水资源短缺问题提供科学依据。

二 变量选取与数据收集

选取代表性指标是实现计量分析的前提。经济增长方面，GDP 是以国家或地区的常住经济单位的生产成果作为统计对象，覆盖国民经济所有行业，采用国际上通用的核算原则与方法，是衡量国家之间、地区之间经济活动总量的国际通用指标。本节选择 GDP 为经济增长的度量指标（单位：亿元）。水资源利用方面，根据水资源用途结构，可将其分为农业、工业、生活和生态用水四个方面，但是鉴于生态用水统计的年限较短，而且比重相对较低，为提高数据统计分析的便捷性，此处将其归入生活用水量。综上，本节选择总用水量（$WTAL$）、农业用水量（ARG）、工业用水量（IND）和生活用水量（LIV）作为水资源利用指标（单位：亿立方米）。

水资源数据统计工作起步较晚，特别是《中国水资源公报》于 1997 年才正式编制，致使水资源数据统计分析具有较大的困难。对此，考虑数据的可获取性及可靠性，本节将研究区间划定为 1998—2013 年。其中，GDP 数据主要来自 1999—2014 年的《山东省统计年鉴》和各地市统计年鉴；水资源数据来自《山东省统计年鉴》《山东省水资源公报》《山东农业统计年鉴》《山东工业统计年鉴》《山东省水利年鉴》和各地市统计年鉴及相关研究成果，对于所缺失的数据利用指数预测、专家评估等方法进行补充。鉴于将时间序列数据取对数处理后，能够在不改变时序特征的基础上消除其异方差，易取得相对平稳序列①。因此，本节对各变量进行对数化处理，即分别为 $LNGDP$、$LNWTAL$、$LNARG$、$LNIND$、$LNLIV$。

三 数据关联模型构建

经济理论是传统经济计量方法实现对变量关系描述的基础，然而经济理论一般难以满足对各变量间的动态关联性解释说明的要求。同时，内生

---

① Eichner, T., Pethig, R., "International Carbon Emissions Trading and Strategic Incentives to Subsidize Green Energy", *Resource and Energy Economics*, Vol. 36, No. 2, 2014.

变量可置于方程的右端也可置于方程左端，造成计量推断过程更加复杂[①]。作为采用非结构性方法对各变量间关系进行阐释的系统模型，VAR的表达如下面公式所示。

$$X_t = \sum_{j=1}^{p} A_j X_{t-j} + \varepsilon_t + c$$

其中，X_t 指时间序列构成向量；p 指自回归滞后阶数；A_j 指时间序列系数矩阵；ε_t 表示白噪声序列向量，满足：① $E(\varepsilon_t) = 0$，误差项均值为 0；② $E(\varepsilon_t \varepsilon_t') = \Omega$，误差项协方差矩阵为 Ω；③ $E(\varepsilon_t \varepsilon_{t-k}') = 0$，误差项不存在自相关；$c$ 指常数项。

本书构建出由经济增长数据（GDP）和水资源利用数据（$WTAL$、ARG、IND、LIV）组成的双变量 VAR 模型，利用协整检验、脉冲响应函数等方法，对黄河三角洲高效生态经济区经济增长与水资源利用数据间的动态关联性进行实证研究。在此之前，需要对各变量数据的时序数据进行 ADF（Augmented Dickey Fuller）平稳性检验。

恩格尔（R. F. Engle）和格兰杰（C. W. J. Granger）提出的协整理论是检验两个或者多个非平稳时序变量数据经线性组合后所呈现的平稳性[②]。其经济意义主要是用于观测具有长期波动规律的变量之间的协整，若协整关系存在，则变量间具有一个长期稳定的比例关系；若协整关系不存在，则各变量间则没有一个长期稳定的关系[③]。

另外，本书选取脉冲响应函数的方法对经济增长与水资源利用间的长期动态关系进行分析。脉冲响应函数（IRF）是用以体现内生变量对误差的反应状况，即通过对扰动项施加一个标准差大小的信息冲击后，检测内生变量的当前状态与未来状态变动的趋势[④]。表述如下：

$$I_x(n, \delta_k, t-1) = E(x_{t+n} \mid \varepsilon_{kt} = \delta_k, t-1) - E(x_{t+n} \mid t-1)$$

① Antoci, A., Galeotti, M., Russu, P., "Undesirable Economic Growth Via Agents' Self-Protection against Environmental Degradation", *Journal of the Franklin Institute*, Vol. 344, No. 5, 2007.

② 赵卫亚、彭寿康、朱晋：《计量经济学》，机械工业出版社 2008 年版。

③ 王海宁、薛惠锋：《地下水生态环境与社会经济协调发展定量分析》，《环境科学与技术》2012 年第 12 期。

④ Koop, G., Pesaran, M. and Potter, S., "Impulse Response Analysis in Nonlinear Multivariate Models", *Journal of Econometrics*, Vol. 74, No. 1, 1996.

其中，δ_k 指来自第 k 个变量的冲击；n 是冲击响应时期数；$t-1$ 指冲击发生时所有可获得的信息。其中，要求 n 期冲击的 IRF 值，即考虑 δ_k 冲击对 x_{t+n} 期望值所导致的差异。

VAR 预测方差分解法不同于脉冲响应函数，它能够体现随机信息的相对重要性，主要基于各内生变量数据的预测均方误差（Mean Square Error，MSE），根据成因分解为系统中与每个方程具有关联性的 m 个部分，动态把握信息对所构建内生变量相对重要性[①]。VAR（p）模型的 s 步预测误差为：

$$\varepsilon_{t+s} + \varphi_1 \varepsilon_{t+s-1} + \varphi_2 \varepsilon_{t+s-2} + \cdots + \varphi_{s-1} \varepsilon_{t+1}$$

其均方误差（MSE）为：

$$\Omega + \varphi_1 \Omega \varphi_1' + \cdots + \varphi_{s-1} \Omega \varphi_{s-1}' = pp' + \varphi_1 pp' \varphi_1 + \cdots + \varphi_{s-1} pp' \varphi_{s-1}$$

其中，$pp' = \Omega$，按照均方误差方程能够把任意的一个内生变量的 MSE 分解为系统内各变量的冲击贡献值，通过计算各变量的贡献与总贡献的比值，分析各个变量冲击的相对重要程度。本书选取 VAR 预测方差分解法研究黄河三角洲高效生态经济区经济增长与水资源利用数据间的相互影响程度。

四 水资源利用与经济增长关联性实证

（一）VAR 模型的构建

本书所构建的 VAR 模型是黄河三角洲高效生态经济区经济增长与水资源利用指标数据之间的双变量系统，具体可分为 GDP 与 WTAL、GDP 与 ARG、GDP 与 IND、GDP 与 IND 的四个双变量 VAR 模型。按照所收集到的各变量数据，利用 EViews 估计 LNGDP、LNWTAL、LNARG、LNIND、LNLIV 间动态方程的参数，结果见表 8-10。根据方程拟合度、系数显著性，以及 AIC 准则，对滞后阶数进行综合判断后取各变量的最大滞后阶数为 2。

---

① Bilgili, F., "The Impact of Biomass Consumption on CO$_2$ Emissions: Cointegration Analyses with Regime Shifts", *Renewable and Sustainable Energy Reviews*, Vol. 16, No. 7, 2012.

表 8-10   向量自回归方程参数估计

变量序列	*LNGDP*	*LNWTAL*	*LNAGR*	*LNIND*	*LNLIV*
LNGDP（-1）	1. 090492 (0. 27852)	-0. 317208 (0. 20570)	-0. 081624 (0. 25238)	-1. 235081 (0. 72823)	-0. 418692 (0. 49197)
LNGDP（-2）	-0. 226941 (0. 26231)	0. 274998 (0. 19373)	-0. 092276 (0. 23769)	1. 688249 (0. 68583)	0. 915006 (0. 46333)
LNWTAL（-1）	-0. 358682 (1. 64726)	2. 601736 (1. 21659)	1. 782256 (1. 49266)	3. 219803 (4. 30698)	5. 106162 (2. 90966)
LNWTAL（-2）	2. 618135 (1. 76011)	-4. 119489 (1. 29993)	-3. 889275 (1. 59491)	-7. 535855 (4. 60202)	-2. 231637 (3. 10898)
LNARG（-1）	-0. 295000 (1. 19236)	-1. 228674 (0. 88062)	-0. 385496 (1. 08045)	0. 028226 (3. 11758)	-6. 293363 (2. 10613)
LNARG（-2）	-1. 364051 (1. 75977)	3. 332002 (1. 29968)	3. 533934 (1. 59460)	4. 131865 (4. 60114)	0. 611913 (3. 10838)
LNIND（-1）	-0. 072964 (0. 28796)	-0. 334250 (0. 21267)	-0. 399984 (0. 26093)	0. 424523 (0. 75291)	-0. 295568 (0. 50864)
LNIND（-2）	-0. 360587 (0. 30741)	0. 552541 (0. 22704)	0. 632105 (0. 27856)	0. 713726 (0. 80376)	-0. 267884 (0. 54300)
LNLIV（-1）	0. 002649 (0. 22841)	0. 146697 (0. 16869)	0. 432779 (0. 20697)	-0. 069598 (0. 59720)	-1. 866344 (0. 40345)
LNLIV（-2）	-0. 058596 (0. 34314)	0. 449304 (0. 25343)	0. 656902 (0. 31094)	-0. 424924 (0. 89719)	-0. 541967 (0. 60612)
C	-0. 556864 (3. 72054)	0. 961431 (2. 74782)	-1. 119823 (3. 37134)	-1. 523733 (9. 72781)	16. 25563 (6. 57180)
R^2	0. 999275	0. 935257	0. 953438	0. 962232	0. 979496

若 VAR 模型中所有根模的倒数小于 1，即置于单位圆内，则认为 VAR 模型稳定。若其不稳定，则无法满足脉冲响应函数的标准差等结果的有效性要求。通过对各变量的检验，可判定本书所构建的 VAR 模型稳定，满足脉冲响应分析的要求，见表 8-11 和图 8-14。

表 8-11   VAR 模型滞后结构检验

特征根	根模倒数
-0. 898483	0. 898483

续表

特征根	根模倒数
0.888583 − 0.095640i	0.893715
0.888583 + 0.095640i	0.893715
−0.268733 − 0.780546i	0.825512
−0.268733 + 0.780546i	0.825512
0.647130 − 0.455647i	0.791449
0.647130 + 0.455647i	0.791449
0.201444 − 0.712228i	0.740167
0.201444 + 0.712228i	0.740167
−0.446402	0.446402
单位圆外无根	
VAR 满足稳定性条件	

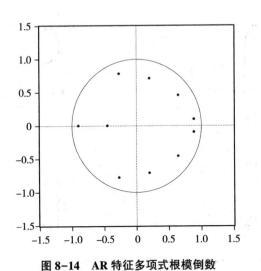

图 8-14　AR 特征多项式根模倒数

（二）ADF 检验和协整检验

时序变量的平稳性检验是协整分析的前提，即需要进行单位根检验。通常所采用的 DF 单位根检验方法无法有效保障动态方程中残差项为白噪声（White Noise），因此，Dickey 和 Fuller 在其基础上进行了改进，提出了 ADF（Augented Dickey-Fuller Test）单位根检验法，并得到了普遍应用。本书采取 ADF 检验法对黄河三角洲高效生态经济区经济增长与水资源利用各变量间的平稳性进行检验，结果见表 8-12。考虑样本容量的限制，取最大滞后阶数为 3。

表 8-12 变量序列的单位根检验结果

变量序列	ADF 检验值	1%显著水平	5%显著水平	10%显著水平	结论
LNGDP	0.248079	-3.959148	-3.081002	-2.681330	非平稳
DLNGDP	-2.695203	-3.959148	-3.081002	-2.681330	平稳
LNWTAL	-1.507180	-3.857386	-3.040391	-2.660551	非平稳
DLNWTAL	-3.235784	-3.886751	-3.052169	-2.666593	平稳
LNAGR	-1.148672	-3.857386	-3.040391	-2.660551	非平稳
DLNAGR	-4.364112	-3.959148	-3.081002	-2.681330	平稳
LNIND	-1.711648	-3.886751	-3.052169	-2.666593	非平稳
DLNIND	-2.716810	-3.886751	-3.052169	-2.666593	平稳
LNLIV	-0.614898	-3.920350	-3.065585	-2.673459	非平稳
DLNLIV	-5.241226	-3.920350	-3.065585	-2.673459	平稳

注：D 表示一阶差分。

上述结果表明，各变量在样本区间内 10%显著水平下，都接受了存在单位根的原假设，而其一阶差分都拒绝存在单位根的原假设，即 1998—2013 年期间，$LNGDP$、$LNWTAL$、$LNARG$、$LNIND$、$LNLIV$ 的一阶差分序列平稳，各变量间可能存有协整关系，需对其协整性进行检验。

协整关系检验的方法主要有 Johansen 极大似然法和 EG 两步法。其中，EG 两步法是 1987 年由 Engle 和 Granger 提出，检验变量之间是否具有协整关系的方法，具有较高的便捷性。本书采用 EG 两步法检验变量 $LNGDP$、$LNWTAL$、$LNARG$、$LNIND$ 和 $LNLIV$ 间的协整关系，具体步骤如下：

第一步：利用 OLS 法分别对 $LNGDP$ 和 $LNWTAL$、$LNGDP$ 和 $LNARG$、$LNGDP$ 和 $LNIND$、$LNGDP$ 和 $LNLIV$ 进行静态回归。各方程如下：

$$LNGDP = 48.19202 - 8.297079LNWTAL + \mu_{1t}$$

$$LNGDP = 43.59186 - 7.794566LNARG + \mu_{2t}$$

$$LNGDP = 14.19652 - 1.697512LNIND + \mu_{3t}$$

$$LNGDP = 1.588061 + 3.386448LNLIV + \mu_{4t}$$

第二步：检验残差序列单整阶数。按照 GDP 序列平稳性检验基本步骤，对残差序列进行检验，结果见表8-13。

表 8-13　　　　　　　　　　协整方程序列 ADF 检验结果

变量序列	ADF 检验值	1%显著水平	5%显著水平	10%显著水平	结论
$\hat{\mu}_{1t}$	-3.096729	-3.959148	-3.081002	-2.681330	平稳
$\hat{\mu}_{2t}$	-3.960695	-4.057910	-3.119910	-2.701103	平稳
$\hat{\mu}_{3t}$	-3.155333	-3.959148	-3.081002	-2.681330	平稳
$\hat{\mu}_{4t}$	-5.641209	-4.121990	-3.144920	-2.713751	平稳

注：D 表示一阶差分。

检验结果表明，残差 $\hat{\mu}_{1t}$、$\hat{\mu}_{2t}$、$\hat{\mu}_{3t}$ 和 $\hat{\mu}_{4t}$ 分别于5%、1%水平下都拒绝了存在单位根的原假设，即残差序列 $\hat{\mu}_{1t}$、$\hat{\mu}_{2t}$、$\hat{\mu}_{3t}$、$\hat{\mu}_{4t}$ 是平稳序列。因此，认为 LNGDP 和 LNWTAL、LNGDP 和 LNARG、LNGDP 和 LNIND、LNGDP 和 LNLIV 间存有协整关系，经济增长与水资源利用间具有长期的均衡关系。

(三) 广义脉冲响应分析

鉴于 VAR 模型各个估计方程扰动项的方差协方差矩阵不是对角矩阵，需要将其正交化处理取得对角化矩阵。一般所采用的方法是乔利斯基分解（Cholesky）。该方法是对 VAR 模型中各变量添加一个次序，使全部影响变量的公因素归为 VAR 模型中第一次出现的变量上。若变量的先后次序发生改变，则变量的响应结果也会受到显著影响。Pesaran 和 Shin 于 1998年提出了广义脉冲响应分析法，弥补了乔利斯基分解过分依赖变量次序的正交的残差矩阵的缺陷，使估计结果更加具有稳定性和可靠性。因此，本书选取广义脉冲响应函数分析黄河三角洲高效生态经济区经济增长与水资源利用间的冲击响应情况，其中，冲击响应期取值为 10 期，结果见表 8-14。

表 8-14　　　　　　　　　　广义脉冲响应分析结果

时期	LNGDP 对 LNWTAL 的响应	LNWTAL 对 LNGDP 的响应	LNGDP 对 LNAGR 的响应	LNAGR 对 LNGDP 的响应	LNGDP 对 LNIND 的响应	LNIND 对 LNGDP 的响应	LNGDP 对 LNLIV 的响应	LNLIV 对 LNGDP 的响应
1	0.000000	-0.004904	0.000000	-0.016136	0.000000	0.007887	0.000000	0.026778
2	-0.018633	-0.001999	-0.002679	0.003250	-0.001468	-0.055094	0.000045	0.010528

续表

时期	LNGDP 对 LNWTAL 的响应	LNWTAL 对 LNGDP 的响应	LNGDP 对 LNAGR 的响应	LNAGR 对 LNGDP 的响应	LNGDP 对 LNIND 的响应	LNIND 对 LNGDP 的响应	LNGDP 对 LNLIV 的响应	LNLIV 对 LNGDP 的响应
3	−0.024227	−0.010633	−0.003781	−0.000009	0.003275	−0.062213	−0.003966	−0.037127
4	−0.030845	−0.022270	−0.019287	−0.026421	−0.001341	−0.060579	−0.005838	0.067549
5	−0.036378	−0.008569	−0.046104	−0.007557	−0.000084	−0.045881	−0.009515	0.022733
6	−0.037314	−0.000043	−0.060159	0.003894	0.006758	−0.050105	−0.013476	0.012444
7	−0.034608	0.006502	−0.065684	0.004253	0.013507	0.004286	−0.017215	0.017733
8	−0.030468	0.002390	−0.068960	−0.005214	0.014818	0.033331	−0.017503	0.016996
9	−0.021686	−0.000478	−0.073432	−0.006623	0.017051	0.015744	−0.017788	0.013313
10	−0.012593	0.000408	−0.071697	−0.005026	0.019070	0.011795	−0.017915	0.014912
累计	−0.246752	−0.039596	−0.411780	−0.055589	0.071586	−0.200830	−0.103171	0.165859

1. 总用水量与经济增长的动态关系

总用水量与经济增长间的脉冲响应情况如表 8-12 与图 8-15 所示。根据总用水量对 GDP 一个单位冲击响应可知，LNWTAL 的当期反应为 −0.004904，而在经过短暂的上升后开始呈持续下降趋势，在第 4 期达到最小值 −0.022270，随后呈上升态势，在第 7 期时达到最大值 0.006502，然后平稳下降，整个分析期内 LNWTAL 对 LNGDP 的累计响应为 −0.039596，即当期 LNGDP 对 LNWTAL 的总体影响为负，说明随着经济的增长，总用水量呈现减少趋势。而从 GDP 对总用水量一个单位冲击的响应情况可知，LNGDP 当期反应为 0，且于第 6 期（−0.037314）前保持下降趋势，随后虽然保持稳步上升，但整个分析期内冲击反应都呈负值，累计响应值为 −0.246752，说明 LNWTAL 对 LNGDP 产生负面效应，经济的发展受到水资源的约束。因此，坚持"总量控制、统筹配置"的原则，探寻经济发展与水资源利用之间的平衡点尤为重要，不能仅仅为了节水而放弃经济发展，也不可为了发展经济而无节制用水。要在统筹规划经济发展、调整产业结构的同时，结合黄河三角洲高效生态经济区实际特点，兼顾节水、水资源保护、再生水利用等多种科学管理措施的制定与实施，特别是水资源开发利用技术的创新、水价格的调整、水危机意识的强化等方面的研究工作还需要进一步加强。

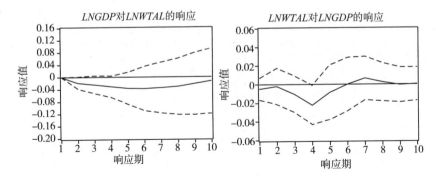

图8-15 总用水量与经济增长脉冲响应曲线

2. 农业用水量与经济增长的动态关系

根据表8-12与图8-16可知，*LNARG* 对 *LNGDP* 单位冲击的影响曲线呈现 M 形，*LNARG* 的当期反应为-0.016136，第 2 期达到极值 0.003250，之后呈下降趋势，第 4 期时为最小值-0.026421，第 7 期达到最大值 0.004253，再后出现下降态势。分析期内累计响应值为-0.055589，说明随着经济增长，农业用水也呈现下降的趋势。*LNGDP* 对 *LNARG* 的一个单位冲击响应，当期反应为 0，之后保持下降，到第 9 期时达到最小值-0.073432。分析期内，其累计响应值为-0.411780，说明经济增长受到了农业用水量变动的负面影响。基于上述分析可知，现有的农业节水政策可起到良好的成效，但农业节水技术的研发与推广是一项复杂的系统工程，就目前来看，农业节水单项技术创新成效较为显著，但还缺乏节水技术的综合集成，易造成技术推广难度大、价格高等问题，从而造成了农业用水量对经济发展推动力不足的现象，这与脉冲响应曲线所示结果一致。为

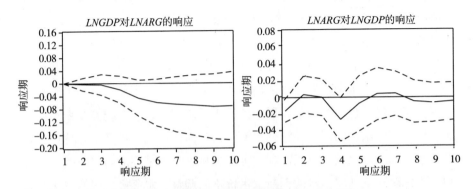

图8-16 农业用水量与经济增长脉冲响应曲线

此，要加大农业节水工程建设力度，尤其是生态经济区内土地后备资源丰富，要注重粮食主产区灌排节水工程建设，健全农业用水计量实施，降低输配过程中的水浪费，提升灌溉效率。

3. 工业用水量与经济增长的动态关系

根据表8-12与图8-17可知，就 LNIND 对 LNGDP 的一个单位冲击响应，其当期反应值为 0.007887，随后开始下降，第 3 期时达到最小值 -0.062213，且第 7 期前一直处于负值，到第 8 期时达到最大值 0.033331，之后保持下降。整个分析期内累计响应值为-0.200830，说明随着 GDP 的增长，工业用水量呈下降趋势。LNGDP 对 LNIND 的一个单位冲击的响应，当期反应为 0，经幅度不大的波动后，于第 6 期达到 0.006758，之后一直保持上升趋势。其累计响应值为 0.071586，说明工业用水量的变动对经济增长起到正向作用。上述结果在一定程度上反映出现阶段随着节水科技的投入、环保要求的提高和产业结构升级，研究区内工业用水效率正在提升，也推动了当地经济的发展。但是从响应值来看，研究区内工业节水依然有较大的提升空间，特别是石油、天然气地质储量较大情况下，要注重加强对取水用水及废水排放的监管，完善用水定额指标体系，加大科技投入力度，鼓励企业节水技术的创新，提升企业用水管理手段的现代化水平，进而加快由耗水较多的"劳动—资本密集型"向耗水偏少的"技术—知识密集型"转变。[①]

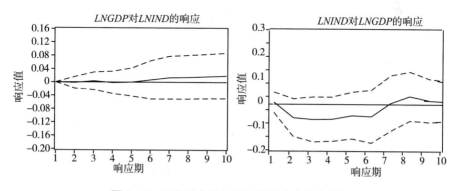

图8-17　工业用水量与经济增长脉冲响应曲线

①　邓素君、李青松、王洪川等：《基于生态容量的河南省资源环境公平性研究》，《环境科学与技术》2012 年第 3 期。

4. 生活用水量与经济增长的动态关系

根据表 8-12 与图 8-18 可知，就 *LNLIV* 对 *LNGDP* 的一个单位冲击响应，其当期反应值为 0.026778，随后保持下降，第 3 期时达到最小值 -0.037127，随后保持较高的增速，到第 4 期时达到最高值 0.067549，然后又出现下降，第 5 期为 0.022733，之后波动较为平缓。分析期内累计响应值为 0.165859，说明 GDP 的增长会致使生活用水量的上升。按照 *LNGDP* 对 *LNLIV* 的一个单位冲击的响应可知，除第 2 期为 0.000045 外，其余时期都为负值，且呈逐渐下降态势，累计响应值为 -0.103171，说明生活用水量的变化会对 GDP 的增长产生负面效应。由此可见，经济增长提升人们的物质生活水平，但生活节水技术的普及率与人们对生活用水量增速之间矛盾依然显著。为此，要重点加强节水技术的研究，并将新技术、新方法应用于节水器具的生产，一方面不断提升节水器具的效能，另一方面降低节水器具的成本，从而降低其价格，提高节水器具的适用性及普及率。同时，在水价格较低的情况下，要充分利用各种宣传渠道，以及教育手段，提高全民节水意识，从根本上强化生活用水的循环利用水平，提高水资源利用率。

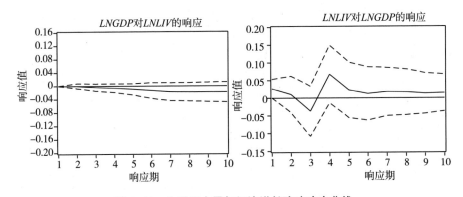

图 8-18　生活用水量与经济增长脉冲响应曲线

（四）水资源利用与经济增长的预测方差分解

通过 GDP 与水资源利用的预测方差分解情况（见表 8-15）可知，GDP 解释水资源利用量的预测方差分解的贡献度较高，均大于 15%，其中，对总用水量的预测方差为 15.34%，而对农业用水量、生活用水量预测方差皆大于 23%。此结果在一定程度上反映了过去一段时间内，黄河三角洲高效生态经济区经济的增长与水资源利用间的动态关系，即随着经济的快速增长与城市化进程的加快，水资源开发和利用过程的控制、监管力度亟待加强，浪费较为严重，农业用水、生活用水是导致用水总量上升的主要因素。相比之下，水资源利用对 GDP 的预测方差分解的贡献度较低，只有农业用水量对 GDP 的预测方差超过了 15%（16.74%），用水总量对 GDP 的方差分解贡献率仅为 12.75%，而工业用水、生活用水的贡献度几乎可以忽略。这表明导致经济发展变化的因素具有多样性，水资源仅是其中的一个因素。该结果与黄河三角洲高效生态经济区经济发展过程中的水资源利用现状基本相符。综合上述结果，可知研究区未来的经济发展与水资源管理要进一步加强宏观调控与微观调控的协调性。其中，宏观调控要处理好用水总量限制与工业用水、农业用水和生活用水增加之间的矛盾，尤其在一个农业比重高、人口总量大的生态经济区，更要通过政策引导、科技创新、宣传教育等多种手段，提升农业用水、生活用水的利用率，推动循环经济建设速率；微观调控要注重各方面、各阶段水资源节约，将宏观政策与当地用水实际相结合，提高取水门槛，强化水资源监管力度，突破节水技术的重点难点。

表 8-15　　　　　　水资源利用与 GDP 的预测方差分解平均值　　　　单位:%

水资源利用指标	GDP 对水资源利用的方差分解平均贡献度	水资源利用对 GDP 的方差分解平均贡献度
LNWTAL（总用水量）	15.33996	12.74590
LINAGR（农业用水量）	24.40247	16.74482
LNIND（工业用水量）	18.55863	0.51437
LNLIV（生活用水量）	23.33489	1.03410

五　主要结论

本节选取 1998—2013 年黄河三角洲高效生态经济区水资源利用与 GDP 的时序数据，构建了水资源利用与经济增长数据间关联关系分析的 VAR 模型，通过验证其协整关系，利用广义脉冲响应函数与预测方差探讨了经济区水资源利用与经济增长数据间的动态关联性，所得结果与建议如下。

（1）黄河三角洲高效生态经济区经济增长与生活用水量间存在协整关系，而与用水总量、工业用水量、农业用水量间不存在协整关系。近年来，随着经济的增长，黄河三角洲高效生态经济区的总用水量、工业用水量和农业用水量的变化基本呈现平稳状态，可呈现零增长或负增长状况，节水成效较为显著。而生活用水量依然维持着较高的上升态势，经济水平的提升对生活用水量的作用较弱，生活用水量未能得到科学的控制，这与当前人们对物质生活水平的需求急剧增加的现状相符。建议注重生活用水的循环利用，加强水资源的利用率，注重生活节水的倡导，从而达到经济发展过程中生活用水量的零增长目标。

（2）经济区水资源利用对经济增长的脉冲响应滞后时间较长（6年左右），且具有非渐进性，而经济增长对水资源利用的脉冲响应滞后时间相对较短（4年左右），且也具有非渐进性。除生活用水量对 GDP 的单位冲击累计响应值为正值（0.165859）外，水资源利用对 GDP 的单位冲击累计响应值都为负值（-0.039596、-0.055589、-0.200830），而除 GDP 对工业用水量的单位冲击累计响应值为正值（0.071586）外，GDP 对水资源利用的单位冲击累计响应值都为负值（-0.246752、-0.411780、-0.103171）。该结果表明，经济的增长可带来生活用水量的增加，用水总量、农业用水量和工业用水量随着经济的增长可呈现零增长或者负增长的态势；工业用水量的增加可带来经济的增长，而经济发展也会受到水资源量减少的约束。建议加强对生活、工业生产过程中节水新技术的投入，避免盲目追求经济的快速发展而导致水资源压力增大，有效发挥经济发展对水资源利用的良性推动力。

（3）经济区的经济增长对水资源利用的预测方差贡献度较大，但是水资源利用对其经济增长的预测方差贡献度较低。现阶段，需要注重经济新常态下用水量上升导致多方面压力的增加，也要关注经济发展所受水资源短缺的约束作用。建议根据经济区的实际情况，制定相应的政策与措施进行生活用水量的监控，建立起合理的水资源利用虚拟交易机制，完善水资源保护体系，实现水资源开发利用与经济发展长期协调发展机制。

展　望　篇

第九章　数据系统工程应用展望

在第四章到第八章中分别从数据质量测评、监测类异常数据重构、统计类异常数据重构和数据功效性发挥等方面对数据系统工程的应用进行了举例验证。数据系统工程的提出是源于海量、多元、异构数据的爆发式增长和人们对数据处理与分析技术的日趋成熟，其理论体系、模型体系、分析体系和决策应用体系也会随着研究的深入而逐步完善。其中，对于数据系统工程的应用必然也会呈现出跨学科、跨领域式的知识融合，从不同层次与维度拓展其实际价值。

第一节　推进政府治理创新

政府治理是国家治理的重要组成部分，推进国家治理现代化，要求同步推进政府治理现代化，这是政府科学有效地履行职能的必然要求。为适应时代发展的需求，中国政府长期致力于推动政府治理创新实践，尤其是政府创新理念和相应理论指导下的政府行政体制的改革，取得了一系列显著的成绩。[①] 但是面对爆发出的"数据资源"，政府治理创新是否可以在其基础上充分借助数据系统工程发挥其资源优势，并破除一些过去难以达到或无法达到的掣肘？对此，至少要包括[②]：

（1）利用完备的数据资源助推政府治理信息的共享高度。受政府部门职责划分与数据分析手段相对有限等因素的影响，过去不同类别的政府数据通常是在各自相关部门进行统计管理，因此，各部门只能掌握自身部门的数据资源，而对其他部门数据资源的获取难度较大或流程复杂。另

---

① 张述存：《打造大数据施政平台　提升政府治理现代化水平》，《中国行政管理》2015 年第 10 期。

② 朱艳菊：《政府大数据能力建设研究》，《电子政务》2016 年第 7 期。

外，信息技术水平飞速发展致使政府需要处理的数据信息规模呈非线性增长趋势，同时在开放与监管并存理念导向下，对政府治理信息共享程度提出了更高的要求。而数据系统工程的应用为解决这些难题提供了可能，其中包括利用更加全面的数据引擎、数据联机、数据仓储与挖掘等技术促使政府在治理过程中取得范畴更广、标准更加统一的数据信息资源，并通过相应的"云存储"技术完成各部门数据资源的跨部门与跨区域流动。

（2）采用数据系统工程方法与技术提升社会舆情监控能力。社会舆情监控是在互联网时代亟须重点实施的内容，但其涉及的数据信息不仅规模大，而且种类繁多，包含大量的结构化与非结构化数据。处理这些类型的数据正是数据系统工程的关键技术手段之一，尤其是通过对规模化的数据进行实时、动态的信息挖掘，从中提炼出具有表征作用的"群体行为"与"个体行为"，并对其进行针对性的预测有效性分析及社会主体之间关联性探索，实现社会舆情的主动性预警。

（3）实现基于数据系统工程应用的政府决策方式的创新。从数据分析中获得有效的决策支持信息是政府治理决策的依据，对此政府部门很早以前就在如何保障数据的可获取性与可应用性等方面进行了关注，但是受限于规模数据采集与分析技术手段，多采用有限样本的抽样方式取得相关数据，据此作出的数据分析结果尽管具有一定的代表性，但无法保证对社会总体情况的全面反映，这也导致在一些个别政策实施中出现"顾此失彼"的现象。而随着数据爆炸愈演愈烈，在对全样本数据进行数据全流程分析的基础上作出的政府治理决策效率将更加高效，并将过去政府的静态决策方式转化为动态决策，制定出的决策也必然更有说服力。

第二节　支撑产业转型升级

近年来全球经济增速逐渐趋缓，传统产业正在遭受前所未有的巨大冲击，如何推进这些"老牌"产业转型升级以适应市场需求是摆在社会各界面前的难题。若能有效抓住数据爆发这个良好的契机，不仅对这些传统产业发展产生正向的冲击效应，还能促进新兴产业的快速崛起。

（1）数据驱动传统产业转型升级。传统产业经历了漫长的发展期，其过去在支撑国内社会经济发展中起到了关键的作用，但所带来的负向效应也是显而易见的，尤其是在现阶段国内资源、环境和生态等方面的压力愈加严峻的情况下，其粗放式的发展模式已然无法与社会发展相协调，即转型迫在眉睫。而爆发增长的数据资源在引起各界重视的同时，也会促使传统产业的结构优化。以工业为例，利用先进的传感器、RFID、云端装备等技术采集海量数据，并分析其研发、生产、库存、销售等环节的相关数据，管理人员能够准确掌握产品生产与市场需求状况，由此实施精益化、智能化工业产品加工生产，最大限度地避免外部环境波动所带来的经济损失，有针对性地提升其产品附加值。

（2）数据驱动产业结构深度优化。对于数据引发的产业结构调整效应，陈德余等将其归纳为两个方面，即产业结构比例关系的演进和全社会劳动生产率的提高，认为前者主要是侧重量化演进，而后者的焦点则是对质的提升。[①] 实际上，仅看数据驱动下的产业结构调整在其产业比例关系还无法全面体现数据资源对产业发展的推进价值，这是因为数据驱动不仅是针对单一产业而言，而是针对第一、第二和第三产业发展均具有不同程度的正向刺激，只是在第一产业发展模式相对稳定、第二产业转型发展和第三产业快速提升的总体态势下，其反映在经济创收增速方面有所差异。因此，辅以"劳动生产率"的提升是对数据驱动价值的客观衡量。

（3）数据驱动新兴产业崛起与发展。现阶段对于"数据分析"是否能视为一个具体的行业还有待商榷，同时对"大数据"是否能够有一个清晰而公认的定义还尚未有结论。但将其作为一个具有国家战略意义的新兴产业可在相关政策的颁布中得到体现，如2014年3月，大数据被首次写入政府工作报告，并将其定位于推进产业结构调整的新兴产业；2015年7月，国务院办公厅颁布《国务院办公厅关于运用大数据加强对市场主体服务和监管的若干意见》（国发办〔2015〕51号）；2015年8月，国务院印发《促进大数据发展行动纲要》；其后，工业和信息化部发布《大数据产业"十三五"规划》，同时全国各地市也都纷纷制定适合本地区大数据产业发展的相关规划与措施等。[②] 由此可见，数据驱动及其与各产业的深度融合即将成为新时期助推产业经济发展的新动力，而其自身也将成为重要的新兴战略产业。

---

① 陈德余、汤勇刚：《大数据背景下产业结构转型升级研究》，《科技管理研究》2017年第1期。

② 刘文剑、卿苏德：《大数据促进我国产业转型升级》，《电信科学》2015年第11期。

第三节　优化企业运营模式

基于数据驱动的企业运营模式是在传统企业运营模式基础上的创新，它转变了过去依靠寻找解决企业运营问题为主的"被动"运营，而是打破了企业组织内部资源的约束，凭借自下而上式的创新途径，通过对海量数据的多层次抓取与剖析而获取科学合理的发展方向。这包括以下几方面。

（1）以数据全流程管理服务于企业发展战略决策。正确的企业战略决策直接决定了企业未来的走向及其在市场中的优劣势，对此，传统企业运营模式下的企业为了能够把握市场动态需求，凭借产品调研、跟踪等服务形式获取相关信息，但由此作出的决策具有一定的片面性与滞后性。而基于数据驱动的企业运营模式是建立在对全样本数据的采集、传输、存储、分析和应用的基础上，不管是何种类型的企业，其要发展则必须精准把握市场信息，也就是对数据进行采集并直到作出最终决策。若能够取得足够规模的有效数据，则可直观地对运营过程中的问题进行定位，并探索有针对性的解决措施。这一理念同样适用于企业的研发、生产加工、物流存储和销售零售等环节。此外，基于数据驱动的企业运营模式在一定程度上可加快企业决策由少数领导层向多元主体（公众）参与决策的模式转变，即"数据从市场中来，产品到市场中去"。

（2）以智能化数据集成平台推动商业模式变革。实现对数据信息的高效管理是达到科学决策的基本条件，而构建高度智能化的数据集成平台是完成上述途径的重要环节。以现阶段诸多企业运用的 ERP（Enterprise Resource Planning）系统平台为例，该系统平台在过去帮助企业维持日常运营，但是在竞争日趋激烈的市场环境下，企业内部各种要素的交织愈加复杂，产生的数据信息也呈几何倍数增长，相比于这种规模的数据量，传统的 ERP 系统在处理数据信息的过程中也逐渐捉襟见肘。为此，要融合数据系统工程中各类数据建模技术与方法，建立智能化的数据集成平台，将市场环境要素与企业内部运营要素作为一个相对完整的系统，利用其数据集成平台对系统所产生的数据进行实时采集与整合，提高企业运作模式的变革。

（3）以数据综合分析驱动扁平化、透明化组织管理结构的建立。如果满足企业海量有效数据整合的条件，则企业决策层可利用数据系统工程理论与方法对企业管理层级和部门机构的工作状态及运营状况进行及时分析与了解，全面而客观地辨识制约企业整体运营状况提升的关键短板部门或因素，并进行相应的资源适时调整配置与优化，促使将其价值发挥最大化。与此同时，对可消除、合并的机构或部门进行资源整合，消除浪费、降低成本，推进企业朝扁平化的组织结构发展。而透明化则主要是指消费者或者公众可以通过公开的企业及产品的数据信息，对企业社会责任等进行全过程监督，披露有损社会的企业行为，"倒逼"企业转型发展。

第四节　完善学科体系建设

随着对海量数据的研究不断深入，目前诸多学者提出了"数据科学"（Data Science）这一概念，并将其作为大数据时代的新学科领域。[①] 但是，数据系统工程是否应该属于数据科学体系的研究范畴？"Data Science"这一词汇作为术语于 1992 年在法国 Montpellier University Ⅱ 召开的日本—法国科学家第二次研讨会上被提及。王曰芬等通过对国外数据科学相关研究的梳理与归纳，认为数据科学的主要研究对象是来源于各种载体与形式中的数据，即研究数据本身所具有或者呈现出的各种类型、特点、存在方式及其变化形式和规律等，并分别从"目的与过程结合""方法与领域结合""人才与需求结合"三个方面界定了数据科学的内涵。[②] 此外，还有相关学者结合其自身学科背景，提出了具有差异性的概括方式。[③] 但从中不难发现，数据科学已经成为多学科领域学者探讨的重点，尤其是针对数据科学是以研究并提炼知识为目的，融合了统计学、计算机科学、数学、信息学等在内交叉学科的技术方法。

从上述对数据科学的描述中可以发现，其概念与数据系统工程具有一定的相似性，特别是在技术方法上具有通用性，但实质上两者并不冲突，

---

① 魏瑾瑞、蒋萍：《数据科学的统计学内涵》，《统计研究》2014 年第 5 期。

② 王曰芬、谢清楠、宋小康：《国外数据科学研究的回顾与展望》，《图书情报工作》2016 年第 14 期。

③ Li，T．，Lu，J．，López，L. M．，"Preface：Intelligent Techniques for Data Science"，*International Journal of Intelligent Systems*，Vol. 30，No. 8，2015.

但又不完全一致。① 其中，两者的概念、内涵及外延特征等均与数据紧密相关，应用的技术方法都包括传统的统计学理论、数据挖掘技术与方法，再到数据融合技术与方法等。不同的是，数据科学的目的在于提炼知识，而数据系统工程的目的不仅在于从数据处理与分析中提炼出信息和知识，而且还要将其应用于支持决策，即辅助解决决策过程中的"最后一公里"问题；数据科学以大数据为研究对象，而数据系统工程则是将数据系统作为研究对象，以系统论为指导，其内容包括构成数据系统的各类数据要素、数据载体及其相关之间的复杂关系等；在研究技术方法上，数据科学更加侧重于对数据挖掘与数据融合技术的应用，而数据系统工程则除了以上技术方法外，还包括数据决策理论与方法等，即处理数据系统优化与完成决策支持作用的技术方法等。

综上，数据科学的提出是学科建设向前迈出的重要一步，而数据系统工程是基于系统科学理论与方法，结合实际数据采集、传输、存储、分析与应用全流程的数据相关问题及其解决需求，具有跨学科、跨领域和跨层次的一门决策支持技术科学。两者在现有学科体系建设中均扮演着不同的角色，并为完善其体系开辟了新视野。

---

① Moraes, R. M. D., López, L. M., "Computational Intelligence Applications for Data Science", *Knowledge-Based Systems*, Vol. 87, No. 6, 2015.

参考文献

鲍超：《中国城镇化与经济增长及用水变化的时空耦合关系》，《地理学报》2015年第12期。

陈德智、王浣尘、肖宁川：《基于旋进方法论的技术跨越模式研究》，《科技管理研究》2004年第1期。

陈国卫、金家善、耿俊豹：《系统动力学应用研究综述》，《控制工程》2012年第6期。

陈永霞、薛惠锋、王媛媛等：《基于系统动力学的环境承载力仿真与调控》，《计算机仿真》2010年第2期。

陈淑娟：《基于D-S证据理论的多传感器数据融合危险预警系统》，硕士学位论文，北京化工大学，2010年。

陈雷：《全面落实最严格水资源管理制度　保障经济社会平稳较快发展》，《中国水利》2012年第10期。

陈德余、汤勇刚：《大数据背景下产业结构转型升级研究》，《科技管理研究》2017年第1期。

蔡文：《物元模型及其应用》，科学技术文献出版社1994年版。

董会忠、张峰：《基于可拓评价的科技创新与区域竞争力关联度分析》，《经济经纬》2016年第6期。

邓蓉晖、夏清东、王威等：《基于超效率DEA的建筑企业生产效率实证研究》，《工程管理学报》2012年第6期。

邓素君、李青松、王洪川等：《基于生态容量的河南省资源环境公平性研究》，《环境科学与技术》2012年第3期。

郭晓祎：《大数据下的隐私安全》，《中国经济和信息化》2013年第24期。

郭宝柱：《"系统工程"辨析》，《航天器工程》2013年第4期。

高安邦、程焕文：《国内外数据采集系统的综述》，《哈尔滨电工学院学报》1988年第8期。

顾基发、唐锡晋、朱正祥：《物理—事理—人理系统方法论综述》，《交通运输系统工程与信息》2007年第6期。

顾基发、唐锡晋：《物理—事理—人理系统方法论》，上海科教出版社2006年版。

关爱萍、师军、张强：《中国西部地区省际全要素能源效率研究——基于超效率DEA模型和Malmquist指数》，《工业技术经济》2014年第2期。

何兵：《关联规则数据挖掘算法的相关研究》，硕士学位论文，西南交通大学，2004年。

黄为勇：《基于支持向量机数据融合的矿井瓦斯预警技术研究》，博士学位论文，中国矿业大学，2009年。

黄小平、王岩：《卡尔曼滤波原理及应用：MATLAB仿真》，电子工业出版社2015年版。

姜钰、贺雪涛：《基于系统动力学的林下经济可持续发展战略仿真分析》，《中国软科学》2014年第1期。

刘睿民：《我国数据安全隐患重重 数据库技术建设迫在眉睫》，《经济参考报》2016年7月8日第8版。

刘正伟、文中领、张海涛：《云计算和云数据管理技术》，《计算机研究与发展》2012年第1期。

刘德永：《云计算和云数据管理技术》，《计算机光盘软件与应用》2013年第13期。

刘媛华、严广乐：《基于旋进原则方法论的企业集群创新系统研究》，《科技进步与对策》2010年第13期。

刘星毅、檀大耀、曾春华等：《基于马氏距离的缺失数据填充算法》，《微计算机信息》2010年第9期。

刘贤赵、王渊、张勇等：《黄河三角洲地区经济发展与生态环境建设互动度研究》，《地域研究与开发》2013年第6期。

刘文剑、卿苏德：《大数据促进我国产业转型升级》，《电信科学》2015年第11期。

林益明、袁俊刚：《系统工程内涵、过程及框架探讨》，《航天器工程》2009年第1期。

李泓波：《粗糙集理论在决策级数据融合的应用研究》，硕士学位论文，哈尔滨工程大学，2008 年。

李德毅、刘常昱：《论正态云模型的普适性》，《中国工程科学》2004年第 8 期。

雷玉桃、黎锐锋：《节水模式、用水效率与工业结构优化：自广东观察》，《改革》2014 年第 7 期。

马银戌、张宝俊、陈立新：《Web 数据库访问技术的探讨研究》，《安徽电气工程职业技术学院学报》2005 年第 3 期。

《D-S 证据理论程序》，http：//www. ilovematlab. cn/thread-34514-1-1. html，2013-07-23/2018-09-12。

马海良、徐佳、王普查：《中国城镇化进程中的水资源利用研究》，《资源科学》2014 年第 2 期。

潘有能：《XML 挖掘：聚类、分类与信息提取》，浙江大学出版社2012 年版。

邱东：《大数据时代对统计学的挑战》，《统计研究》2014 年第 1 期。

钱学森：《再谈系统科学的体系》，《系统工程理论与实践》1981 年第 1 期。

史峰、王辉、胡斐等：《MATLAB 智能算法 30 个案例分析》，北京航空航天大学出版社 2011 年版。

宋艳东：《基于模糊数据融合的室内舒适度评价方法研究》，硕士学位论文，燕山大学，2010 年。

宋胜娟：《基于粗糙模糊集的数据融合在传感器网络中的应用》，硕士学位论文，天津大学，2012 年。

苏昕、段升森、张淑敏：《黄河三角洲地区城镇化与生态环境协调发展关系实证研究》，《东岳论丛》2014 年第 10 期。

孙海燕、刘贤赵、王渊：《近 10 年黄河三角洲经济与生态要素演变及相互作用：以东营市、滨州市为例》，《经济地理》2012 年第 11 期。

涂子沛：《大数据及其成因》，《科学与社会》2014 年第 1 期。

覃雄派、王会举、李芙蓉等：《数据管理技术的新格局》，《软件学报》2013 年第 2 期。

谭圣林、刘祖发、熊育久等：《基于多区域投入产出法的广东省水足迹研究》，《生态环境学报》2013 年第 9 期。

田佳霖：《基于 D-S 证据理论的融合算法及其在交通事件检测中的应用》，硕士学位论文，长安大学，2016 年。

温浩宇、任志纯、靳亚静：《数据的概念及其质量要素》，《情报科学》2001 年第 7 期。

温凤文：《粒子群优化 K-均值聚类算法研究》，硕士学位论文，重庆师范大学，2014 年。

邬贺铨：《大数据时代的机遇与挑战》，《中国科技奖励》2013 年第 4 期。

王劲峰、李连发、葛咏等：《地理信息空间分析理论体系》，《地理学报》2000 年第 1 期。

王晖、彭智勇、李蓉蓉等：《Web 数据管理研究进展》，《小型微型计算机系统》2011 年第 1 期。

王浣尘：《综合集成系统开发的系统方法思考》，《系统工程理论方法应用》2002 年第 1 期。

王浣尘：《一种系统方法论——旋进原则》，《系统工程》1994 年第 5 期。

王颖：《基于遗传算法的数据挖掘技术的应用研究》，硕士学位论文，浙江理工大学，2012 年。

王刚：《数据融合若干算法的研究》，硕士学位论文，西安理工大学，2006 年。

王宇飞、盖美、耿雅冬：《辽宁沿海经济带水资源短缺风险评价》，《地域研究与开发》2013 年第 2 期。

王崴、许新宜、王红瑞等：《基于 PSR 与 DCE 综合模型的水资源短缺程度及变化趋势分析》，《自然资源学报》2015 年第 10 期。

王海宁、薛惠锋：《地下水生态环境与社会经济协调发展定量分析》，《环境科学与技术》2012 年第 12 期。

王曰芬、谢清楠、宋小康：《国外数据科学研究的回顾与展望》，《图书情报工作》2016 年第 14 期。

汪倍贝：《Web 数据库访问技术的研究》，《科技资讯》2010 年第 24 期。

汪寿阳、余乐安、黎建强：《TEI@I 方法论及其在外汇汇率预测中的应用》，《管理学报》2007 年第 1 期。

吴吉义、傅建庆、张明西等：《云数据管理研究综述》，《电信科学》2010 年第 5 期。

魏权龄：《数据包络分析（DEA）》，《科学通报》2000 年第 7 期。

魏海坤、徐嗣鑫、宋文忠：《神经网络的泛化理论和泛化方法》，《自动化学报》2011 年第 6 期。

魏瑾瑞、蒋萍：《数据科学的统计学内涵》，《统计研究》2014 年第 5 期。

徐雪霖：《Web 数据库访问技术探析》，《微计算机信息》2004 年第 2 期。

徐珊、夏丽华、陈智斌等：《基于生态足迹法的广东省水资源可持续利用分析》，《南水北调与水利科技》2013 年第 5 期。

薛惠锋：《系统工程思想史》，科学出版社 2014 年版。

谢小康、陈俊合、刘树锋：《广东省水资源承载力量化研究》，《热带地理》2006 年第 2 期。

于景元：《钱学森系统科学思想和系统科学体系》，《科学决策》2014 年第 12 期。

岳志勇、丁惠：《基于霍尔三维结构的技术创新方法培训体系研究》，《科学管理研究》2013 年第 2 期。

闫旭晖、颜泽贤：《切克兰德软系统方法论的诠释主义立场与认识论功能》，《自然辩证法研究》2012 年第 12 期。

杨建梅：《对软系统方法论的一点思考》，《系统工程理论与实践》1998 年第 8 期。

杨丽娜：《基于遗传算法的数据挖掘技术研究》，硕士学位论文，西安建筑科技大学，2007 年。

杨金伟、王丽珍、陈红梅等：《基于距离的不确定数据异常点检测研究》，《山东大学学报》（工学版）2011 年第 4 期。

姚宏宇：《云计算：大数据时代的系统工程》，电子工业出版社 2015 年版。

姚彦欣、汪沛、刘宗强等：《广东省水资源可持续利用评价研究》，《工业安全与环保》2009 年第 4 期。

燕子宗、费浦生、万仲平：《线性规划的单纯形法及其发展》，《计算数学》2007 年第 1 期。

余小双：《遗传算法及其在数据挖掘中的应用研究》，硕士学位论文，武汉纺织大学，2010年。

袁旭梅、韩文秀：《复合系统的协调与可持续发展》，《中国人口·资源与环境》1998年第2期。

周屹、李艳娟：《数据库原理及开发应用》，清华大学出版社2013年版。

周志刚：《灰色系统理论与人工神经网络融合的时间序列数据挖掘预测》，硕士学位论文，成都理工大学，2006年。

中国科学院计算机网络信息中心，http：//www.gscloud.cn，2018年12月1日。

左凤朝：《基于Web的数据库访问技术探析》，《计算机工程与应用》2002年第15期。

左其亭、赵衡、马军霞：《水资源与经济社会和谐平衡研究》，《水利学报》2014年第7期。

张丽敏：《基于云计算的云数据管理技术研究》，《自动化与仪器仪表》2017年第1期。

张峰：《数据系统工程：系统优化的决策支持技术》，《工业经济论坛》2016年第1期。

张峰、薛惠锋、董会忠：《基于物理—事理—人理系统方法论的制造业能源安全解锁模型》，《中国科技论坛》2016年第4期。

张峰、殷秀清、董会忠：《组合灰色预测模型应用于山东省碳排放预测》，《环境工程》2015年第2期。

张凤泽、宋敏、邓益斌：《新型城镇化视角下的江苏省水资源利用效率研究》，《水利经济》2016年第5期。

张述存：《打造大数据施政平台 提升政府治理现代化水平》，《中国行政管理》2015年第10期。

邹媛：《基于决策树的数据挖掘算法的应用与研究》，《科学技术与工程》2010年第18期。

赵艳芹：《关联规则数据挖掘算法的研究》，硕士学位论文，哈尔滨工程大学，2006年。

赵卫亚、彭寿康、朱晋：《计量经济学》，机械工业出版社2008年版。

朱艳菊：《政府大数据能力建设研究》，《电子政务》2016年第7期。

Agrawal, R., Imielinski, T., Swami, A., "Database Mining: A Performance Perspective", *IEEE Transactions on Knowledge and Data Engineering*, Vol. 5, No. 6, 1993.

Anderson, T. W., Anderson, T. W., Anderson, T. W., et al., *An Introduction to Multivariate Statistical Analysis*, New York: Wiley, 1958.

Antoci, A., Galeotti, M., Russu, P., "Undesirable Economic Growth Via Agents' Self-Protection against Environmental Degradation", *Journal of the Franklin Institute*, Vol. 344, No. 5, 2007.

Brown, D. E., Corruble, V., Pittard, C. L., "A Comparison of Decision Tree Classifiers with Backpropagation Neural Networks for Multimodal Classification Problems", *Pattern Recognition*, Vol. 26, No. 6, 1993.

Basheer, I. A., Hajmeer, M., "Artificial Neural Networks: Fundamentals, Computing, Design, and Application", *Journal of Microbiological Methods*, Vol. 43, No. 1, 2000.

Binder, K., Heermann, D., Roelofs, L., et al., "Monte Carlo Simulation in Statistical Physics", *Computers in Physics*, Vol. 7, No. 2, 1993.

Bayes, T., "An Essay towards Solving a Problem in the Doctrine of Chances", *Philosophical Transactions*, No. 53, 1763.

Bilgili, F., "The Impact of Biomass Consumption on CO_2 Emissions: Cointegration Analyses with Regime Shifts", *Renewable and Sustainable Energy Reviews*, Vol. 16, No. 7, 2012.

Codd, E. F., "A Relational Model of Data for Large Shared Data Banks", *Communications of the ACM*, Vol. 13, No. 6, 1970.

Corey, M. J., Abbey, M., *Oracle Data Warehousing*, New York: Osborne/McGraw-Hill, 1996.

Charnes, A., Cooper, W. W., Rhodes, E., "Measuring the Efficiency of Decision Making Units", *European Journal of Operational Research*, No. 2, 1978.

Cortes, C., Vapnik, V., "Support Vector Machine", *Machine Learning*, Vol. 20, No. 3, 1995.

Dempster, A. P., "Upper and Lower Probabilities Induced by a Multivalued Mapping", *The Annals of Mathematical Statistics*, Vol. 38, No. 2, 1967.

Dempe, S., Zemkoho, A. B., "On the Karush-Kuhn-Tucker Reformulation of the Bilevel Optimization Problem", *Nonlinear Analysis: Theory, Methods & Applications*, Vol. 75, No. 3, 2012.

Eichner, T., Pethig, R., "International Carbon Emissions Trading and Strategic Incentives to Subsidize Green Energy", *Resource and Energy Economics*, Vol. 36, No. 2, 2014.

Forrester, J. W., "Lessons from System Dynamics Modeling", *System Dynamics Review*, Vol. 3, No. 2, 1987.

Forrester, J. W., "System Dynamics—A Personal View of the First Fifty Years", *System Dynamics Review*, Vol. 23, No. 2, 2007.

Forrester, J. W., "Industrial Dynamics", *Journal of the Operational Research Society*, Vol. 48, No. 10, 1997.

Fukushima, K., "Neocognitron: A Hierarchical Neural Network Capable of Visual Pattern Recognition", *Neural Networks*, Vol. 1, No. 2, 1988.

Goldberg, D. E., Holland, J. H., "Genetic Algorithms and Machine Learning", *Machine Learning*, Vol. 3, No. 2, 1988.

Hey, T., Tansley, S., Tolle, K. M., *The Fourth Paradigm: Data-Intensive Scientific Discovery*, Redmond, WA: Microsoft Research, 2009.

Hubbard, D. W., *How to Measure Anything: Finding the Value of "Intangibles" in Business*, New Jersey: John Wiley & Sons, 2014.

Halevy, A., Norvig, P., Pereira, F., "The Unreasonable Effectiveness of Data", *IEEE Intelligent Systems*, Vol. 24, No. 2, 2009.

Hebb, D. O., *The Organization of Behavior: A Neuropsychological Approach*, New Jersey: John Wiley & Sons, 1949.

Hopfield, J. J., "Neural Networks and Physical Systems with Emergent Collective Computational Abilities", *Proceedings of the National Academy of Sciences*, Vol. 79, No. 8, 1982.

Hsu, K., Gupta, H. V., Sorooshian, S., "Artificial Neural Network Modeling of the Rainfall-Runoff Process", *Water Resources Research*, Vol. 31, No. 10, 1995.

Huang, N. E., Shen, Z., Long, S. R., et al., "The Empirical Mode Decomposition and the Hilbert Spectrum for Nonlinear and Non-Stationary Time

Series Analysis", *Proceedings*: *Mathematical*, *Physical and Engineering Sciences*, Vol. 454, No. 1971, 1998.

Jain, A. K., Mao, J., Mohiuddin, K. M., "Artificial Neural Networks: A Tutorial", *Computer*, Vol. 29, No. 3, 1996.

Krishnan, A., Williams, J., McIntosh, R., "Partial Least Squares (PLS) Methods for Neuroimaging: A Tutorial and Review", *Neuroimage*, Vol. 56, No. 2, 2011.

Kononenko, I., "Bayesian Neural Networks", *Biological Cybernetics*, Vol. 61, No. 5, 1989.

Kalman, R. E., Bucy, R. S., "New Results in Linear Filtering and Prediction Theory", *Journal of Basic Engineering*, Vol. 83, No. 1, 1961.

Koop, G., Pesaran, M. and Potter, S., "Impulse Response Analysis in Nonlinear Multivariate Models", *Journal of Econometrics*, Vol. 74, No. 1, 1996.

Li, T., Lu, J., López, L. M., "Preface: Intelligent Techniques for Data Science", *International Journal of Intelligent Systems*, Vol. 30, No. 8, 2015.

Mayer−Schönberger, V., Cukier, K., *Big Data: A Revolution That Will Transform How We Live*, *Work*, *and Think*, Boston: Houghton Mifflin Harcourt, 2013.

Maron, J., Harrison, S., "Spatial Pattern Formation in an Insect Host−Parasitoid System", *Science*, Vol. 278, No. 5343, 1997.

Martin, J., *Computer Database Organization*, New Jersey: Prentice Hall PTR, 1977.

Mcculloch, W. S., Pitts, W., "A Logical Calculus of the Ideas Immanent in Nervous Activity", *Bulletin of Mathematical Biology*, Vol. 5, No. 4, 1943.

Mostafaei, H., Kordnoori, S., Kordnoori, S., "Using Weighted Markov SCGM (1, 1) c Model to Forecast Gold/Oil, DJIA/Gold and USD/XAU Ratios", *Malaysian Journal of Fundamental and Applied Sciences*, Vol. 12, No. 4, 2017.

Moraes, R. M. D., López, L. M., "Computational Intelligence Applications for Data Science", *Knowledge−Based Systems*, Vol. 87, No. 6, 2015.

Pincus, G. , Garcia, C. R. , Rock, J. , et al. , "Effectiveness of an Oral Contraceptive: Effects of a Progestin-Estrogen Combination upon Fertility Menstrual Phenomena and Health", *Science*, No. 130, 1959.

Pawlak, Z. , "Rough Sets", *International Journal of Parallel Programming*, Vol. 11, No. 5, 1982.

Richard, B. , *Dynamic Programming*, Princeton: Princeton University Press, 1957.

Rosenblatt, F. , "The Perceptron: A Probabilistic Model for Information Storage and Organization in the Brain", *Psychological Review*, Vol. 65, No. 6, 1958.

Ramos, C. , Augusto, J. C. , Shapiro, D. , "Ambient Intelligence— The Next Step for Artificial Intelligence", *IEEE Intelligent Systems*, Vol. 23, No. 2, 2008.

Schmidt, S. F, "Kalman Filter: Its Recognition and Development for Aerospace Applications", *J. Guid. and Contr.* , Vol. 4, No. 1, 1981.

Shafer, G. , *A Mathematical Theory of Evidence*, Princeton: Princeton University Press, 1976.

Sentz, K. , Ferson, S. , *Combination of Evidence in Dempster - Shafer Theory*, Albuquerque: Sandia National Laboratories, 2002.

Suykens, J. A. K. , Vandewalle, J. , "Least Squares Support Vector Machine Classifiers", *Neural Processing Letters*, Vol. 9, No. 3, 1999.

Wiener, N. , *Extrapolation, Interpolation, and Smoothing of Stationary Time Series*, Cambridge, MA: MIT Press, 1949.

Zadeh, L. A. , "Fuzzy Sets", *Information and Control*, Vol. 8, No. 3, 1965 .

Zadeh, L. A. , "Fuzzy Sets as a Basis for a Theory of Possibility", *Fuzzy Sets and Systems*, Vol. 1, No. 1, 1978.

后　记

　　随着新一轮技术革命的到来，数据已逐渐成为各领域发展的重要"资源"，而这种"资源"所具有的属性特征不同于传统意义上的资源要素，其规模体量大、数据结构复杂、信息含量高等特点迫使现有的科学技术、学科理论等需要重新审视由数据产生的影响。从信息论和系统论角度来看，数据无时无刻不在产生，而且多源于开放复杂的巨系统，那该如何客观认识、理解、分析和应用数据，使其更好地支撑管理和决策？由于不同学者研究侧重点的差异性使上述问题的解释尚未达成共识，本书则是从系统科学与系统工程的角度来回答上述问题，并认为对于解决复杂数据问题，系统科学与系统工程理论、技术与方法仍然适用，但需要与时俱进。在某种程度上，数据可以被视为在一定的时空与区域范围内，可实现载体经济价值的提升、为人类社会活动提供决策支持的数据因素与条件的复杂统一体。复杂统一体中不同类型的数据相互关联、相互交织，尤其是在时空维度下呈现其内部独有的发展规律，而数据由产生到应用的终极目的是为人类社会提供有效的服务。因此，对于数据的研究应从其全流程出发，用系统的观点和方法解决数据问题，而这也正是"数据系统工程"提出的初衷。

　　本书是基于系统科学与系统工程理论发展与大数据时代下数据管理与决策支持问题的尝试性探索，旨在为相关领域研究抛砖引玉，也希望能为系统工程实践提供参考，其中难免有疏漏和不当之处，望批评指正！同时，在此对给予本书悉心指导的各位专家老师致以崇高的敬意，以及向为本书出版付出辛苦努力的中国社会科学出版社的工作人员表示诚挚感谢！

笔　者

2018 年 10 月